乾隆三年宁夏地震

徐爱信　李学勤　主编

地震出版社

图书在版编目（CIP）数据

乾隆三年宁夏地震 / 徐爱信，李学勤主编 .— 北京：
地震出版社，2022.12
ISBN 978-7-5028-5507-9

Ⅰ.①乾… Ⅱ.①徐… ②李… Ⅲ.①地震灾害-史料-宁夏-1739 Ⅳ.P316.243

中国版本图书馆 CIP 数据核字（2022）第 212251 号

地震版 XM3898/P(6329)

乾隆三年宁夏地震

徐爱信　李学勤　主编

责任编辑：李肖寅

责任校对：凌　樱

出版发行：地 震 出 版 社

北京市海淀区民族大学南路 9 号　　邮编：100081

发行部：68423031　68427993　　传真：68427991

总编办：68462709　68423029

编辑室：68467982

http: //seismologicalpress.com

E-mail: dz_press@163.com

经销：全国各地新华书店

印刷：河北文盛印刷有限公司

版（印）次：2022 年 12 月第一版　2022 年 12 月第一次印刷

开本：880 × 1230　1/16

字数：850 千字

印张：35

书号：ISBN 978–7–5028–5507–9

定价：280.00 元

《乾隆三年宁夏地震》
编 委 会

主编：徐爱信　李学勤

编委：蒋克训　齐书勤　孙天翼

前言

宁夏地震（又称“平罗地震”）发生于一七三九年一月三日（乾隆三年十一月二十四日）晚七至八点之间，此时正值隆冬季节，家家户户都生起了火炉取暖。突然自西北方向传来隆隆的地声，大地上下颠簸，顷刻之间房屋倒塌，屋中的火炉被砸毁，引发大火。熊熊烈火持续延烧，三日不熄。经考证，此次地震震级达到八级，烈度超过十度。震中位于银川西北与平罗之间，地震造成宁夏满汉两城及周边五县房屋建筑全部倒塌，死亡约四万多人，使曾经繁华程度可与西安媲美的宁夏城变成了一片废墟。

一九九五年中国地震局启动了对历史地震资料的挖掘整理项目，并先后与中国第一历史档案馆、台北故宫博物院等部门合作查找了大量清政府遗留的历史地震资料，经过编辑整理，一批尘封多年的历史地震资料重露真容，这些资料陆续发表后，引起了地震学界及研究地震社会学学者的关注，学者们发表了很多地震灾害学和地震社会学研究的学术论文，推动了对历史地震事件全方位的研究。

乾隆三年宁夏地震震级大、震害损失惨重，对当时社会的经济政治产生了巨大的影响，这场地震迫使清政府撤销新渠、宝丰两个为开发宁夏水利资源而设立的县，暂停了始于雍正年间的移民守边开发西北边疆的战略措施，转而投入救灾和恢复重建。地震使清政府不仅每年减少几十万石粮食收入而且还要资助灾民种子和耕牛用于恢复生产，连续五年免除灾民各种税收和债务，修养生息，恢复元气。清政府采取的一系列救灾措施使灾区逐渐恢复生机，成为古代政府地震救灾和恢复重建成功的典范。

为完整地反映这一历史事件，按照地震发震时间，各地官员的震情报告，人员伤亡统计及政府赈灾、抚恤标准，恢复重建、募捐，对救灾官员的举荐与奖励，对渎职、贪腐官员的查办，地震救灾和重建工程各项费用的支出，审计核查结果等等，编者把多年收集的清代宫中档案资料，经过考证编研汇集成宁夏地震专卷呈献给读者，书中第一部分“宫中档案”收录了奏折档、军机处录副、朱批、上谕、起居注、题本等共138件（满文从略，原件系满文的，提供汉文翻译）。第二部分“上谕档”对中国第一历史档案馆已经出版的文字材料有关宁夏地震内容做了摘录。第三部分“议覆”编入了清政府吏部、工部等对宁夏地震重建的三份批复文件（由于原件没有标点符号，文中的圆点只作为断句符号）。第四部分附图出自宁夏自治区档案馆保存的清乾隆、道光年编纂的地方志《平罗记略》、《宁夏府志》的舆图。

通过历史档案资料了解280年前宁夏地震事件以及清政府处理地震过程中应对的各种复杂情况，得益于清代对保存档案资料有了完善的管理制度。前辈学者不惜代价在战乱中保存抢救留下的宝贵资源，是我们文明古国的文化传承，1949年10月后，政府高度重视，对历史档案的保护上了一个新台阶，使我们能够一睹原始档案的全貌。

随着社会的发展，历史文献的搜集、整理和研究变得越来越重要。这本书的出版不仅有助于加深人们对相关历史事件的认识和理解，还有助于推动历史文献研究的发展和创新。

现代科技水平的提高和经济的飞速发展，我国的国民经济达到历史上最鼎盛时期，政府重视防灾减灾事业，处理地震灾害的地震速报与快速救援、恢复重建与乾隆三年早已不能同日而语，但回眸历史，了解我们这个多地震的国家是怎样从一次次地震灾难中站起来，研究和汲取前朝应对地震事件的有益经验，对当代的防震减灾事业具有借鉴和重要的参考价值。

编　者

2020年12月

目录

宫藏档案

1. 宁夏将军阿鲁奏报十一月二十四日宁夏府地震满城被灾严重折

乾隆三年十一月二十五日（1739 年 1 月 4 日）

（军机处满文录副奏折）

朱批：知道了。有旨谕该部矣

1. Memorial to the throne, presented by Alu, General of Ningxia, reporting that an earthquake occurred in Ningxia Perfecture on Nov. 24, the 3rd year of Qianlong, and the disaster in town was serious

Nov. 25, the 3rd year of Qianlong (Jan. 4, 1739)

(Duplicate of memorial to the throne in Manchu kept in the Military Department)

Emperor's comment in red on the memorial: Known. My edict has been sent to the Department.

譯漢阿魯奏報地震

奏

鎮守寧夏等處將軍臣阿魯等謹
奏為奏
聞地震事臣等寧夏地方於十一月二十四
日戌時忽自西北有聲遽尔地震搖
動一二次所有滿兵城中房屋自臣
等衙署以至兵丁房室盡皆塌坍
臣等仰賴
皇上洪福幸得趋立院中稍定之後因
時值寒冬塌坍房屋之下又復火
起西面未被壓覆之兵丁等齊將木
植抽出拾取磚瓦僅能撲滅其城
中數處地皆開裂二三寸向外湧水
自此地動不止直至日出之後方得
稍安所有各城城樓坍有數處

城垣雖未塌坍，俱皆下陷，以致城
門不能開展。臣等遥望漢城一夜
火光不止，其情形若何，未能深悉。臣
等滿洲城中塌坍房屋被壓之
大小人口數目及馬駝之數，一時亦不能
查明，俟查明實數後，再與漢城
情形一併具
奏外，現有二十四日地震情由，謹
具摺差委圖號騎校官保馳
驛奏
聞

硃批：知道了。有旨諭該部矣。欽此

乾隆三年十二月初九日奉

乾隆三年十一月二十五日

鎮守寧夏等處將
軍臣 阿魯
副都統臣 嘎植

2. 宁夏将军阿鲁奏报宁夏地震满汉城官兵被灾情形折

乾隆三年十一月三十日（1739 年 1 月 9 日）

2. Memorial to the throne, presented by Alu, General of Ningxia, reporting the situation of officials and soldiers, either of Manchu nationality or Han nationality, suffered in the Earthquake

Nov. 30, the 3rd year of Qianlong (Jan. 9, 1739)

阿魯 寧夏地震被災情形

奏

十二月十三日 譯清

四五

乾隆三年十二月十三日

將軍阿魯奏寧夏地震被

災情形由 十一月三十日發 摺件

（一）

鎮守寧夏等處將軍臣阿魯

等謹

奏為奏

聞滿城壓死人丁數目並漢城被災情形

事。本年閏十一月二十五日臣等曾將二十四日戌

時地震官兵房屋盡皆塌損，所有

壓死人數另行查明具

奏等因奏
聞查案今查得八旗駐防佐領三員
驍騎校一員領催前鋒披甲人
一百九名步軍四十一名閒散海洲
二十七名餘丁幼童三百十九名男丁
婦女五百九十二名家下步軍
十一名家下男婦幼童幼女一百十
五名傭工男女幼童三十八名共
駐防人一千二百五十六員名本日
該城四門下閘不能開啟劈創
挖一百姓得開廣西門於二十七日
臣阿魯馳往急赴該城督視官
兵民房俱皆倒塌駐防人丁不
斷愁泣臣與楊大凱道鄧廷彩
僅能脫身赴府顧乍昌全家
俱被燬烟焰值至三日未息所
存男婦沿街奔走號哭不絕

臣等見鄧廷彩同校伊稱被災
古屬我臣出賑告示令被災民人
各將戶口查報本道一面詳報上
官一面撥報先發一月口糧民人等
未支口糧者亦有共圍倉居住民人
及不當之人並赴來倉搶門取米
者亦有現今並無看倉丁所有
人役亡步等諭臣等隨同縣與楊大
凱標下兵丁等可得兵千搜云所得
五百名等即令楊大凱高算等
丁堅守倉廒臣等於即傳集滿營
百名於城內大小街衢緊要地方
居住往來巡察撫恤被災民人
並曉諭民人此係天災實等不可
擾亂自明日為始道員即以賑
恤為等發給口糧萬不致令為
等飢困至於詳報巡撫是

奏之際
皇上憐憫百官
恩施倉儲周備
國帑分等俱備
國家良民豈可亂行支取須向擋大
凱云城內兵丁今雖被災兵有財
選壯兵丁來被災者可即速行調取
來城防守以使拯恤災黎等語
楊大凱即已即調取兵丁俟到來時
再將該兵撥回是夜平安無事
次日二十七日已時道員鈕廷彩暨
同知程規來云昨夜已為安穩今早
須查看守倉庫兵丁人民等仍自亂
米等語臣等即著人前赴滿城令
該兵等歸隊看守倉庫須派兵
五百名令其保守漢城城內民人

自此直至三十日並時時有地震日夜仍
須地動不止臣等隨同鈕廷彩寧夏
府屬辦理撫卹平羅寶豐新渠二
縣所報被災之處與寧夏同靈州所報
惟中衛縣尚未報到臣等即咨會陝撫
速派官員料理在案謹此奏
聞
乾隆三年十一月二十日

3. 川陕总督查郎阿奏报陕西西安微震动支库银抚恤伤亡人众折

乾隆三年十二月初一日（1739 年 1 月 10 日）

（奏折档）

朱批：知道了。宁夏甚重，卿甚加意抚恤之

3. Memorial to the throne, presented by Zha Langa, Governor-General of Sichuan and Shaanxi, reporting that a tremor occurred in Xi'an, Shaanxi Province, and a fund has been drawn from the Treasury for relief to the dead and injured

Dec. 1, the 3rd year of Qianlong (Jan. 10, 1739)

(Memorial to the throne kept in the file)

Emperor's comment in red on the memorial: Known. The Ningxia Earthquake is extremely serious. You should comfort and compensate the victims particularly.

奏

臣查郎阿、張楷謹

奏爲奏

聞事竊查乾隆三年十一月二十四日酉末戌初西
安一帶地微震動不過窓紙稍有聲響片刻即
止自西北而至東南亥時又微動二次更輕於
前城內城外俱無損傷惟南城門樓中間南面
房椽原係槽舊震動搖塌兩間亦並無打傷人
畜臣等隨差標弁四路查看嗣據差弁并西安
同州鳳翔商州乾州邠州各屬陸續稟稱地震
時刻情形俱與省城相同巡查各城關村堡房
舍窰院人口牲畜俱無坍塌損傷之處惟咸陽
縣南鄉河南街地方有民人張會家本貧寒塌
壞土墻五堵張會夫婦被壓傷腿其十四歲之
姪女被壓身死隨諭令該縣動支公用銀三兩

以爲殮埋之費選撥良醫將張會夫婦被壓傷痕調治務痊據該縣稟稱傷輕易於痊可又該縣西張村民人許紹美正僱趕車地震牛隻驚走許紹美被車碾傷次日殞命亦動給銀三兩以資葬埋又乾州城内李姓酒坊一有年紀病人任我振在鋪後炕上因地震驚恐奔至墻下多年土墻土坯摇落數塊打着後膀該州給以山羊血調治不痊越一日殞命亦即諭令該州動給公用銀三兩以助葬埋其餘遠處雖尚未報到大抵俱相彷彿所有地微震動情形理合

奏

聞伏祈

皇上聖鑒謹

奏

知道了寧夏甚重爾其加意撫恤之

乾隆三年十二月初一日具

4. 陕西延绥总兵王廷极奏报榆林镇属地震兵民房屋间有倒塌折

乾隆三年十二月初一日（1739 年 1 月 10 日）

（奏折档）

朱批：知道了

4. Memorial to the throne, presented by Wang Tingji, Commander in Chief of Yansui, Shaanxi Province, reporting that an earthquake occurred in Yulin town area, and some houses of soldiers and civilians collapsed

Dec. 1, the 3rd year of Qianlong (Jan. 10, 1739)

(Memorial to the throne kept in the file)

Emperor's comment in red on the memorial: Known.

奏

陝西延綏總兵官奴才王廷極謹

奏為奏

聞事竊奴才駐劄榆林府城於乾隆叁年拾壹月貳拾肆日戌

時偶然地震約幾半刻方寧少頃又復微震至貳拾伍日

辰時壹夜接續共微震柒次俱係隨震隨止奴才細加確

查城垣衙署以及兵民房垣間有塌損內中有被塌微傷

者兵丁貳名民人叁名被塌至故者民人母女貳口其餘

槩皆平安所有塌損房垣兵丁壹拾叁家並被傷兵丁貳

名奴才俱量捐賞濟至於被傷民人塌損房垣之家地方

有司官員亦皆隨加撫恤再有奴才鎮屬所轄各地方營

堡隨飛行確查東至黃甫營西至鹽塲堡南至綏德州等

處自榆林府迤南迤東較榆林府微輕迤西相同間有塌
損房垣被傷兵民之家各處地方文武官員俱皆挨查撫
恤代思我
皇上時以愛養元元惠澤蒼生爲念誠恐傳言過甚有廑
聖懷今將奴才鎮屬地震情形理合據實繕摺恭遣家人王忠
賫摺謹
奏以
聞
知道了
乾隆叁年拾貳月　　初壹　　日

5. 宁夏将军阿鲁奏参总兵杨大凯震后巡缉安抚看守仓库不力折（原件系满文）

乾隆三年十二月初二日（1739 年 1 月 11 日）

（军机处满文录副奏折）

朱批：著该部将杨大凯严加查议具奏

5. Memorial to the throne, presented by Alu, General of Ningxia, reporting that Yang Dakai, Commander in Chief, does not work to his best in the inspection, relief and guarding warehouses etc. after the shock(the original copy was written in Manchu)

Dec. 2, the 3rd year of Qianlong (Jan. 11, 1739)

(Duplicate of memorial to the throne in Manchu kept in the Military Department)

Emperor' s comment in red on the memorial: Instruct the Department that Yang Dakai must be interrogated and punished seriously.

【满文译文】

镇守宁夏等处地方将军阿鲁等谨奏，为参奏事。

奴才等所处宁夏地方于本年十一月二十四日戌时陡遭地震，官兵之住房尽皆坍塌，夷为平地。等情。已于本月二十五日奏闻。继于三十日将汉城被灾严重，派我满洲兵加以看守，民皆安堵情形业经奏闻外，奴才等窃思，总兵官系宁夏地方首要武职，该处遭遇如此大灾，人心浮动，绿营兵虽亦被灾，身为总兵理应率带所有官兵，亲临巡查，安抚灾民。奴才等于二十六日前去汉城看视，总兵杨大凯方出帐会同我等约见道员议事，观其情形，尚属从容，并无惧窘之状。奴才等面为商定，令其所有官兵遍加看守仓廒，派我满洲兵在城内街道编设堆拨，往来巡查抚民。二十七日，道员牛庭才派同知程贵告称，仓廒全然无兵看守，不肖之徒仍接近仓廒取米。等语。故复急派我处兵丁协助看守仓廒。此间，奴才等每日轮流进入汉城晓示民人，观总兵杨大凯，其状甚属无事。

窃思，宁夏总兵系属总统万兵之职，所关紧要。现灾后应办之事甚多，杨大凯懦弱无能，难胜其职，留此在任，于国于事甚属无益。奴才等同驻一处，平素虽不能深知，现遇事知其无能，焉敢徇情不据实陈奏。伏乞圣上明鉴施行。

为此，谨具奏参。

乾隆三年十二月十三日奉朱批：著该部将杨大凯严加查议具奏。钦此。

镇守宁夏等处地方将军奴才阿鲁

副都统奴才喀拉

副都统奴才同山

6. 山西巡抚石麟奏报省城太原等处地震房屋无损等情折

乾隆三年十二月初三日（1739 年 1 月 12 日）

（奏折档）

朱批：知道了

6. Memorial to the throne, presented by Jueluoshilin, Minister of Shanxi, that an earthquake occurred in Taiyuan, the Provincial Capital etc., but all houses were intact

Dec. 3, the 3rd year of Qianlong (Jan. 12, 1739)

(Memorial to the throne kept in the file)

Emperor's comment in red on the memorial: Known.

奏
山西巡撫臣覺羅石麟謹
奏爲奏
聞事竊照晉省太原省城内外於本年拾壹月貳拾
肆日戌時地内微動約計半刻而止至貳更後
又微動卽止臣卽差人查看士民安堵並無倒
塌房舍傷損人口等事并據平陽府屬之臨汾
縣大同府屬之山陰縣蒲州府屬之虞鄉縣直
隸代州各查報相同理合恭摺奏
聞爲此謹
奏
知道了
乾隆叁年拾貳月　初叁　日

7. 甘肃提督瞻岱奏报宁夏镇地震官署民房倒塌延烧委员携银前往安顿折

乾隆三年十二月初四日（1739 年 1 月 13 日）

（奏折档）

朱批：知道了

7. Memorial to the throne, presented by Zhan Dai, Governor of Gansu, reporting that, in the Ningxia town Earthquake, the government offices and civilians's houses collapsed and burned, and officials were sent with a fund to console the soldiers and civilians suffered in the Earthquake

Dec. 4, the 3rd year of Qianlong (Jan. 13, 1739)
(Memorial to the throne kept in the file)
Emperor's comment in red on the memorial: Known.

奏

甘肅提督臣瞻岱謹

奏為奏

聞事乾隆叁年拾貳月初肆日巳刻准陝西寧夏鎮

臣楊大凱差把總王大明齎咨前來報稱寧夏

鎮城陡於拾壹月貳拾肆日戌時地震一刻之

間官署民房盡行坍塌時值嚴冬家家有火房

倒延燒大凱隻身逃出房外親丁人口盡被房

壓印信

王命俱被延燒官弁軍民馬匹被焚壓死者甚多大

凱隨飭令將弁曉諭被災軍民不得乘機搶掠

現會同文員賑恤至被災軍民焚燒壓死人口

數目俟查明再報等因到臣又據把總王大明

口稟該鎮離城貳拾里大壩地方動勢即已減半至肆拾里鋪房舍俱無損塌等語臣隨一面飛咨督臣大學士查郎阿即速查辦安頓外查寧夏鎮城被災甚重離據該鎮文稱現今會同文員賑恤但思彼地倉庫官署民房盡行塌倒又經延燒誠恐賑恤不敷查臣標並無別項存公銀兩祇有現存兵丁生息餘剩利銀叁千伍百兩隨飛差臣標後營遊擊保安賚帶前往協同該鎮查明現在被災兵丁急速酌量安頓務令得所并時值隆冬各該處營汛邊防隘口飭令加緊防範外其甘標兵丁一應紅白事

賞恤尚有現季收獲利銀可以支給不致缺乏所有陝省寧夏地震及臣飛差遊擊保安賚帶生息銀兩前往安頓防範緣由理合

奏

聞至臣駐劄甘州距寧壹千肆百陸拾餘里是以得信稍遲再甘城同日戌時微覺動搖一切城池房舍軍民俱安謐無損又查就近之肅州安西口外等處亦各寧帖合并陳明叙祈

皇上聖鑒謹

奏

知道了

乾隆叁年拾貳月 初肆 日甘肅提督臣瞻岱

8. 川陕总督查郎阿奏报甘肃宁夏镇地震兵民失所死伤过半情形折

乾隆三年十二月初五日（1739 年 1 月 14 日）

（奏折档）

朱批：已据阿鲁奏报，朕遣侍郎班第前往同伊料理赈务矣。卿闻报即前往甚属可嘉，可同班第等尽心料理，务期灾黎得所，兵民相安，庶可以略减我君臣罪过耳。至乘机抢夺，此风断不可长，已密谕班第，卿其一一问彼，一同详慎办理

8. Memorial to the throne, presented by Zha Langa, Governor-General of Sichuan and Shaanxi, reporting that, in the Ningxia town Earthquake, Gansu, soldiers and civilians lost their residences and more than half of them were killed and injured

Dec. 5, the 3rd year of Qianlong (Jan. 14, 1739)

(Memorial to the throne kept in the file)

Emperor's comment in red on the memorial: According to the memorial presented by Alu, I have sent Ban Di to arrange the relief together with Alu. It is approving that you go to meet Ban Di at once after receiving my edict. You can manage the affairs with Ban Di et al. to the utmost in order to console the victims. If the civilians and soldiers are safe and well, then the fault of the Emperor and ministers can be reduced considerably. Robbery taking advantage of the Earthquake occurrence must not be allowed to continue anymore. I have instructed Ban Di secretely to oppose the robbery. Yon can ask Ban Di in detail and offer relief to the victims with him carefully.

奏

大學士仍管川陝總督臣查郎阿謹

奏為飛報地震事乾隆三年十二月初四日酉刻

據寧夏總兵官楊大凱呈稱寧夏城於十一月

二十四日戌時陡然地震變出非常一刻官署

民房一齊俱倒房倒火起延燒徹夜本職隻身

逃出房外子媳並孫家人男婦因房火燒壓已

死六口印信

王命等項俱在房內火烈未能覓取延至天明一望

皆瓦礫之場火光更甚合城哭聲振天官弁軍

民馬匹被焚壓死者甚多本職隨飭令將弁曉

諭被災軍民不得乘機搶掠除被災軍民焚壓

死人口數目俟查明再報外今倉猝之頃紙筆

盡缺書辦皆各顧性命無人不能具詳除被災

軍民現在會同文員賑恤合并聲明等情又據

該總兵差來標下武舉高瑞稟稱倉猝未能詳悉但聞得寧夏府知府顧爾昌家俱被房壓出來之人甚少在城房屋並無存留人民被傷壓死者十之四五等語正在繕奏間又於本日戌刻據楊大凱飛稟內稱被震之後火勢甚熾三四日來晝夜不熄軍民既被震災復罹火患衣服口糧盡皆無存營中軍裝器械傷損甚多馬匹壓死者亦衆適城皆火雖竭力經營無法撲滅蓋因兵丁被焚壓而死者十中約有四五其餘亦有受傷者且有父母妻子被壓俱各救護兼之倉庫十餘處俱皆倒塌糧儲流露就近百姓移居倉厫空處避火見倉倒糧露就便竊取遠處百姓亦皆效尤本職雖派撥弁兵看守但倉無門墻糧儲露積又兼派兵巡查街道以防乘機搶掠兵少不能周顧員弁兵丁雖極力衛護至力盡筋疲晝夜巡防亦難於禁止一面飛調協路之兵八百名星赴鎮城保護於二十六日將軍來至寧城見殘燬情形倉厫處所甚多協濟兵五百名巡查街道本職隨將標營巡查街道之兵移守倉厫於二十七日王泉兵到竊取始息又恐人心不定會商寧夏道速賑安民若待戶口查明始賑恐緩不濟事於二十八日傳集軍民每口一斗散賑是日靈州兵到人心方定據報平羅寶豐洪廣被震亦重且地裂水出較鎮城湧水更大又飛調廣武之兵二百名分守數處再本職印信

王命火牌勘合等項俱陷火內今火勢稍熄於灰燼內尋覓印信已銷燬不可用矣合並稟聞等情又於亥刻據寧夏洪廣營遊擊楊士超呈稱本年十一月二十四日戌時地震起至二十六日未止衙署倉厫兵民房屋俱已倒塌城郭震塌又遭火燒兵民約計十分之中打死四五現存者大半受傷甲馬打死一半旗幟器械火燒無存卑職同守備周起麟看得兵民失所現在設法安插合先報明至於兵民死傷各數目俟查明另報等情臣查寧夏爲臨邊重鎮人民繁庶今被震被焚數萬戶口半爲壓燒而死一城房屋全無其現存百姓亦無棲息處所饑寒顛沛

慘變非常聞之神魂俱裂現在鎮道各官俱係
心慘意迷之際若非臣急為親往料理則被災
兵民必致流離失所何以全數萬之生靈何以
安邊城之衝要臣隨於十二月初八日起身輕
騎減從馳驛星飛前往督令鎮道設法料理務
期被災兵民安頓安協以仰慰我
皇上
保民若赤之至意所需料理銀兩若於甘省調
取緩不濟急是以就近在於西安藩庫動支備
貯軍需銀二萬兩攜帶前去惟是料理安頓事
關重大必得敏幹之員以備差委查有原任涼
莊道阿炳安才具優長於甘屬地方情形最為
熟練伊丁母憂離任現回西安旗籍守制已逾
百日閒住家中今似此重大事件委伊辦理洵
有裨益是以臣帶同前往再所攜銀兩或恐不
敷俟臣到寧夏時查閱確情就近在於甘省不
拘何項庫銀調取應用其寧夏倉庫俱經倒塌
倉糧有無存貯果否足數賑恤之用難以懸定
如不敷所需臣即就近撥運供支至於官民兵
丁衙署房屋急需修造臣到彼確查即為估計
修建臣一面飛咨甘撫臣元展成一同妥辦務
期仰體
聖主天心俾災黎俱得安輯所有臣衙門一應
欽部案件俟臣回署之日次第辦理合并聲明伏祈
皇上聖鑒為此謹
奏

已據阿魯奏報朕遣侍郎班第前往同伊料理
賑務矣卿聞報即前往甚屬可嘉可同班第等
盡心料理務期災黎得所兵民相安庶可以慰
我君臣罣慮耳至乘機搶奪此風斷不可長已密
諭班第卿其一一商酌一同詳慎辦理

乾隆三年十二月初五日具

9. 川陕总督查郎阿奏报宁夏地震引发水患灾情严重调取固原官兵协防折

乾隆三年十二月初七日（1739 年 1 月 16 日）

（奏折档）

朱批：所奏俱悉。夫变出非常，而人心即至如此，亦吾君臣抱愧之事也

9. Momorial to the throne, presented by Zha Langa, Governor-General of Sichuan and Shaanxi, reporting that the flood induced by the Ningxia Earthquake was extremely serious and troops stationed in Guyuan had been sent to the site to assist patrolling

Dec.7, the 3rd year of Qianlong (Jan. 16, 1739)

(Memorial to the throne kept in the file)

Emperor's comment in red on the memorial: I have known all what is reported . The accident is unexpected, and feeling of the people in the accident is also unexpected. It is much regreted for me and the officials.

奏

大學士仍管川陝總督臣查郎阿謹

奏爲調取官兵彈壓以靖地方事竊查寧夏地震

情形於本月初五日據寧夏總兵楊大凱文稟

隨飛摺奏

聞并將臣於初八日星馳前往料理等因聲明在案

茲於初六日又據總兵楊大凱呈稱據協路差

查呈報花馬興武靈州中衛廣武玉泉横城等

營堡均於十一月二十四日地震並未傷損惟

平羅寶豐新渠洪廣平羌五營堡震災甚重房

屋皆倒打死軍民甚多續據都司董茂林呈稱

差人探得寶豐新渠并所屬各營堡以及沿河

户民一帶地震後裂開大窟旋壅出大水並河

水泛漲進城一片汪洋深四五尺以至六七尺

不等民人牲畜凍死淹死甚多一應軍器等項

俱被水淹無存其軍民男婦得生者暫在城上棲身再查户民房屋莊村亦被水淹大半其得生者因無吃用又無衣服多半至平羅營搶掠當鋪三處彼時文員止有典史一人無可奈何卑職亦被打重腰腿見勢荒亂無奈帶傷同千總目兵救護當鋪三處雖將户民趕出城外存營兵丁除各汛防並打壞重傷兵丁之外止有五六十人城內客民百姓甚是荒亂卑職率領弁兵書役晝夜在於城上常川巡邏守護倉糧再寶豐亦甚荒亂今值貿易之期誠恐夷人因無漢人貿易乘虛而入內地亦未可定卑職分身無術又無兵丁難以保護等情到本職除一面移寧夏道轉飭地方官查賑安插一面飛遣協路官兵分佈各處彈壓外相應呈報等情到臣又據楊大凱稟稱鎮城陡遭地震之變異常奇災甚爲狼狽兼之被患之後無賴奸宄旋即竊發間有搶掠雖竭力經營飭令將弁多方保護無如標兵死傷甚衆雖有未經被傷兵丁亦爲數寥寥又皆衣着不全且其父母妻子均有傷亡即督令巡查防護勢難免其內顧兼之器械馬匹多皆損傷是以飛調協路官兵一千二百七十名內花馬兵二百名中衛兵三百名靈州兵二百名廣武兵二百名玉泉兵二百名興武兵一百名横城臨河兵七十名選派將弁管領來鎮彈壓於二十六日漸次到寧二十七日雖覺安靜但人心恍惚晝夜驚恐兼之平羅寶豐新渠洪廣平羌各處災異亦重亦有搶掠與夫四鄉道路盗賊時聞更兼黄河結凍鄂爾多斯均係窮夷恐乘隙過河於隣近村莊偷竊滋事亦未可定是城鄉交病大費周旋今本職派委花馬池副將郎建業帶兵四百名前往平羅新寶等處彈壓又派城守營都司任舉帶兵一百名前往洪廣平羌二處彈壓復派將備千把帶領兵丁在於隣鎮鄉村輪流晝夜遊巡惟是

寧夏一鎮孤懸河外三面環夷洵為極邊重地
值茲隆冬嚴寒軍民失所雖城內此時安靜恐
鄉村被災匪竊易滋恐有意外之虞目今雖有
滿兵亦皆被災當此人心恍惚不可不思患預
防若再添調協路兵丁來鎮彼處各有衝汛又
不便令其空虛懇祈軫念邊陲要地撥兵來寧
協濟等情稟請前來臣查寧夏遭此異變兵丁
被傷既多其現存者亦俱因父母妻子被壓傷
亡魂飛膽裂其巡邏防範自難保無分心之處
且被災既非一處災民凍餒無依不無搶竊滋
事況寧夏為極邊重鎮隆冬天氣防範尤宜謹
嚴雖有滿兵駐劄然遭此大震或有房舍損傷
之處亦未可定伊等均在驚慌之際或恐亦有
內顧之虞臣隨飛咨署陝提臣楊珖選撥固原
標兵六百名派委將弁帶領就近星往寧夏協

助巡防俟臣到寧查勘明確酌量情形辦理定
妥之後再將固原官兵遣回固原再寧夏文武
官員不敷差委臣前赴寧夏沿途選有賢能之
員帶領前往以備委辦合并聲明所有調令官
兵彈壓緣由理合繕摺

奏明伏祈

皇上聖鑒為此謹

奏

所奏俱悉夫災出非常而人心即至如此亦吾君臣抱
愧之事也

乾隆三年十二月初七日具

10. 谕内阁宁夏地震著地方官查明赈恤

乾隆三年十二月初九日（1739 年 1 月 18 日）

（《乾隆朝上谕档》第一册）

10. Imperial edict to the Cabinet: Instruct the local officials to check the reief fund in the Ningxia Earthquake

Dec.9, the 3rd year of Qianlong (Jan. 18, 1739)

(*Archives of Emperor Qianlong's Edicts*)

乾隆三年十二月初九日內閣奉
上諭據寧夏將軍阿魯等奏稱寧夏地方十一月二
十四日戌時地動滿城官兵房屋盡皆塌坍等語
朕心深為軫念所有城內官兵人等作何加恩賑
恤之處著該將軍作速查明一面奏聞一面辦理
其各處被災兵民人等著該地方官即行查明一
體賑恤邊地寒冬務令安妥毋致一夫失所欽此

11. 谕内阁宁夏地震灾情严重著兵部侍郎班第前去动拨兰州藩库银两赈济

乾隆三年十二月十三日（1739 年 1 月 22 日）

（《乾隆朝上谕档》第一册）

11. Imperical edict to the Cabinet: Instruct Ban Di, assistant minister of the Ministry of War, to allocate a fund of 200,000 taels of silver from Treasury of Lanzhou for relief , owing to the serious disaster caused by the Ningxia Earthquake

Dec. 13, the 3rd year of Qianlong (Jan. 22, 1739)

(*Archives of Emperor Qianlong's Edicts*)

乾隆三年十二月十三日辦理軍機大臣奉

上諭前據寧夏將軍阿魯奏報寧夏地方於十一月二十四日戌時地動朕心軫念已降旨令將軍督撫等加意撫綏安插無使兵民失所今據阿魯續奏是日地動甚重官署民房傾圮兵民被傷身斃者甚多文武官弁亦有傷損者朕心甚為惨切惟有敬凜

天變深自修省著兵部侍郎班第馳驛前去即於明日起程動撥蘭州藩庫銀二十萬兩會同將軍阿魯并地方文武大員查明被灾人等逐户賑濟急為安頓無使流離困苦其被壓身故之官弁著照巡洋被風身故之例加恩賜賞恤典其動用銀兩該部另行撥補再寧夏附近之州縣被灾者著班第會同地方文武大員一體查賑無得遺漏欽此

12. 谕军机大臣宁夏地震总兵杨大凯降旨议处著查郎阿拣员调补阿鲁交部议叙

乾隆三年十二月十三日（1739年1月22日）

（《乾隆朝上谕档》第一册）

12. Imperial edict to Minister of the Military Department: To punish Yang Dakai, Commander in Chief of Ningxia, because of his extreme laziness in his work in the Ningxia Earthquake and inform Zha Langa to select another able official instead of Yang Dakai. Alu is conscientious in his work, he should be awarded after discussion of the Ministry

Dec. 13, the 3rd year of Qianlong (Jan. 22, 1739)
(*Archives of Emperor Qianlong's Edicts*)

乾隆三年十二月十三日辦理軍機大臣奉
上諭寧夏地動揔兵楊大凱視爲泛常怠忽殊甚已
降旨交部嚴加議處其揔兵員缺著大學士查郎
阿於通省揔兵內揀選賢能之員調補速令前往
辦事其所遺員缺即著遞行題署阿魯親率官兵
前往料理彈壓所辦甚屬可嘉著交部從優議敘
喀拉同山著交部議敘其派往之滿洲官兵著班
第查明從優賞賚欽此

13.[军机处]奏侍郎班第前往宁夏请准带往钦差大臣关防片(原件系满文)

乾隆三年十二月十三日(1739年1月22日)
(军机处满文录副奏折)

13. Memorial to the throne, presented by the Military Department, asking for permission for Ban Di to carry an imperial pass tag on his way to Ningxia (the original document was written in Manchu)

Dec. 13, the 3rd year of Qianlong (Jan. 22, 1739)
(Duplicate of memorial to the throne in Manchu kept in the Military Department)

【满文译文】

侍郎班第前往宁夏地方，请准带往钦差大臣关防。等因。乾隆三年十二月十三日奏入，奉旨：知道了。钦此。

(将此交付礼部、兵部)

14. 谕著侍郎班第行抵宁夏即会同将军阿鲁办事（原件系满文）

乾隆三年十二月十四日（1739 年 1 月 23 日）
（军机处满文录副奏折）

14. Imperial edict to Ban Di to meet General Alu at once when he arrives in Ningxia and work together with Alu (the original document was written in Manchu)
Dec. 14, the 3rd year of Qianlong (Jan. 23, 1739)
(Duplicate of memorial to the throne in Manchu kept in the Military Department)

【满文译文】

乾隆三年十二月十四日奉上谕：侍郎班第抵达宁夏后，即会同将军阿鲁办事为好。钦此。

（本处除交付侍郎班第外，由兵部咨文宁夏将军阿鲁）

15. 甘肃巡抚元展成奏报赴宁查勘震后修建安顿情形日期折

乾隆三年十二月十四日（1739 年 1 月 23 日）

（奏折档）

朱批：知道了。诸事与查郎阿、班第商酌而行。若非查郎阿能知大体，闻信星夜前往，朕复特遣大臣驰驿办理，则汝尚在睡梦中也。此何以称封疆之任哉！朕甚为汝忧之。将此旨与查郎阿等共观之

15. Memorial to the throne, presented by Yuan Zhancheng, Governor of Gansu, reporting the investigation of rehabilitation and the date of arrangement for settling down after the earthquake in Ningxia

Dec.14 the 3rd year of Qianlong (Jan. 23, 1739)

(Memorial to the throne kept in the file)

Emperor's comment in red on the memorial: Known. Work has to be done with Zha Langa and Ban Di under discussion. If Zha Langa had not the cardinal principles in mind, and did not go at once to the site; meanwhile I did not sent the ministers to relieve and console the victims, then you all were in the dream. How can you fill the post of Border Minster with credit? I am much worried for you. Send my edict to Zha Langa et al. and let them read together.

奏
甘肅巡撫臣元展成謹
奏為恭報微臣赴寧查勘日期事本年十一月二
十四日戌刻寧夏地震火焚官民房舍俱空民
人死傷無數臣刻即委員携帶銀兩馳驛前往
加意撫恤并飛咨鎮臣楊大凱就近撥兵防護
又據續報寧屬之新渠寶豐平羅三縣同日地
震水發倒塌死傷與府城無異又即委員星往
照例賑恤并檄行該道等將兵民一體賑恤竝
搭蓋蓆棚棲止露處災民仍分設粥廠先行按
口就食業將辦理各緣由節次
題報在案臣思寧夏為臨邊重地該鎮兵丁同被
災傷誠恐保護地方不敷彈壓一面飛咨固原
提臣楊琺就近撥兵五百名移交鎮臣楊大凱
分路巡查協同防護又查寶豐所屬之市口鎮

係向與鄂爾多斯交易之所窮夷口糧全憑內
地接濟隨一面檄行該道府設法撥運仍令照
常貿易毋致夷民乏食再查寧夏道府庫貯銀
兩現存二十餘萬尚敷賑濟之用至被災之後
一二日內災民乏食因倉厫倒塌糧石外露不
無搶竊餬口至二十七日已經止息當此倉皇
顛沛之際迫於饑餓情尚可原已酌飭該道等
不必深究至本郡倉糧不敷散賑已飭司就近
撥運又於本月十二日接准將軍臣阿魯咨稱
滿城傷損官員兵丁以及閑散人等共一千二
百七十餘名隨飭令該道等一體賑恤十二日
又據寧夏道鈕廷彩稟稱連日寧郡災民棲息
稍安惟新渠寶豐土裂水湧地陷沙窩結水成
冰周圍百十餘里凝成一片淹凍死傷人數及
塌陷房屋無從查算沿河堤埂盡行毀裂恐來
春凝冰一解水勢萬不可支等語伏思新寶兩
縣原係淤出河灘近因黃流西注離城不過里
許臣時憂其不能終久保全今復遭此異災必
須相度料理其縣治或應仍舊或應擇地遷移
及應否歸併附近州縣而且寧郡城垣倉庫監
獄衙署兵民房屋作何修建其被震處所災民
應作何安頓並應否加賑之處均須親往確勘
已擬於本月十五日起程赴寧適於十三日接
到督臣查郎阿札稱已經起身前來臣兼程前
往正可與督臣協同辦理面商一切事宜但通
省事務殷繁俟寧郡措置大局已定再委布政
使徐杞前往督率辦理除臣起程日期另疏
題報外所有臣赴寧查勘緣由理合奏
聞敬遣臣標把總張爾魁捧賚伏祈
皇上睿鑒謹
奏

知道了。諸事與查郎阿班第商酌而行。若非查郎
阿能知大體，朕信不及，前後朕特遣大臣馳驛
辦理，則此君在睡夢中也。此何以稱封疆之任哉？朕
甚為此憂之。將此旨與查郎阿等共觀之。

乾隆三年十二月十四日

16. 甘肃布政使徐杞奏报宁夏府属各地灾情严重将与巡抚先后前去办赈折

乾隆三年十二月十五日（1739 年 1 月 24 日）

（奏折档）

朱批：抚臣尚尔不知大体，何怪于汝

16. Memorial to the throne, presented by Xu Qi, the commissioner of civil affairs and finance of Gansu, reporting that, owing to the seriousness of the Earthquake disaster, occurred in Ningxia Prefecture and other places belonging to Ningxia, he and the governor will go to Ningxia successively for offering the relief

Dec.15, the 3rd year of Qianlong (Jan. 24, 1739)

(Memorial to the throne kept in the file)

Emperor's comment in red on the memorial: The minister has not the cardinal principles in mind still, how can I put the blame on you.

奏
甘肅布政使司布政使加二級臣徐杞謹
奏為奏
聞事臣竊查寧夏府屬各州縣今年俱稱有收民力
可期充裕突於十一月三十日申刻據寧夏道
鈕廷彩等報稱十一月二十四日戌時寧郡地
震官民房屋頃刻倒塌壓壞人口無數臣即刻
飛詳督撫
題報當經撫臣飭委涼莊道奇書西寧府知府臧
珊帶同効力試用人員星夜赴寧查勘撫恤臣
隨照例詳議壓壞人口每大口給銀二兩每小
口給銀七錢五分為掩埋之需壓倒房屋每間
給銀一兩生存人口每名給口糧三斗以資棲
身餬口因合計寧夏道府庫貯銀兩約存二十
餘萬猶恐不敷復稟商撫臣於司庫動銀三萬
兩委員帶往備用所需糧石先令於寧屬倉貯
動支乃於十二月初五日酉刻又據寧夏道鈕
廷彩等報稱新渠寶豐平羅三縣亦於十一月
二十四日戌時地震其被災與郡城無異又即

剋飛諭督撫
題報一面添委人員星往分查撫恤同郡城被災
兵民一例散給銀粮因需粮已多恐倉貯不敷
而寧屬各村庄尚有收獲粮石兵民有銀即可
買食隨將應給口粮酌以銀粮兼賑并於鄰近
寧夏之州縣倉貯酌撥運寧以供接濟至寧屬
之靈州及花馬池中衛縣於初六初七十二等
日據寧夏道鈕廷彩等報稱同於十一月二十
四日戌時地震靈州損傷民人一十六口倒塌
房屋無多花馬池倒塌房屋百餘間並未損傷
人口中衛摇倒房屋百餘間亦未損傷人口經
臣節次飛諭督撫并飛行該地方官一例查撫
賑恤其寧夏滿城係同時被災於十二日將軍
阿魯以損傷人口一千二百七十餘名移知撫
臣先經詳議一例賑恤此外惟平凉府屬之固
原廳州地方同於十一月二十四日戌時地震
廳屬之平遠所摇塌房屋二百六十八間損傷
民人一十二口州屬之丁家堡摇塌房屋六十
四間並未傷人州屬之萬安里因重窑壓塌傷
人四口俱經飛諭督撫一面飛飭地方官查撫
賑恤其餘各屬有無地震已通查未據覆到但
寧屬之夏朔新寶平五邑同被重災慘傷已極
雖經照例酌給銀粮并嚴令各委員悉心經理
以期稍慰
皇上
軫念災黎之至意而一切撫綏必須親履其地
審度情形隨時酌辦臣即向撫臣稟明親往查
看撫臣以事關重災必須撫臣親往查看又以
省會重地撫藩未便同時遠出令臣俟撫臣查
看回日再令臣前往今撫臣已於十二月十五
日起程所有撫臣與臣先後赴寧緣由理合繕
摺奏
聞伏乞
皇上睿鑒臣謹
奏
扬臣當多不知古劉於[illegible]
乾隆三年十二月十九日臣徐杞

17. 川陕总督查郎阿奏报陕西榆林地方地震及飞饬赈恤折

乾隆三年十二月二十日（1739年1月29日）

（奏折档）

朱批：知道了

17. Memorial to the throne, presented by Zha Langa, Governor-General of Sichuan and Shaanxi, reporting that an earthquake occurred in Yulin area, Shaanxi Province, and instruction was sent rapidly to relieve and console the victims in the stricken area

Dec.20, the 3rd year of Qianlong (Jan. 29, 1739)
(Memorial to the throne kept in the file)
Emperor's comment in red on the memorial: Known.

奏

大學士仍管川陝總督臣查郎阿謹

奏爲奏

聞事乾隆三年十二月十九日戌時據延綏鎮總兵
王廷極稟稱本年十一月二十四日戌時榆林
府城地微震動少頃即止繼又微震一夜接續
至次日早共計微震七次二十五六兩日猶然
微動二三次俱隨動隨止城垣寺廟均有震塌
之處兵民房屋墻垣塌損者多寡不一塌死民
間母子二人其兵丁塌損房屋者俱經廷極量
捐賞濟其餘民人亦經榆林道飭令該縣清查
撫恤至榆林接壤各營堡惟西路之懷遠響水
保寧等堡震動塌損與府城大概相同至東路
之雙山常樂南路之歸德魚河一帶震動稍輕
其餘窵遠處所現在行查等語查陝省乾州咸

陽等處本年十一月二十四日地震民人房屋
有塌傷之處經臣會同陜撫臣張楷飭令該地
方官詳查明確其塌死民人每名給銀三兩塌
壞房屋每間給銀一兩當經奏
聞在案今榆林地震情形大畧相等臣隨飛飭該道
府查勘確實亦照乾州咸陽之例塌死民人每
名給銀三兩塌壞兵民房屋每間給銀一兩俱
令於公項銀兩内動支散給務期撫恤妥備不
致失所散賑各數俟該道府查賑之後另行
奏報外所有榆林地震及飛飭賑恤緣由謹會同
撫臣張楷繕摺恭
奏伏祈
皇上聖鑒爲此謹
奏

知道了

乾隆三年十二月二十日具

18. 川陕总督查郎阿奏报办理宁夏震后赈济事宜折

乾隆三年十二月二十日（1739 年 1 月 29 日）

（奏折档）

朱批：此次灾变异常，朕抚躬自咎，实切惭悚。想汝等亦自知愧惧修省也。至赈恤一事，须极力为之，毋使残伤余生再有不得所之叹也

18. Memorial to the throne, presented by Zha Langa, Governor-General of Sichuan and Shaanxi, reporting the relief to the victims after the Ningxia Earthquake

Dec.20, the 3rd year of Qianlong (Jan. 29, 1739)

(Memorial to the throne kept in the file)

Emperor's comment in red on the memorial: The Earthquake disaster is unexpected. I examine myself and at the same time, I am extremely sorry for it. I think you are in the same situation and introspect yourself. As for the relief, you should work to your best, in order that the survivers have their settlement in their remaining life.

奏
臣查郎阿元展成謹
奏為奏
聞事竊查寧夏地震慘變異常臣查郎阿於十二月
十八日到寧查得寧夏府城於十一月二十四
日戌時陡然地震竟如簸箕上下兩簸瞬息之
間闔城廟宇衙署兵民房屋倒塌無存男婦人
口奔跑不及被壓大半又因天時寒冷房屋中
間俱放有烤火之具房屋一倒頃刻四處火起
不惟撲救無人抑且周圍俱火無從撲滅直至
五晝夜之後煙焰方熄被壓人民除當即刨出
損傷未甚者救活外其餘兵民商客壓死焚死
者甚衆一應資財衣服家具什物俱已焚燬城
垣四面塌壞僅存基址其滿城房屋亦同時一
齊俱倒官兵被壓死者一千數百名且平地裂

成大縫長數十丈不等寬或數寸或一二尺不等地中黑水帶沙上湧亦有陷入而死者城垣亦俱塌壞且城根低陷尺許臣到寧閱看昔日繁庶之所竟成瓦礫之場慘目傷心莫此爲甚而地氣尚未寧靜每晝夜震動三五次其寧城北面一百六十餘里至寶豐縣西面四十餘里至平羌堡南面東面俱二三十里之村莊其被震之重與寧城相類此外受傷稍輕查平羅新渠寶豐三縣洪廣一營平羌一堡闔城房屋亦倒塌無存而平羅新渠寶豐等處平地裂縫湧出黑水更甚或深三五尺七八尺不等民人被壓而死者已多其被溺被凍而死者亦復不少城垣亦大半倒塌臣等派令官弁分頭確查其死故民人查有家屬者大口每名給銀二兩小口每名給銀七錢五分以資埋葬如係客民無家屬者官爲就近葬埋其現存民人先給一月口糧無論大小口每名俱給米三倉斗倘有情願領銀者照數折給總期有便於災黎嗣後再分別口之大小按例給與口糧總不令其流離失所現在郡城內擡埋之壓死大小口一萬五千三百餘軀此外瓦礫之中存屍尚多除火燒屍骸已成灰燼無從刨挖外其餘現在逐處刨挖陸續按名給銀擡埋至於新寶平羅并各鄉村堡俱已委令員弁分路挨查照數賞恤再新寶平羅等處被溺而死者其屍凍住氷中亦令各該委員備帶氷鑽鑿氷擡出給銀埋葬尚有全屍俱在氷沙之內無處尋覓者俟氷融之後再行查埋統俟賞恤完日另行

奏報至於滿城被傷人口現在咨令將軍臣阿魯查明確數俟查覆至日亦照數賞給銀兩其現在民人房屋倒塌無存者暫令各檢磚塊木植搭蓋窩鋪以爲棲息之所俟明歲春融可以動工之時查其原有房屋按間給與銀兩以爲修葺之資其滿漢城垣及

大清唐漢各渠道并官弁衙署滿兵房屋應行修築者俟另行確估奏

聞其餘一切應行事宜統俟臣等公同商酌妥協次第辦理至於寧屬之靈州一帶臣查郎阿沿途

查勘隨路撫綏其中衛縣一帶地方臣元展成
於十二月十九日由中衛屬之營盤水沿途查
撫兩路情形較之郡城大勢俱輕合并聲明所
有現在辦理情形謹會摺恭
奏伏祈
皇上聖鑒爲此謹
奏

此次災變異常朕惟躬自咎實切慚悚想此等亦自知愧懼修省也至賑恤一事須極力爲之毋使殘傷餘生再有不得所之嘆也

乾隆三年十二月二十日具

19. 湖广襄阳镇总兵周仪奏报宁夏地震其母及亲属多名被灾身故折

乾隆三年十二月二十日（1739 年 1 月 29 日）

（奏折档）

朱批：览

19. Memorial to the throne, presented by Zhou Yi, Commander in Chief of Xiangyang town, reporting that his mother and several relatives were dead in the Ningxia Earthquake

Dec.20, the 3rd year of Qianlong (Jan. 29, 1739)

(Memorial to the throne kept in the file)

Emperor's comment in red on the memorial: Read.

奏
湖廣襄陽鎮總兵官臣周儀謹
奏為敬陳地震情形臣母被災身故仰祈
睿鑒事竊臣一介庸愚恭請
陛見荷蒙
恩旨俞允入覲
天顏得遂瞻
天仰
聖之忱仰蒙
天語訓誨周詳
恩賜鞍馬准臣假期三月旋里省親迎母赴任種種
皇恩優加無已臣惟矢竭犬馬圖報
高厚臣於本年十一月十七日自京起程由宣化大同榆
林一路回里二十四日戌時途次山西大同府遞僱
地震及榆林一帶亦皆同時地震俱尚輕微十二月
十五日臣抵寧夏府目擊城樓官署兵民房舍俱被

地震倒平百無一存兵民人口傷亡極多臣母年七
十一歲亦被災故竝臣弟婦姪媳男女六名口惟存
臣二弟周策三弟周晃四弟周度暨家中男婦十九
名口悉係被災救出伏思臣蒙
聖恩准臣假期旋里迎養實出
聖主格外隆恩臣母罹此變故微臣肝腸寸裂抱恨終天
今臣現在辦理塋葬後事除報明湖廣督臣德沛撫
臣崔紀提臣顏清如臣遵例丁憂外所有寧夏地震
臣母被災身故情形臣謹繕摺專差家人劉映斗齎
奏伏祈
皇上睿鑒施行為此具摺謹
奏以
聞
覧
乾隆三年十二月　二十　日

20. 谕内阁宁夏地震总兵印信被火著令速行铸就颁发

乾隆三年十二月二十五日（1739 年 2 月 3 日）
（《乾隆朝上谕档》第一册）

20. Imperial edict to the Cabinet: Recast the seal of Commander in Chief quickly, which was melt in the fire during the Ningxia Earthquake

Dec. 25, the 3rd year of Qianlong (Feb. 3, 1739)
(*Archives of Emperor Qianlong's Edicts*)

乾隆三年十二月二十五日內閣奉
上諭寧夏地方十一月二十四日地動後總兵官署
火起關印信被火銷化著該部速行鑄就頒發所
有王命火牌勘合劄付等件該部一併查給欽此

21. 山西布政使胡瀛奏报太原等处微震地方安贴并无损伤折

乾隆三年十二月（1739 年 1 月）

（奏折档）

朱批：知道了

21. Memorial to the throne, presented by Hu Ying, commissioner of civil affairs and finance of Shanxi, reporting that a slight shock occurred in Taiyuan etc., but no injury and damage occurred, and subjects in the area were safe and well

Dec. , the 3rd year of Qianlong (Jan. 1739)

(Memorial to the throne kept in the file)

Emperor's comment in red on the memorial: Known.

奏

山西布政使司布政使臣胡瀛跪

奏為奏

聞事竊照山西太原地方於十一月二十四日戌時微有地動半刻即止至二更後又復微動即止人民房屋俱各安堵嗣據平陽府代州及大同府屬之山陰縣蒲州府屬之虞鄉縣等四處稟報時刻相同悉稱民間城鄉現俱安帖並無損傷等語惟恐傳聞之訛上廑

天心理合奏

聞以慰

聖懷為此謹

奏

知道了

22. 兵部右侍郎班第等奏陈宁夏震后应办验尸赈粮放银修房等项事宜折

乾隆四年正月初二日（1739 年 2 月 9 日）

（奏折档）

朱批：所奏俱属妥协。此非寻常赈恤可比，须亟力为之，务期稍救灾黎，以补我君臣之过耳

22. Memorial to the throne, presented by Ban Di et al., assistant minister of the Ministry of War, reporting that autopy for the death, providing grains, offering relief fund to the victims and repairing of destroyed houses etc. should be done after the shock in Ningxia

Jan. 2, the 4th year of Qianlong (Feb.9, 1739)

(Memorial to the throne kept in the file)

Emperor's comment in red on the memorial: All affairs in the memorial should be done well. The relief in Ningxia cannot be compared with the ordinary relief and should be done to the best, so that the victims in the Earthquake disaster will be saved, and the faults committed by the ministers and the Emperor will be compensated,

奏
兵部右侍郎臣班第等謹
奏爲酌議寧夏現辦事宜恭請
聖鑒事竊查寧夏慘遭地震變出非常瞬息之間官
民房舍一齊俱倒而且屋下火發地中水湧其
被壓被焚被溺身故者男婦大小約計數萬即
幸而生全者其父母妻子半已被災煢煢孑遺
盡成鰥寡孤獨屋宇衣服資財什物焚壓一空
露宿風餐鳩形鵠面昔則人煙繁庶今則滿目
荒涼荷蒙
聖恩軫念災黎
特命臣班第馳驛赴寧動撥庫項會同將軍臣阿魯
并地方文武大員查明賑濟仰見我
皇上胞與爲懷痌瘝在抱之至意臣班第到寧隨會
同臣查郎阿臣阿魯臣元展成悉心商酌先將
現辦事宜敬爲我
皇上陳之
一查被壓被焚身故人口其中固有貧富不等
然而屋宇資財俱成灰燼雖平時富餘之家

此際亦皆赤手屍骸暴露急切無資今酌定無論男婦大口每軀給埋葬銀二兩小口每軀給埋葬銀七錢五分現在刨出檯埋者大小一萬五千餘軀其餘瓦礫之中氷沙之内存屍尚多現在刨挖俟陸續刨出時照例給與銀兩其無主屍軀官爲就近埋葬

一查生存人口房屋衣服家具什物俱已無存若不概爲賑恤必致饑餓流離今酌定不論大小口每口先給糧三倉斗倘有情願領銀者亦聽其自便照依部價折給遴委妥員分路按名散給務使均沾實惠不得有一名遺漏今散給將竣酌計伊等口食已數正月之需臣班第到寧災黎沿途跪接頂戴

聖恩高厚均得起死回生感泣之情眞切篤摯惟是伊等家資罄盡非待今歲收成之後不能自贍今酌定自正月二十四日起至六月二十四日止計賑五個月查甘省賑恤舊例大口日給京斗糧五合小口日給三合今災出異常自應加意撫綏酌定分別大小口數大口每日給京斗糧八合三勺小口每日給京斗糧四合一勺五抄倘有願領折色者仍聽從民便自六月以後夏禾登場可以接濟餬口無虞賑恤矣

一查災民房屋俱已傾倒無存棲身無所現在雖諭令檢拾斷木殘磚搭蓋窩鋪暫行棲息而今歲春融之後即須酌給修葺之資但伊等向日貧富不等房屋多寡不一若照伊等舊有房屋間數給與銀兩未免不均亦且難於查核今酌議現存人口無論大小有兩口者給房一間三口者給房二間五口者給房三間多者照此遞增每間給房價銀二兩令其自行搭蓋

一查被災小民或有全家俱被焚壓止存幼稺男女者此等孤弱無依尤宜矜恤應照例給與口糧房價查明伊等親戚誠實可托者交與收養俾無失所

一查現在賑恤及今歲所需籽種并應支滿漢官兵月糧所需糧石甚多而各處倉厫俱已倒塌其倉貯不無損折現在寧夏寧朔及新渠寶豐平羅五縣約畧共存糧十萬餘石又經撥運固原糧八千石其餘不敷急需運供查就近之平慶各屬倉貯無多不便全數動撥致令空虛惟凉州府屬之武威古浪二縣額糧本屬寬裕而柳林湖等處屯種收貯之糧除供支滿漢兵糧外尚有富餘現在酌撥二縣糧八萬石運寧協濟雖武古二縣距寧頗遠但查此項糧石若車運至長流水等處即用船隻裝載由黄河直運至寧最爲利便現在中衛有民船數十隻每隻可裝糧二三十石不等不敷應用今已委員查勘河道并令添造船隻以資裝載較之雇覓車騾從陸路馱運者猶可節運費而省民力俟事竣之日將水陸脚價及造船雇夫所用銀兩核實報銷

一查擡埋賑濟及將來給發災民房價并修築城垣衙署等項所需銀兩甚多臣查郎阿自西安起身已經奏明在於西安藩庫撥銀二萬兩臣元展成又於蘭州藩庫撥銀三萬兩而寧夏各庫現存銀二十餘萬兩又奉

恩旨續撥蘭藩庫銀二十萬兩尚有不敷統於蘭藩庫貯就近酌撥

一查新渠寶豐從前俱係招集靈州中衛等處民户分田開墾今地震水溢房屋俱已倒塌民無棲息之所而所開惠農昌潤兩渠震圮尤甚沿河堤埂衝決甚多層氷遍野所墾田地俱已淹没無餘伊等勢難存住有已經自行回籍者有不能動身現在待賑者其現在待賑户口一例賑恤口糧其願回原籍者暫令回籍俟春融之後作何修葺妥協再令來縣墾種其已經自行回籍者亦令原籍地方官查明一體賑恤使無失所臣班第臣查郎阿臣元展成定於正月初二日親往查看其

聞

應如何妥辦之處俟查勘明確再行酌議奏

一查寶豐現有倉貯糧二萬七千餘石倉厫既已倒塌糧石散露氷沙之中若一待春融耗爛必多今酌議除賑恤彼處災民外其餘糧石俱運至平羅以資賑恤之用但民間牲畜傷斃大半雇運維艱查有滿城官駝選擇臕徤者可得五百隻鎮標官駝選擇臕徤者可得一百隻共約計駝六百隻前往䭾運不過一月之内俱可運貯平羅其餧駝草料按日支給事竣核銷

一查外來客商貿易於寧夏者甚多地震之時兩面樓房一齊倒塌死傷更甚均宜一體賑恤今議定死亡客民每軀亦給埋葬銀二兩其有並無親屬及不知姓名者官爲就近擡埋其生存人口亦與本地人民一體賑恤除願留寧夏者聽其自行另圖生理外其有資本俱已焚燬無存情願回籍者量其歸途遠近酌給路費資令回籍

以上各條俱係現在酌辦事件其餘應行辦理之事如修築滿漢城垣建造官員衙署建造滿兵房屋修濬大小渠道等項一切事宜俟臣等公同查勘明確商酌妥協次第奏

聞辦理臣等目擊寧民塗炭之時仰體我

皇上惠鮮懷保之至意惟期和衷商辦措災黎於袵席鞏邊鎮於金湯以紓

聖主西顧之憂勤以貽寧民萬年之樂利已耳謹會

摺恭

奏伏祈

皇上聖鑒爲此謹

奏

所奏俱屬妥協此非尋常賑恤可比須盡力爲之務期措拔災黎以補我君臣之過耳

乾隆四年正月初二日兵部右侍郎臣班第

大學士仍管川陝總督臣查郎阿

寧夏將軍臣阿魯

蘭州巡撫臣元展成

23. 兵部右侍郎班第等奏报遵旨赏恤宁夏被灾兵丁银两数目折

乾隆四年正月初二日（1739 年 2 月 9 日）

（军机处录副奏折）

朱批：该部议奏

23. Memorial to the throne, presented by Ban Di et al., assistant minister of the Ministry of War, reporting the amount of fund awarded to the soldiers suffered in the Ningxia Earthquake, in accordance with the Imperial edict

Jan. 2, the 3rd year of Qianlong (Feb. 9, 1739)

(Duplicate of memorial to the throne kept in the Military Department)

Emperor's comment in red on the memorial: Instruct the Ministry of War to discuss first and then report to me.

奏

兵部右侍郎臣班第等谨

奏为钦奉

上谕事乾隆三年十二月十三日办理军机大臣

奉

上谕前据宁夏将军阿鲁奏报宁夏地方于

十一月二十四日戌时地动朕心轸念已降旨令将

军督抚等加意抚绥安辑兵民务令

今又据阿鲁续奏是日地动甚重官署民

房倾圮兵民被伤身毙者甚多文武官弁亦

有伤损者朕心甚为悚惕有数凛

天变深自修省着兵部侍郎班第驰驿前去即

于明日起程动拨兰州藩库银二十万两会

同将军阿鲁该地方文武大员查明被灾人

等迅速赈济急为安顿无使流离困苦被

歷身故之官弁著照巡洋被風身故之例加
恩賜賞䘏典其動用銀兩請敕部另行撥補再
寧夏附近之州縣被災者甚夥理應會同總督
文武大員一體查賑毋得遺漏飭派鎮道臣
班第隨於十二月十四日自京起程於二十八日抵
寧臣查郎阿臣元展成俱已到寧除現在會
同臣阿魯商辦一切賑恤事宜另摺奏
聞其餘應行事件次第
奏辦外遵查被壓身故之官弁滿城內有鑲
黃旗滿洲佐領佛尔化正白旗蒙古佐領僧保
正紅旗蒙古佐領常靈三員鑲白旗滿洲驍
騎校三德一員漢城內有寧夏府知府顧尔
昌一員寧夏鎮標左營千總沈印一員右營
把總哈義德一員俱應欽遵
恩旨照內洋內河被風身故之例減半給與祭葬
銀兩佐領三員每員給銀二百二十五兩驍騎校
一員給銀一百二十五兩知府與佐領品級相同亦
給銀二百二十五兩千總一員給銀一百二十五兩把
總一員給銀五十兩以上共銀一千二百兩俱照
數賞給訖其
賞給䘏典應聽部臣議覆遵行再查巡洋被風身
故兵丁亦有
恩賞銀兩今亦應照內洋內河被風身故之例減半賞給
以為營葬家口之資則伊等父母妻子均不致流
離失所頂沐
高厚於無既矣查滿城內有被壓身故之領催十名
披甲九名每名應減半給銀一百兩被壓身故
之馬甲九十名又續報受傷身故之馬甲二名每
名應減半給銀七十五兩被壓身故之步軍領催
步軍匠甲共四十二名家下人披步甲十名又續
報受傷身故之鐵匠一名家下人披步甲一名每
名應減半給銀二十五兩漢城內寧夏鎮標并平
羅新渠寶豐洪廣威鎮鎮朔鎮北平羌等各營
堡被壓身故之馬兵一百四十五名又續報受傷身故之馬兵十六名每名應減半給
銀三十五兩被壓身故之步兵六十名又續報
受傷身故之步兵六十名每名應減半給銀二
十五兩被壓身故之守兵五十三名又續報受
傷身故之守兵三十一名亦照步兵之例每名應

減半給銀二十五兩以上共銀一萬九千四百九十
五兩亦俱照數賞給訖除賞過滿漢兵丁
花名清冊俟各該營造齊另日送部外
謹會摺恭
奏伏祈
皇上睿鑒
勅部施行爲此謹
奏
乾隆四年正月初九日奏
硃批該部議奏欽此
乾隆四年二月初二日兵部　右侍郎臣班第
太子少保川陝總督臣查郎阿
寧夏將軍　臣阿魯
蘭州巡撫臣　元展成

24. 兵部右侍郎班第等奏请赏赐宁夏震后巡防满洲官兵银两折（原件系满文）

乾隆四年正月初二日（1739 年 2 月 9 日）

（军机处满文录副奏折）

朱批：好

24. Memorial to the throne, presented by Ban Di et al., assistant minister of the Ministry of War, asking a favour to award a fund to the army officials and soldiers of Manchu nationality for their efforts in guarding and patrolling after the Ningxia Earthquake (the original document was written in Manchu)

Jan. 2, the 4th year of Qianlong (Feb. 9, 1739)

(Duplicate of memorial to the throne kept in the Military Department) (in Manchu)

Emperor's comment in red on the memorial: Good.

【满文译文】

兵部右侍郎班第等谨奏，为钦奉上谕事。

乾隆三年十二月十三日奉上谕：宁夏地方地动，总兵杨大凯视为泛常，怠忽殊甚，已降旨交部严加论处。其总兵员缺，著大学士查郎阿于通省总兵内拣选贤能之员调补，速令前往办事。其所遗员缺，即著递行题署。阿鲁亲率官兵前往汉城料理弹压，所办甚属可嘉，著交部从优论叙。喀拉、同山，著交部议叙。其派往之满洲官兵，著班第查明从优赏赉。钦此。钦遵。

臣抵宁夏即行会同将军阿鲁护卫震后汉城居民，查核派出守护仓廒、巡查街道之官兵数目，据报两次派出官兵为协领四员、佐领六员、防御十一员、骁骑校六员，共官二十七员，领催、披甲一千名外，每日随将军、副都统等巡行前锋一百二十三名、亲丁五十八名，共兵一千一百八十一名，由各旗佐造册具结。此等满洲官兵，亦如汉城人等被灾，房屋倒坏、压毙人口者极众，然毫无推诿之心，笃诚奉公，随时听从将军调遣，赶赴巡地保护居民，委实可嘉。仰蒙圣上洞鉴，谕令查明此等官兵从优赏赉，经臣等酌议，赏协领四员银各五十两，佐领六员银各四十两，防御十一员银各三十两，骁骑校六员银各二十两，领催、前锋、披甲一千一百八十一名银各十两，共应赏银一万二千七百两。俟有旨下，即由藩库所解二十万两银内动支赏发。

为此谨奏。请旨。

乾隆四年正月初九日奉朱批：好。钦此。

兵部右侍郎臣班第

镇守宁夏等处地方将军臣阿鲁

25. 兵部右侍郎班第奏报宁夏地震灾情并将前往新渠宝丰查看折（原件系满文）

乾隆四年正月初二日（1739年2月9日）

（军机处满文录副奏折）

朱批：知道了

25. Memorial to the throne, presented by Ban Di et al., assistant minister of the Ministry of War, reporting the Earthquake disaster in Ningxia area and that he will go soon to Xinqu and Baofeng for inspection (the original document was written in Manchu)

Jan. 2, the 4th year of Qianlong (Feb. 9, 1739)

(Duplicate of memorial to the throne in Manchu kept in the Military Department)

Emperor's comment in red on the memorial: Known.

【满文译文】

奴才班第谨奏，为奏闻事。

奴才遵旨于十二月十四日自京城起程，一路趋行，是月二十八日行抵宁夏看得，满汉二城内房屋衙署全行倒塌。其压毙人数，现经查核，已挖出者为一万五千余口，因房垣倒塌叠积冰冻，尚有未经挖出者。满城因地势低洼，城垣下陷，城裂涌出之水积聚结冻。汉城内房屋倒塌之时失火，连烧数日，被火者极众。此间每日又微震不断，二十八日雪后火势减弱。初一日，未震。城外十、十五里以外较轻，渡过黄河，横城以东地方较宁夏为轻，房屋倒塌者无多，人口损伤者亦少。宁夏周围所有凉州、中卫等处地震亦轻，惟有新渠、宝丰、平罗此三处为重，如同宁夏城。平罗地震后亦失火，新渠、宝丰二处地陷，涌出之水甚多，地皆结冻。压毙人数尚未查明，现正在散赈。等语。故奴才一面到处张贴告示，传宣圣上仁恩，一面会同查郎阿、阿鲁、元展成商议散赈事项，另行具奏外，奴才及查郎阿、元展成于正月初二日起程，往查新渠、宝丰等地。

为此，谨具奏闻。

乾隆四年正月初九日奉朱批：知道了。钦此。

26. 兵部右侍郎班第奏报宁夏震后灾民抢米而食但无为首之人折（原件系满文）

乾隆四年正月初二日（1739年2月9日）

（军机处满文录副奏折）

朱批：知道了，不必查明

26. Memorial to the throne, presented by Ban Di, assistant minister of the Ministry of War, reporting that the victims snatched cereals after the shock in Ningxia, but no leader was found in the snatching group (the original document was written in Manchu)

Jan. 2, the 4th year of Qianlong (Feb. 9, 1739)

(Duplicate of memorial to the throne kept in the Military Department) (in Manchu)

Emperor's comment in red on the memorial: Known, no need to investigate.

【满文译文】

奴才班第谨密奏，为奏闻事。

奴才行抵宁夏后，将查缉汉城地震后私取仓米人众内为首之人之处，密行晓谕将军阿鲁、总督查郎阿、巡抚元展成，即行饬交宁夏道员牛庭才后，据牛庭才告称，十一月二十四日戌时，宁夏城地震，陡忽之间仓廒衙署、兵民房屋全行倒塌，继而数处火起，贫困人等无处买粮，即便平素贮备粮谷之户，皆为倒塌房垣掩埋，一时亦难起出。故此卑职即率宁夏、宁朔二县知县速支仓粮，每人暂行散给一石，并晓示仍行查明人数再照例散赈。惟宁夏城户口繁多，城中所有宁夏、宁朔、新渠、宝丰四县贮粮仓廒十余处，房屋墙垣全行倒塌，粮谷溢出，看仓量粮人夫及衙役人等死伤过半，量粮之人不敷，一时难以供应数万领粮之人，故被灾贫困人众迫于饥寒，不等量放，亦有自行取食溢露在外之粮者。继因城近村庄被灾民人来取粮者众，卑职派员与总兵杨大凯商酌，据言称，城中所有绿营兵死伤过半，所剩兵力单薄，现已檄调各营兵力，恐难一时集齐。等语。又将理事同知程贵派往将军处，请先派满洲兵作声势。遂于城外遇见将军前来，二十六日即派满洲官兵防范镇守，二十七日又增派满洲兵协守仓廒。总兵所调玉泉营绿营官兵亦至，一同防守。被灾民人各自稍得粮谷，且见满洲、绿营兵进城，便不再自行拿取，等待散放。而后总兵所调绿营兵亦相继抵达，方于初六日撤回满洲兵。彼时，灾民饥饿难耐，纷纷取仓粮糊口者极众，并无为首之人。等语。阿鲁言称，民人哄抢仓粮，我官兵到后即散，果有为首之人，我等焉能不缉捕。查郎阿、元展成亦称并无为首之人。

兹经密访，彼时被灾严重，人心惊悸，民众挨饿，见有粮食在外，不等散放纷纷取而食之，并无为首之人。又据闻，知府顾阿昌家口尽皆被压，其一名随从伙同衙役偷取银两，为地方官缉获，现正在审讯。再，取平罗城倒塌当铺所存衣物穿戴之人，亦在缉审。

为此，谨密奏闻。

乾隆四年正月初九日奉朱批：知道了。不必查明。钦此。

27. 川陕总督查郎阿等奏请委令凉庄道员阿炳安专管宁夏修复工程折

乾隆四年正月十一日（1739 年 2 月 18 日）

（军机处录副奏折）

朱批：该部速议具奏

27. Memorial to the throne, presented by Zha Langa et al., Governor-General of Sichuan and Shaanxi, asking His Majesty to appoint A Bingan, official of Liangzhuang for supervising the rehabitation in Ningxia especially

Jan. 11, the 4th year of Qianlong (Feb.18, 1739)

(Duplicate of memorial to the throne kept in the Military Department)

Emperor's comment in red on the memorial: Discuss quickly in the Ministry and then present a memorial to me.

該道於現任文武各員內遴選明白勤慎幹練者分派各工及
時趕辦總令該道統為調撥稽查勤惰以專責成既吉
大工易集
國帑無多靡之慮邊城藉永固之安矣惟是工程重大必
先估計合式庶幾各有遵循外省精於料估者實乏
其人而工部現行做法則例未幸頒發且工料名色各
處方言不同憑空揣摩動多舛錯料估不能確報
銷必致齟齬如此重大工程殊屬匪細仰懇
聖恩
勅下工部挑選最為熟諳工程之人携帶做法則例來
寧於未開凍之先公同確估指示畫一則遵守而辦理
更得要協工要速而費更省矣以等因工程繁事
重不揣冒昧合詞恭
奏伏祈
皇上聖鑒為此謹
奏請
旨
乾隆四年正月十六日奉
硃批該部速議具奏欽此
乾隆四年正月十六日

28. 川陕总督查郎阿等奏覆宁夏震后并无抢掠情事折

乾隆四年正月十一日（1739 年 2 月 18 日）

（军机处录副奏折）

朱批：所奏俱悉

28. Memorial to the throne, presented by Zha Langa et al., Governor-General of Sichuan and Shaanxi, reporting that no robbery occurred after the shock in Ningxia

Jan. 11, the 4th year of Qianlong (Feb.18, 1739)

(Duplicate of memorial to the throne kept in the Military Department)

Emperor's comment in red on the memorial: All in the memorial is known.

查郎阿等 覆奏寧夏等處並無搶掠緣由

奏

正月十八日

臣查郎阿 元展成 謹

奏為據實奏
聞事乾隆四年正月初八日齎到
硃批寧夏地震一摺欽奉
硃批已據阿魯奏報朕遣侍郎班第前往同伊料
理賑務矣卿聞報即前往甚屬可嘉可同班第等
盡心料理務期安緝得所兵民相安庶可以是減朕
君臣罪過耳至乘機搶奪此風斷不可長已密諭
班第卿其一一向彼一同詳慎辦理欽此先經侍郎
臣班第到寧言將

諭旨傳示臣等，臣等隨將實在情形逐行陳說，令蒙

戴

皇上軫念地方被災之後，亟須動帑賑恤，諄諄

訓諭，伏念臣等叨荷

聖恩，忝列封疆大吏，乃以奉職無狀，上干

天和，以至寧民陡遭慘變，縱極悉心料理，亦無以仰對

黎庶，何能稍未協宜，若存延虞欺隱，前者初接寧

夏鎮道來稟，內有百姓竊取糧石、搶擄當鋪之

語，臣等雖據稟

題奏，竊思地震房塌，固若實出非常，乃人心驚惶，變

吏乘機搶竊，竟聽其極閑龍之下，令人暖指，若

不嚴拿，竟何以昭法紀而儆兇頑，是以先差

妥人星飛前往密行訪查，並非搶奪。迨臣等到

寧之後，親自查閱情形，又復細加跴訪，實因寧城

地震，倉廒倒塌，存貯糧石有流露在地者，百姓房

屋被壓被焚，家具口糧一無所有，饑寒迫切，於

二十五六兩日見有倉廒溢出之糧，或以手掬，或以

襟兜，不拘米豆，就便攜取，升合沿街支磚

規棟，拾斷木焚燒，瓶破罐熬煮湯粥，藉苟

存命，形同乞丐，命若懸絲，則比於在城之百姓

繼則城外附近窮黎亦稍稍聞風而至，總因饑餓

難忍，原非恃強搶劫，並無爲首之人。彼時文武

各官衙署盡被焚燬，妻子亦多損傷，意亂心

迷，不遑他顧，倒塌之倉廒無人看守，溢出之糧

石無暇收拾，及至驚魂稍定，見有竊取之人

因倉儲關係重，未免張大其詞，當此百姓流離

之際，原須急爲賑恤，今伊等撿取升合之

糧，苟延旦夕之命，實因倉猝之間地方官未即

撫綏之所致。迨至二十七日以後，傳集軍民，每口一

斗散賑，竊取之風稍息，且有謂無屋可以收藏

不願領取一斗者，則從前竊取之有限可知。臣等

查驗倒塌之倉廒，周圍牆垣上半傾圮，所剩

牆根高四五尺不等，房屋覆蓋糧石之上，糧

滿處所，即從牆上溢出，爲數亦屬無多，至於屋下

壓住之粮甚難擋搶覬擄寧夏道鈕廷彩等
稟稱閱支兵粮因力作開一孔搶取兩三回始滿一
斗則雖於搶刦更屬顯然其存貯粮石米麥亦
不無損傷寔無搶刦情事至於搶掠當鋪之
案適一查訊原因平羅縣當商王應選房屋
倒塌將當鋪救衣賍濟災民後見人衆擁擠
恐滋事端拈令素相友好之鄰人高崇義兄
弟將所餘衣服代為收存以防意外迨後高
崇義兄弟竟有中飽之意以致王應選控告今
已訊明並非搶奪業經追還又新渠縣當商
夏昌因房墻倒塌衣服露積見災民寒冷無
人給衣一件令其自取有同家口俱乏衣服取去
兩三件者並非乘机搶掠又寧夏縣魏信謹當
商黄秉時地震房倒憫念災黎寒冷借給衣服
有劉演臣趙阜等將自己原當衣服檢回後
俱陸續送還亦無搶刦情事再寧夏知府顧
爾昌被壓身故衙署火焚有長隨方四并衙役等乘
空偷竊署中銀兩私自脫逃今已拿獲現在審
究臣等語

恩深重當此災黎顛沛之後亟須鋤強除暴以資輯
善良以滋培元氣如果有不法之徒乘机搶掠
豈忍姑息此一二奸頑長其刁悪之風貽害於殘
黎之餘猶有人心者必不出此今既查訪明確並無
搶掠理合繕摺奏
聞伏祈
皇上聖鑒為此謹
奏
乾隆四年正月十六日奉
硃批所奏俱悉欽此
乾隆四年正月廿一日

29. 兵部右侍郎班第等奏议修筑宁夏平罗等处城垣衙署折

乾隆四年正月十一日（1739 年 2 月 18 日）

（军机处录副奏折）

朱批：大学士会同该部速议具奏

29. Memorial to the throne, presented by Ban Di et al., assistant minister of the Ministry of War, proposing that the city wall and government office buildings in Pingluo, Ningxia, should be repaired

Jan. 11, the 4th year of Qianlong (Feb.18, 1739)

(Duplicate of memorial to the throne kept in the Military Department)

Emperor's comment in red on the memorial: Related officials discuss with the Ministry quickly, and report the result to me.

班第等 修理寧夏等處城 垣

旨十八日

奏

兵部右侍郎臣班第等謹

奏為查議修築城垣以重邊鎮事竊惟寧夏陡遭地震
官民房舍瞬息之間一齊傾圮而城垣亦俱倒塌僅
存基址寧夏為臨邊重地城垣急宜修築伏查鎮城
建自宋朝迄今數百餘年百姓富庶人文蔚起為邊陲
雄鎮今臣等細加相度黃河襟帶於東南賀蘭屏藩
於西北實為形勝之區今雖地震殘毀而地勢寬平開
敞無有逾於此者且唐漢兩渠環抱左右渠口至尾寧
城適居道里之中上下易於稽查詢之輿論咸稱房屋
雖傾而屋基各有定界其斷木殘磚均可就近為修
造之用是宜仍舊（循）舊址與民實有便益惟是舊址雖
存若即幫築其工新舊不能相附殊非久遠良圖自
應削除平坦重新建築計舊城周圍一十九里三分高
三丈六尺城根濶二丈外面包磚四面共計六門今應俱

照舊式建造以重嚴邊又平羅縣城亦俱倒塌僅存基
址查平羅逼近邊塞為寧夏北面之捍蔽向為叅將駐
劄之所嗣因添設寶豐又在平羅之東北是以將叅將
一營移駐寶豐城內今既將寶豐裁汰則原設叅
將一營之官兵仍應移駐平羅查平羅城垣築於明
初周圍八百七十丈高三丈五尺城根二丈外面包磚
止有南北兩門今亦應照依舊式建築又洪廣營設
在寧夏之西北其臨邊最險與平羅相等向係遊擊
駐劄之所今城垣房屋俱已倒塌無存亦應重建查洪
廣營城垣亦建於有明周圍四百五十八丈八尺高三丈
有奇城根二丈內外俱不包磚今應照舊式建造又
中衛花馬池兩協靈州玉泉廣武興武橫城石空寺
堡等處叅將遊都守駐兵之所其城垣俱有倒塌又平羌
威鎮鎮朔鎮北鎮羅韋州臨河紅山棗園毛卜喇寧安
清水等營堡或有全行倒塌者或有倒缺數處者俱
係分防要隘之區自應一體修葺至於官員衙署亦應
一併估造統俟估計明確造冊
題請動撥款項俟春融之後及時興修所有查明應修
城垣衙署緣由謹會摺恭
奏伏祈
皇上睿鑒
勅部議覆施行為此謹奏請
旨
乾隆四年正月十一日兵部右侍郎臣班第
大學士仍管川陝總督臣查郎阿
蘭州巡撫臣元展成
乾隆四年二月十八日奉
硃批大學士會同該部速議具奏欽此

30. 兵部右侍郎班第等奏请移建宁夏满城折

乾隆四年正月十一日（1739 年 2 月 18 日）

（军机处录副奏折）

朱批：议政王大臣会同该部议奏

30. Memorial to the throne, presented by Ban Di et al., assistant minister of the Ministry of War, proposing to reconstruct the Manchu nationality city in Ningxia at another site

Jan. 11, the 4th year of Qianlong (Feb.18, 1739)

(Duplicate of memorial to the throne kept in the Military Department)

Emperor's comment in red on the memorial: Instruct the minister to discuss with the Ministry of War and report the discussion result to me.

奏

班第等　请移建宁夏满城

正月十一日

兵部右侍郎臣班第等谨

奏为

奏请移建满城以垂万年巩固事窃查宁夏满城於

上年十一月二十四日地震之时官署兵房倒塌无存地中

泉水带沙上涌城垣低陷东南北三门俱不能出入止

有西门低陷尚少仅可行走而由满城以至汉城道路俱

成冰海并房舍之后牛马俱多不便臣等细加查看

从前建筑之时所择地基本属低洼且土性鹻湿淤原

非可以建城之所其入汉城大道从前未地震之时每岁

夏秋积水泥泞必须迂道今地形更加低陷并仍旧

址建筑城垣不惟低潮难以居住抑且城垣庐舍俱不

能坚固况现在房屋俱已倒塌城垣俱已坍裂总须

重建与其建於无用之地徒然糜费

国帑孰若另择高燥地基以为久远之图今查汉城

之西十里平沙橋之東南其地高燥而方平土色堅潤
東至漢城俱係平坦大道往來便捷若於此建築滿
城右倚賀蘭氣勢雄壯可以垂萬年樂利之安可以為
漢城犄角之勢最為妥協查舊時滿城周圍六里三分
城垣寬狹每兵住房四面俱無隙地兵丁多有家口殊
多未便今所擇城基可展一里有餘均自可蓋廳幾
屋俾無有餘間於兵丁家口實為便益至於所議築
城處所圈佔民人田地房屋照時給價令其另行置
買所有舊城基地并從前撥給滿洲官兵者地交與
地方官變價仍於移建滿城附近處所另行酌撥其
建築滿城需造官署兵房估計明確造冊
題請動撥款項俾春融之後及時興修所有奏請移
建滿城緣由謹會摺恭
奏伏祈
皇上聖鑒
勑部議覆施行為此謹
奏請
旨
乾隆四年正月十八日奉
硃批議政王大臣會同該部議奏欽此
乾隆四年正月十一日

31. 兵部右侍郎班第等奏请将宁夏无籍灾民拨入养济院并借给农户牛价银折

乾隆四年正月十一日（1739 年 2 月 18 日）

（军机处录副奏折）

朱批：所议甚妥，知道了

31. Memorial to the throne, presented by Ban Di et al., assistant minister of the Ministry of War, proposing that victims without household register in Ningxia are sent to the relief center and loan has to be offered to farmers for buying cows

Jan. 11, the 4th year of Qianlong (Feb.18, 1739)

(Duplicate of memorial to the throne kept in the Military Department)

Emperor's comment in red on the memorial: The proposal is very good. Known.

班第等灾民入養濟院
並借給農民牛價
正月十[illegible]日
奏
兵部右侍郎臣班第等謹
奏為無籍之災黎宜恤窮民之耕作宜籌酌議奏請
聖訓事竊查被災小民或有全家俱被裝壓止存幼穉男
女前經
奏明照例給與口糧房價查明伊等親戚可託者交與
奉收養俾無失所等因在案惟是有等鰥寡孤獨更
無親戚可依此等無告窮民尤堪憐憫若止給口糧
房價伊等既不能炊爨又無處可以棲息風眠露宿
塞亡剩賣春將所給口糧房價食用既盡則必致飢
寒失所應請撥入養濟院俾年老者得以終其餘年
幼穉者亦暫得所依藉如成立之後可以自謀生理
聽其自便則

聖恩浩蕩寬載無遺矣再查地震房塌衆家牛隻多有被
壓傷斃者有力之家尚可另行購買其無力小民耕
作無資秋成何望應令查明無牛民户每户借給牛
價銀八兩令其買牛以資耕種其所借牛價分作四年
帶徵還項俟借畢之日另行造冊送部存案謹會摺
一併奏
聞伏祈
皇上聖鑒謹奏請
旨

乾隆四年正月十一日臣班第臣查郎阿臣阿魯臣元展成

乾隆四年正月十八日奉
硃批所議甚妥知道了

32. 兵部右侍郎班第等奏报中卫县武生俞汝亮捐献钱银衣物赈济灾民折

乾隆四年正月十一日（1739 年 2 月 18 日）

（军机处录副奏折）

朱批：知道了

32. Memorial to the throne, presented by Ban Di et al., assistant minister of the Ministry of War, reporting that Yu Ruliang in Zhongwei County, Ningxia Province, contributed money and clothing for the victims in the stricken area

Jan. 11, the 4th year of Qianlong (Feb.18, 1739)

(Duplicate of memorial to the throne kept in the Military Department)

Emperor's comment in red on the memorial: Known.

奏

班第等 俞汝亮捐赈

正月十八日

兵部右侍郎臣班第等谨

奏为据呈恭

奏事。据中卫县广武堡武生俞汝亮呈称：汝亮故父俞

荩谟叨蒙

皇恩，游历湖广提督，举家感戴罔报，无由。今宁夏惨遭地

震，民人房屋尽数倒塌，随时大起，死伤无算，现存民

户饥寒迫切，不忍见闻。广武一带虽亦动摇，仰荷

皇天默佑，无甚损伤。汝亮家有微资，[illegible]出

圣恩赏赐俸廪之所遗存，睹此灾黎，颠沛实甚，忍坐视？情愿

捐备制钱二千串、银一千两、羊一百五十只，又当铺

所存之皮棉夹衣共二千九百八件，捐为灾黎疗饥

御寒之用，伏乞查收等情。前来随照数查收，将皮棉

夹衣于宁夏、宁朔、平罗、新渠、宝丰五邑灾民中择其

极贫无衣服者按名散给，其羊只变卖价值同所捐

銀錢採買糧石撫極貧之家均勻分給伏念時嫩任郵

聖世所以異民

化育薰陶畢然因而通德寧城陵遠異安和無為險而生

無所依

隱滿蒙沛惠賑糧則發倉而銀則動

帑國已

息沒之善報何煩為此之細流然該生感戴

國恩叨承聖澤聖仁諒謨久沐涵于芹宮恒雅極突先

捐施于梓里即此青衿之好義具徵

崇極之作人臣等合切民艱心如己溺親睹善舉欣肩

至德之感孚敬以上

聞爰作士林之觀舞除另疏

題報外謹先繕摺恭

奏伏祈

皇上聖鑒謹

奏

乾隆四年正月十一日臣顧第臣查郎阿臣阿魯臣元展成

乾隆四年正月十八日奉

硃批知道了

33. 奏为查明新宝二县情形公同酌议会折奏

乾隆四年正月十一日（1739 年 2 月 18 日）

（奏折档）

朱批：大学士会同该部议奏

33. Memorial to the throne, reporting that officials held a meeting to investigate the situations in Xinqu County & Baofeng County

Jan. 11, the 4th year of Emperor Qianlong of Qing Dynasty (Feb. 18, 1739)

(Memorial to the throne kept in the file)

Emperor's comment in red on the memorial: Senior Secretary discusses it with the Ministry and report to me.

兵部右侍郎臣班第等謹
奏為查明新寶二縣情形公同酌議會摺奏
聞事竊查寧夏府屬之新渠寶豐二縣地震水溢河
決堤圮户民被災緣由前經臣等會
奏并將臣等親往查看應如何安辦之處俟查勘
明確再行酌議奏
聞等因聲明在案臣等於正月初二日自寧起身由
新渠平羅以至寶豐逐一查勘查得新渠寶豐
原係挿漢托護地方逼近黄河向有舊堤一道
堵禦河流而河水泛漲之年漫堤而入其地半
成巨浸寧夏民人本来自有田地以其餘力随
便播撒籽種如遇水澤調匀則幸獲收成以添
補食用倘遇河水淹没則所失不過籽種原亦
無甚傷耗嗣於雍正四年定議招户開墾另於

葉昇堡開建惠農一渠延袤二百餘里又於其
東開一昌潤小渠建築四十餘堡添設新寶二
縣北固因地利以富邊氓之至意也但黃河遷
徙不常比年以來河身西徙逼近渠口而昌潤
渠開濬之時將舊堤挖斷以建渠閘今河流既
近勢難堵禦每致衝決連年戶民田地多被水
災臣查郎阿等俱經
奏明正在查議修築間乃至十一月二十四日地
震之時河水上泛灌注兩邑而地中湧泉直立
丈餘者不計其數四散奔溢水深七八尺以至
丈餘不等而地土低陷數尺城堡房屋倒塌無
存戶民被壓被溺而死者甚多臣等逐處查閱
現在新渠縣城南門陷下數尺北門城洞僅如
月牙而縣署堂脊與平地相等倉廒亦俱陷入

地中粮石俱在氷沙之内令人刨挖一孔爬出米粮試看其粮熱如湯泡味如酸酒已不堪食用四面各堡俱成土堆惠農昌潤兩渠俱已坍塌渠底高於渠湃自新渠而北二三十里以外越寶豐而至石嘴子東連黄河西達賀蘭山麓週圍一二百里竟成一片氷海寶豐縣城郭倉廒亦半入地中户民既無棲息之所大半仍回原籍尚有依栖高阜處所聊且存活者臣等相度形勢自寧夏府城至新渠計六十里新渠至平羅四十里平羅至寶豐五十里於九十里之中設立三縣本屬無益且平羅地方尚覺高燥而新寶兩縣地土窪下原非沃壤今遭此殘毀之餘縱使氷融水退可耕之地無多若欲仍設兩縣濬渠築堡勢所不能徒費

帑金與民無補且現在寄居高阜之户民若至春
暖氷融無路可通尤難救濟查從前創設之初
所招户口俱係寧夏寧朔平羅靈州中衛固原
等處附近民人更有止報户名認田墾種而家
口並未搬移者伊等原籍仍有生業可依今臣
等將現在户民俱令各回原籍倘有情願留住
傭工者令其在於工所雇覓工作即以工代賑
統俟春融水退之後查明可耕之地共有若干
酌量需用渠水將漢渠尾梢就近展長以資澆
灌仍令原先認種之户民及留工之人搭蓋庄
房居住耕種照例完粮附近寧朔者即隸寧朔
管轄附近平羅者即隸平羅管轄其渠道統令
寧夏水利同知管理其新寶兩縣似可無庸建
設所有現在之通判知縣教職典史等各員應

請留甘另行補用其舊日沿河堤埂將挖斷衝
決等處照舊修築堅固以防水患至於寶豐所
存粮石倉廒既已塌陷粮石亦多傷耗然尚有
一半在氷沙之上較之新渠倉粮猶有大半可
用若一至春融勢必浥爛更多前經
奏明挑選官駝駄運平羅等因在案現在挑派駝
隻并令查明附近百姓有車輛願雇者儘數雇
覓及時赶運其喂駝草料車輛運價事竣照例
報銷其平羅一縣係向日叅將駐劄之所為臨
邊要隘雖現在城垣衙舍亦俱倒塌而較之新
寶二縣地勢尚屬高堅仍應修築完固以嚴汛
守除與寧夏等處城垣另摺
奏請議修外所有查明新寶兩縣情形謹會摺奏
聞伏祈

皇上聖鑒

勅部議覆施行爲此謹

奏請

旨

大學士會同該部議奏

乾隆四年正月十一日兵部右侍郎臣班第

大學士仍管川陝總督臣查郎阿

蘭州巡撫臣元展成

34. 宁夏将军阿鲁等奏报赍折人孟图及额赫勒图路途发生争执送折迟误折（原件系满文）

乾隆四年正月十五日（1739 年 2 月 22 日）

（军机处满文录副奏折）

朱批：知道了。前曾敕令兵部稽查，著照此奏由尔等办理报部。该部知道

34. Memorial to the throne, presented by Alu et al., General of Ningxia, reporting that, owing to an argument between Mengtu and Eheletu on the way of carrying a memorial to the Emperor, the arrival of the memorial was delayed (the original document was written in Manchu)

Jan. 15, the 4th year of Qianlong (Feb.22, 1739)

(Duplicate of memorials to the throne kept in the Military Department) (in Manchu)

Emperor's comment in red on the memorial: Known. I have ordered the Ministry of War to verify the fact, which shoud be managed by you and then reported to the Ministry. The Ministry has known already.

【满文译文】

镇守宁夏等处地方将军奴才阿鲁等谨奏，为奏闻因地震派往具奏官员延误缘由事。

乾隆三年十一月二十四日，奴才所在宁夏地方地震，被灾严重。二十五日，奴才急缮奏折，时因恍惚，恐折有未尽，为备皇上垂询震情，派往佐领孟图、骁骑校官保。又恐其家人不能跑，由前锋内挑派额赫勒图、劳格二人陪同前往。十二月二十三日，据山西省所属五寨县知县刘岳贵呈文内称，据三岔驿驿丁郝金中报称，本年十二月初一日寅时，宁夏将军衙门派往赍折佐领一员名孟图、随从一人名额赫勒图行抵三岔驿，换马前往官庄村途中，随从额赫勒图突然策马寻山而去，佐领孟图返回三岔驿告知我等，我等一同前去寻回。复往官庄村时，本驿一人在前行，一人身背奏匣在佐领孟图马前行，随从额赫勒图在后。行抵十庙村东边，佐领坐骑突然惊跑，回首看得，佐领躺卧在地，随从额赫勒图手持脚蹬击打佐领头部。我驿丁趋捕随从额赫勒图，因佐领受伤不能前行，抬回三岔驿。是日申时，佐领另缮传单将奏折赍往京城。等因来报。本知县当即前往三岔驿验看佐领孟图之伤，俟伤愈遣回外，其随从额赫勒图或解送刑部，或送往将军衙门之处，俟有批示遵行。等因呈报。

据此，奴才等方行获知，当即批令该知县俟佐领孟图稍愈即速遣回，将额赫勒图乘驿解送，由我等审办外，理当从速奏闻。惟因孟图尚未回返，原因不详，暂且等候。本年正月初十日，佐领孟图、骁骑校官保等返回，奴才等问孟图缘由，据孟图告称，孟图我等四人，于二十五日自宁夏起程，行抵搏罗营后，骁骑校官保、前锋劳格腿痛不能跑，将彼等留于彼处，我带额赫勒图前行。十二月初一日行抵三岔驿，夜里换马驰抵官庄村后，额赫勒图身背奏匣回马驰往山上，我复回三岔驿，派驿丁将其寻回。问之答称，我突然间感觉迷乱昏花，并不晓事，胡乱奔跑。观之额赫勒图眼歪色异，遂加平抚，复从三岔驿起跑。再至官庄村后，不知何故，趁我不备，额赫勒图拉我下马，又持脚蹬击头，驿丁来后将其抓捕。因我不能前行，将我抬至三岔驿。又问孟图曰，尔等平素或此次同行曾结怨乎，倘或额赫勒图平素暴虐酗酒。孟图答称，额赫勒图平日人善勤公，故而尚得我之赏识，并无结怨之处，此次同驰，在途亦甚好，惟抵神木县后，额赫勒图告称，尔既言长痔疮，将军交代地方，谁能跑谁就在前行，我将前行。我制止曰，我从宁夏起程即长痔疮，忍痛与尔同驰至此，我现仍能奔驰，与奏折勘合之文书并未写尔之名字，尔不可独往。此外并无他故。彼平素只是不能饮酒，饮酒数盅即醉，为我所稔知，故以此行事关重大，我全然未许彼饮酒，彼亦未敢当我面饮酒。惟是日自三岔驿起程前往官庄村，彼初次狂奔，再次奔跑时即打我，其为何故，委实不知。额赫勒图现囚于五寨县狱内。等语。

奴才等看得，佐领孟图伤已愈合，故将孟图路途耽搁，现已返回情形奏闻外，俟将额赫勒图驿解前来，奴才等饬令审拟定罪，另行报部外，为此谨具奏闻。

乾隆四年正月三十日奉朱批：知道了。前曾敕令兵部稽查，著照此奏由尔等办理报部。该部知道。钦此。

镇守宁夏等处地方将军阿鲁

副都统喀拉

35. 兵部右侍郎班第等奏请豁免受灾最重宁夏等五县旧欠银粮折

乾隆四年正月十七日（1739 年 2 月 24 日）

（军机处录副奏折）

朱批：岂但旧欠，即今年新赋一并早降谕旨豁免矣

35. Memorial to the throne, presented by Ban Di et al., assistant minister of the Ministry of War, asking a favour to exempt from the areas of money and cereals in the past for Ningxia and other four counties, suffered most seriously on the Earthquake

Jan. 17, the 4th year of Qianlong (Feb. 24, 1739)

(Duplicate of memorial to the throne kept in the Military Department)

Emperor's comment in red on the memorial: Not only the arrears in the past, but the new taxation of this year should be exempted quickly according to my edict.

班第等 请豁免宁夏等五县
旧欠
奏
正月 日
兵部右侍郎臣班第等谨
奏为密奏请
旨事窃查宁夏地震甚属之宁夏宁朔
平罗新渠宝丰五县民人受灾最重其所有
上年未完额征银粮往例俱于次年
奏销以前照数追完是以每年二月之初即届
开征之期今五县民人所有房屋衣服货财什
物尽因地震水淹失其一生所有衣不足以蔽
体食不足以果腹风栖露宿啼饥号寒仰蒙
圣恩浩荡
特发仓粮加意抚绥按户赈给俾得不致流离
失所然而民心甫定民困未苏自不便总征前
辑遂令输将臣等仰体我

皇上如天之仁，飭令各該撫查造舊欠銀糧清
冊呈齎部候徵，惟是伊等被災既重，力
難新舊兼輸，其所有舊欠可否仰邀免之處，
出自
聖恩。臣等未敢擅便，謹會摺密行奏
聞，伏祈
皇上聖鑒
特頒
諭旨遵行。為此謹
奏請
旨。

乾隆四年正月二十四奏

硃批：豈但舊欠，即今年新賦一併早降諭旨豁
免矣。欽此。

乾隆四年二月十七日

臣班第
臣查郎阿
臣元展成

36. 兵部右侍郎班第等奏报宁夏持续地震并无人口损伤折

乾隆四年正月十七日（1739 年 2 月 24 日）

（军机处录副奏折）

朱批：知道了

36. Memorial to the throne, presented by Ban Di et al., assistant minister of the Ministry of War, reporting that earthquake occurred successively in Ningxia, but no injury was found

Jan. 17, the 4th year of Qianlong (Feb.24, 1739)

(Duplicate of memorial to the throne kept in the Military Department)

Emperor's comment in red on the memorial: Known.

兵部右侍郎臣班第等謹

奏為現在地震情形恭摺奏

聞事竊查寧夏自上年十一月二十四日地震而

後地氣尚未寧靜每一晝夜間或三四次或一

二次不等但自西北方起微震片刻即止惟

正月初六日丑末寅初震動稍大至正月十

六日未正三刻猛然震動又覺稍大較前

上下顛簸者三四遍兩邊搖盪者十餘遍

城中所蓋窩鋪倒塌數十處居民碰着

二三人微傷頭面者並無壓斃人口其地形低

窪處因水從地中湧出帶沙而出漩成圓

坎者十餘處但不甚大亦不為害詢之居民

較之十一月二十四日其震動形勢不過十之

四五分隨差弁兵查四鄉亦與城中相彷

佛满城北门又係陷尺許亦無損傷人口訪
有現在地震並無損傷情形謹會摺奏
聞伏祈
皇上聖鑒為此謹
奏
乾隆四年正月廿四日奉
硃批知道了欽此
乾隆四年正月十七日
臣班第
臣查郎阿
臣阿魯
臣元展成

37. 兵部右侍郎班第等奏报抚恤被灾满洲官兵请展限扣清所借银两折（原件系满文）

乾隆四年正月十七日（1739年2月24日）

（军机处满文录副奏折）

37. Memorial to the throne, presented by Ban Di et al., assistant minister of the Ministry of War, reporting that relief had been offered to officials, soldiers and their family members of Manchu nationality suffered in the quake and asking a favour to postpone the date of payment of debt (the original document was written in Manchu)

Jan. 17, the 4th year of Qianlong (Feb.24, 1739)

(Duplicate of memorials to the throne kept in the Military Department) (in Manchu)

【满文译文】

兵部右侍郎臣班第等谨奏，为钦遵上谕事。

乾隆三年十二月初九日，据将军阿鲁等奏称，地震后满城官兵房屋尽皆坍塌，且又失火涌水，因恐官兵家口被灾，以致饥寒，当将库存生息银八千八百一十四两余全部动支，马兵每名暂行借银三两余，步兵每名暂行借银二两余，动用当铺钱文八百七十千余，官员每人借给钱文十一千，以解灾乏。又将两处当铺之衣物尽行追出，散给原主，以御风寒，一定期限后再令归还。衣物本息细数及库银数目，俟核明另行奏闻。伏乞训示。奉朱批：此次尔等所办甚妥，朕嘉赏不已。所有应办事项，均与班第协商而行。钦此。钦遵。

臣等现将满城应办事项会同详议，分别条款，谨列于后，恭呈御览。

一项，为照出海巡查遭风殒命之例，格外恩赏官兵，裁去应给赏恤银两事。查得，满城压毙佐领三名外，尚有骁骑校一员，领催、前锋、披甲、步甲、匠役一百五十三名，包衣步甲十二名，共一百六十五人。此等另户披甲遇有丧事，平素皆分别赏银，现降旨施以重恩，皆照出海巡查遭风殒命之例施恩，相应免去平素应给彼等之白事赏银。

一项，应给银两人等，相应办理给发事。查得，披甲之父母妻子及闲散满洲被压毙者共二百九十六人，按原定数额应给赏银共需银三千六百六十六两，现剩息银仅有二千七百两，其丧事若照原例支付显然不敷，相应计其足数，十份内给付七份三分余，应给二十两者，给银十四两七钱余；应给十六两者，给银十一两七钱余；应给十二两者，给银八两八钱余；应给十两者，给银七两三钱余；应给八两者，给银五两八钱余。

一项，为办理遇有丧事不应给赏银人等之事务事。查得，满城压毙闲散、西丹、妻孥、包衣男妇、幼丁共七百五十七人，向例不给彼等赏银。惟此次被灾，仰蒙圣上隆恩，兵民大小人口，遍施葬银，彼等亦应照散赈案内议奏之例，大口每口给银二两，小口每口给银七钱五分，由地方支付。

一项，为未收取每名三斗之赈米事。查得，地震后，奏请由地方先行支给兵民每人米三斗，支给此米者，特恐被灾民人饥馑，紧急救济之意。满洲官兵，按月支取钱米，即便地震之后，亦仍支取钱米，并无短粮之处，故未支取此项粮米。

一项，为请将官兵所欠生息银展限扣还事。查得，地震后借给官员之当铺本钱八百七十一千余，借给兵丁之生息银八千八百十四两余，散给官兵之当铺衣物本银二万两内，因存簪号房被火损失四十六两外，此三项共银二万八千七百六十七两九钱余。此项银两，系永久利裨兵丁之息银，理当扣还。又查得，为支给西南二路撤回官兵马驼价银，并收拾军器，曾从藩库借银，马匹价银二万一千六百八十两，分三十个月扣清。自去年九月起，开始扣还驼价银，至本年正月止，方扣除五个月，尚有二十五个月未扣除，所余驼价银一万三千二百五十两扣清后，又将扣除为收拾军器由库借支银六千六百七十五两七钱。倘将此项生息银又与驼价银一并扣取，兵丁月饷有限，必致窘迫。故经臣等会商，其应扣驼价银，奏请暂停，先行扣还现在所欠生息本银二万两及息银八千七百六十七两九钱余。偿还此项银两，官兵所欠数目多寡不一，相应计其每两每月扣除二分，限期为五十个月，尽可扣清。如此扣还，每月可得银五百七十五两三钱余。此项银两扣完后，再将驼价银、收拾军器银照原奏陆续扣还。

查得，此次地震，生息本银二万两及余存息银尽数调用，除压毙人口外，此间发生红白事件百余起，因无银两，尚未给发，嗣后再有红白事件，并无支付之项。奴才等复查先前拨给官兵数目，因红白事件年支付三千余两银者有之，年支付二千七八百两银者亦有之。现余息银尚有八千七百余两，嗣后凡有红白事件，即从此项每月扣取之五百七十余两银内动支，每月用余之银，作为二万本银存储，俟至凑齐，再行详议如何生息，具奏请旨。惟现今所支均系剩余息银，倘若仍照前数支给，恐有不敷，故经臣等共同商议，暂减支付数目，应给二十两者给十六两，应给十六两者给十二两，应给十二两者给十两，应给十两者给八两，应给八两者给六两，应给六两者给五两，应给四两者仍给四两，俟生息银足数，再照前数给付。可否之处，伏乞圣上明鉴训示，臣等谨遵施行。

为此谨奏。请旨。

（将此交户部从速咨行侍郎班第等，亦交付兵部）

38. 川陕总督查郎阿等奏请宁夏地震善后事宜准照甘肃土方之例增加捐款折

乾隆四年正月十八日（1739年2月25日）

（奏折档）

38. Memorial to the throne, presented by Zha Langa et al., Governor-General of Sichuan and Shaanxi, asking for permission to deal with problems arising from the Ningxia Earthquake, and to increase the amount of contribution, based on the local law in Gansu

Jan. 18, the 4th year of Qianlong (Feb.25, 1739)

(Memorial to the throne kept in the file)

奏

臣查郎阿
元展成謹

奏為敬籌寧夏善後事宜以裕民生以重邊鎮事
竊惟寧夏為臨邊重鎮枕賀蘭而帶黄河控外
夷而拱全陝挈北門之鎖鑰扼西塞之咽喉不
惟為甘省之巖疆實亦關中之要隘也向者人
民繁庶商賈輻輳縉紳蔚起甲第相連城中周
圍一十九里幾無隙地即一廛兩口之家亦共
享盈寧之福雖西安蘭州省會之區其富庶之
象遠莫能逮蓋已千百年於兹矣至於橫城市
口等堡與夷人交易之所夷貨畢集百姓爭相
購買無有餘剩窮夷藉此以補匱乏內地亦因
此以壯金湯是寧夏一鎮甚有重於全秦也迺

自上年十一月二十四日地震而後城垣廬舍
俱成瓦礫器用財賄皆歸灰燼人民死傷者十
之三四其幸而生存者亦皆鵠面鳩形百結懸
鶉家無飽煖之資人乏歡騰之氣而新渠寶豐
平羅三屬縣城鄉悉若邱墟田舍咸成巨浸戶
民無棲息之所大半仍回原籍臣等親行查勘
觸目傷心不勝滄桑之感仰蒙我
皇上保民若赤動帑賙恤更
命臣等加意撫綏務使災黎得所臣等受
恩深重身任封疆覩此蕭條能不殫心竭慮思所以
昭布
皇仁惠懷黎庶俾殷繁之復舊鞏固之邊城惟是城
垣則議重築渠道則議重修官署民房則議建
造倉糧則議儲積傷故之兵丁則議募足壓斃
之馬疋則議買補殘缺之軍裝器械則議添製
此皆可以銀兩漸次辦理伏惟我
皇上念切安懷豈惜此數百萬帑金為一郡生靈永
垂樂利但寧夏一府所屬七州縣而被重災者
五縣民人死傷甚多時當春融農事方興艱於
僱募本地之什物無存外省之商賈不至一切
所需物料亦艱於購覓況民人之受傷已深地
方之凋瘵已極縱使十年生聚十年教養亦不
能起尫羸而扶元氣整殘毀以復舊觀寧民之
生計不能充裕四方之商賈不能雲集而塞外
窮夷其所攜貨物不能消售所需日用無處購
買內外蕭索重鎮荒涼甚非所以仰體我
皇上保惠斯民又安邊境之至意也臣等再四籌畫
欲求地方之富庶須集外來之商賈然而商賈
攜貨而來本地民人無力購買則貨不見售商
人必裹足不前是必先集四方豐厚之人挾其
財賄接踵爭先與寧民相雜處出其餘貲以買
貨物則商賈不招而自至而本地所產之布帛
菽粟既得藉以流通且從前之開張店舖造賣
喫食奔走經營凡籍客商以謀生者均得復其
舊業霑其餘潤則寧民亦不賙而自足至若附
近之夷人市口交易之時有商賈之貨物以應

其所求在夷人既得以所有而易所無在寧民又得因互市而獲利益彼此相藉一如舊日則地方景象更可不煩調劑而自獲豐亨如此則民心既定邊境永安而欲集四方豐厚之人則惟有開捐之一法竊查甘省積貯已蒙
聖恩允移捐監之例分貯各屬又奉
特旨准令外省之人在甘報捐則外省商民赴寧捐監似即可集士商而裕積貯然而捐監之人携貲有限且各省俱有捐監之例則在甘報捐者本屬寥寥而寧夏遭此殘毀之餘外來之人更少而糧價又不能平減孰肯捨近而就遠況本地之紳衿士庶生計尚且艱難亦不能有餘力以報捐則不惟地方無以籌豐裕即積貯亦難以計萬全是必照依甘肅土方之例稍增捐欵俾士子有志功名者趨赴寧城爭先捐納既可招懋遷而充民用亦可實倉貯以備急需伏念
朝廷取士固必出於正途乃可以驗其器識徵其學問然而
聖朝百年培養多士如雲其限於額數而未獲一第者固不乏人則捐納亦足以補正途之不逮是以從前屢次開捐而大小臣工從捐納出身者亦多頗知自好竭蹷以圖報涓埃則其效力宣猷似非盡出正途之下也臣等忝列封疆大吏豈肯輕開言利之門惟是變出非常地關要隘臣等身親查勘幾費謀度欲為邊鎮籌復元為民生求起色有非此更無足為善後之計者是以不揣冒昧上瀆
聖聽倘蒙
俞允容臣等於從前捐例中酌定數條另疏題請是否可行伏祈
訓示謹會摺密
奏請
旨

39. 川陕总督查郎阿等奏报拨解甘凉库贮军需口袋盛装宁夏仓廒露积粮石折

乾隆四年正月十八日（1739 年 2 月 25 日）

（军机处录副奏折）

朱批：该部知道

39. Memorial to the throne, presented by Zha Langa et al., Governor-General of Sichuan and Shaanxi, asking for sending bags for military supplies, kept in the warehouses of Gansu and Liangzhou Prefecture, for filling the outdoor cereals piled in the open

Jan. 18, the 4th year of Qianlong (Feb.25, 1739)

(Duplicate of memorial to the throne kept in the Military Department)

Emperor's comment in red on the memorial: The Ministry has known already.

查郎阿等

撥解甘凉庫貯軍

需口袋裝盛寧夏

倉廒糧石

奏

正月十八日

臣查郎阿

元展成謹

奏為倉糧關重亟宜設法安頓恭摺奏

聞事竊查寧夏地震倉廒倒塌壓存糧石亟須清

理而倉廒一時不能驟建糧石露積難於看守

抑且風沙雨雪殊非慎重倉儲之道查甘凉兩

處現有存貯軍需夾布口袋可以裝盛平時

則加謹苫蓋遇有撥用亦易於搬運隨行

令甘凉兩府在於庫貯口袋中揀選完好堅

固者甘州府動撥四萬條涼州府動撥六萬條
雇覓騾頭交給提鎮選委妥員星速趕
解來寧備用其雇騾脚價照例按程給發
並綑縛口袋之蔴繩價銀一併核寔造報應
請作正開銷今兩府之口袋已經陸續運到所
有撥解口袋緣由謹會摺奏
聞伏祈
皇上聖鑒
勅部存案爲此謹
奏
乾隆四年三月十八日奉
硃批該部知道欽此

40. 兵部右侍郎班第等奏请补造宁夏满汉军装器械折

乾隆四年正月十八日（1739 年 2 月 25 日）

（军机处录副奏折）

朱批：着照所请行，该部知道

40. Memorial to the throne, presented by Ban Di et al., assistant minister of the Ministry of War, asking for replenishment of uniforms and arms to Manchu and Han nationality troops in Ningxia

Jan. 18, the 4th year of Qianlong (Feb.25, 1739)

(Duplicate of memorial to the throne kept in the Military Department)

Emperor's comment in red on the memorial: Instruct the Ministry to manage according to the memorial.

奏

班第等　請補造寧夏滿漢軍裝器械

正月十八日

兵部右侍郎臣班第等謹

奏為查驗滿漢軍裝器械等項應請補造以利營伍事。竊查寧夏滿城漢城以及各營堡陸遭地震，房屋倒壞，所有各營炮位鳥鎗盔甲弓箭撒袋刀矛籐牌旗幟號衣帳房鑼鍋等項并預備之火藥鉛丸戰兵預備之口糧衣帽等物，或被火焚，或被水泡，或被砂壓，或被房屋打壞，其有當時救出，亦有隨後刨挖，惟多為殘毀不堪應用。統計滿城損傷廢失者十之二三，綠營火焚更甚，所存無幾。伏念軍裝器械均關營中緊要之需，今因災生非常，陡然驟至，彼時官兵或身被焚壓，或父母妻子均受災傷不能相顧，所有前項軍裝器械瞬息之間即被損壞，委非人力所能救護。臣等查驗確實，似應仰懇

聖恩准其動支正項錢糧照數補造以備營伍操演所需之用備案

俟允准令各該營修造應修應製各項數目清冊另行送部請領銀兩及時補造工竣之日核實請銷所有查驗應補軍裝器械緣由謹會摺恭

奏伏祈

皇上聖鑒

訓示遵行為此謹

奏請

旨

乾隆四年正月十八日奉

硃批着照所請行該部知道欽此

41. 谕内阁宁夏地震著豁免宁夏等五县本年应征地丁粮米草束杂税等项

乾隆四年正月二十日（1739 年 2 月 27 日）

（《乾隆朝上谕档》第一册）

41. Imperial edict to the Cabinet: To exempt the taxes on local subjects, grains, grass bundles and miscellaneous items this year in Ningxia and other four counties due to the earthquake disaster

Jan. 20, the 4th year of Qianlong (Feb.27, 1739)

(*Archives of Emperor Qianlong's Edicts*)

乾隆四年正月二十日內閣奉

上諭上年十一月寧夏地動民人被灾甚重朕聞奏即遣大臣星馳前往會同督撫將軍等加意賑恤並籌畫撫綏安輯之計日來伊等陸續奏到正在多方經理以濟灾黎朕思民人等困苦播遷之後縱能勉力耕耘豈能復輸租稅著將寧夏寧朔平羅新渠寶豐五縣本年應徵地丁及糧米草束雜稅等項悉行豁免如有舊欠亦著蠲除倘附近州縣有被灾之處應加恩免賦者著欽差及督撫等查明奏聞請旨欽此

42. 谕大学士张廷玉等着钦差督府将宁夏地震查明奏闻记注

乾隆四年正月二十日（1739 年 2 月 27 日）
（台北故宫博物院·起居注册）

42. Imperial edict: Instruct Minister Zhang Tingyu et al. to tell imperial envoy, governor etc. to investigate the Ningxia Earthquake and then report to the Emperor

Jan. 20, the 4th year of Qianlong (Feb.27, 1739)
(From the *Notes on the Daily Life of Emperors*, kept in Taibei Palace Museum)

二十日丁卯大學士鄂爾泰張廷玉徐本奉
諭旨上年十一月寧夏地動民人被災甚重朕聞
奏即遣大臣星馳前往會同督撫將軍等加意
賑恤並籌畫撫綏安輯之計日來伊等陸續奏
到正在多方經理以濟災黎朕思民人等困苦
播遷之後縱能勉力耕耘豈能復輸租稅著將
寧夏寧朔平羅新渠寶豐五縣本年應徵地丁
及糧米草束雜稅等項悉行豁免如有舊欠亦
著蠲除倘附近州縣有被災之處應加恩免賦
者著欽差及督撫等查明奏聞請旨
是日
起居注官陳浩肇敏

43. 谕大学士张廷玉等着班第办理宁夏地震豁免官兵银两记注

乾隆四年正月二十七日（1739年3月6日）

（台北故宫博物院·起居注册）

43. Imperial edict: Instruct Minister Zhang Tingyu to tell Ban Di to exempt taxes on military officials and soldiers, suffered in the Ningxia Earthquake

Jan. 27, the 4th year of Qianlong (Mar.6, 1739)

(From the *Notes on the Daily Life of Emperors*, kept in Taibei Palace Museum)

二十七日甲戌大學士鄂爾泰張廷玉徐本

奉

諭旨據侍郎班第等奏稱寧夏所有滋生本銀二萬兩又利銀八千餘兩俱已借給官兵請分為五十個月扣完但現有應扣駝價及借支藩庫收拾軍器銀兩應請將此二項應扣之銀暫行停止等語此次寧夏地震甚重與尋常被災者不同朕心深為憫念前已降旨將寧夏寶豐新渠等處新徵舊欠俱行豁免其滿洲官兵所有應扣駝價及借支藩庫收拾軍器二項銀共一萬九千八百餘兩悉著豁免至所借生息銀兩可分為五十個月扣清但生息銀兩係永遠裨

益之項不可空缺今因一時急需借給官兵著
班第等將動用何項銀兩即行照數補足以資
生息之處妥議辦理奏聞餘俱照班第等所請
行

44.[大学士等] 奏覆查郎阿等所请宁夏照甘肃土方捐例增捐之处应毋庸议片

乾隆四年正月二十六日（1739 年 3 月 5 日）

（军机处录副奏折）

奉旨：依议

44. Memorial to the throne, presented by the officials , reporting that, in compliance with the Imperial edict and request of Zha Langa et al., contribution had been increased due to the Ningxia Earthquake, based on the local law of Gansu, and no discussion is needed (piece of memorial)

Jan. 26, the 4th year of Qianlong (Mar. 5, 1739)

(Duplicate of memorial to the throne kept in the Military Department)

Emperor's comment in red on the memorial: Manage according to the discussion.

大學士仍管川陝總督查郎阿等敬籌寧夏善
後事宜請照依甘肅土方之例稍增捐款等因
一摺奉
硃批大學士等密議具奏欽此
查寧夏被災兵民已蒙
特遣大臣會同督撫將軍動帑發穀加意賑恤又奉
恩旨將被災州縣本年應徵錢糧及一應舊欠等項
悉行豁免為目前計已備極周詳但城郭倉庫
衙署兵民房屋渠道以及軍裝器械皆須次第
修舉勞費叢繁料理匪易今該督等會奏請照
甘省土方之例稍增款項開捐並稱地方凋瘵
已極雖多費帑金不若財貨之自至者為有益
於寧民等語臣等查捐納一項雖已於乾隆元
年正月內欽奉
諭旨交九卿會議停止惟酌留捐監一款以為各省
一時歲歉賑濟之用續又奉

旨將贖罪一條仍照舊例辦理其餘各項事例俱一
槩停止然時有緩急事有經權寧夏地震實屬
非常之災如果開捐有益亦自不妨變通若徒
冒捐納之名而終鮮利濟之實將復請增款復
請展限紛紛擾擾徒滋物議則甚無取也伏念
我
皇上心殷保赤蠲免賦税已不可數計邊防重地又
豈惜數百萬
帑金以惠此兵若民即該督等以為開捐有益者
亦原為商賈因此易於招集財貨因此易於流
通並非欲僅藉捐項以充費用也今若祇令捐
納人等前往寧夏交納銀兩該省以所收銀兩
發為各項費用是與官發之
帑金何異所稱商賈不招自至寧民不賙自足竊
恐非開捐事例交銀在官即能驟致此效也況
查從前甘肅土方捐例自雍正十年七月起至
乾隆元年春季止祇收過銀十三萬三千餘兩
三色糧十五萬三千餘石今即照此例並增款
捐納縱加數倍收穫其為益幾何應將該督等
所請開捐之處毋庸議其本省各省紳衿富户
中如有情願捐貲前赴寧夏賙卹災民招集人
户或捐辦工程凡有益地方等事此急公尚義
之舉並非捐納可比應令呈明該督撫衙門即
照所呈准其辦理仍飭地方官善為看視督撫
核實具題請
旨照樂善好施例交部從優議叙分別録用俾富人
樂於趨事寧郡亦得以相資是或財貨自至之
一法至若生聚教養以為培植通商惠工以來
財貨凡有應行之良法該督撫有司應隨時隨
地加意料理可也伏候
聖訓
乾隆四年正月二十六日奏
旨依議欽此

45. 谕著豁免宁夏满洲官兵应扣驼价及借支藩库银两所借生息银两

乾隆四年正月二十七日（1739 年 3 月 6 日）
（军机处满文录副奏折）

45. Imperial edict: Exempt the payment of camels and the interest of money borrowed from the Treasury in the vassal state for the officials and soldiers of Manchu nationality in Ningxia, the amount of which will be compensated by Ban Di et al.

Jan. 27, the 4th year of Qianlong (Mar.6, 1739)
(Duplicate of memorial to the throne in Manchu kept in the Military Department)

乾隆四年正月二十七日奉
旨據侍郎班第等奏稱寧夏所有滋生本銀二萬兩又利銀八千餘兩俱已借給官兵請分為五十個月扣完但現有應扣駝價及借支藩庫收拾軍器銀兩應請將此二項應扣之銀暫行停止等語此次寧夏地震甚重與尋常被災者不同朕心深為憫念前已降旨將寧夏寶豐新渠等處新徵舊欠俱行豁免其滿洲官兵所有應扣駝價及借支藩庫收拾軍器二項銀共一萬九千八百餘兩悉著豁免至所借生息銀兩可分為五十個月扣清但生息銀兩係永遠裨益之項不可空缺今因一時急需借給官兵著班第等將動用何項銀兩即行照數補足以資生息之處妥議辦理奏聞餘俱照班第等所請行
欽此

46. 大学士鄂尔泰等奏请豁免宁夏满洲官兵应扣驼价及借支藩库银两折

乾隆四年正月二十七日（1739 年 3 月 6 日）

（军机处满文录副奏折）

奉旨：依议

46. Memorial to the throne, presented by Ertai, asking a favour to exempt the payment of camels and the interest of money borrowed from the Treasury in the vassal state for the officials and soldiers of Manchu nationality in Ningxia, and postpone the date of payment

Jan. 27, the 4th year of Qianlong (Mar.6, 1739)

(Duplicate of memorial to the throne kept in the Military Ministry) (in Manchu)

Emperor's comment in red on the memorial: Act in accordance with the memorial.

奏

大學士伯臣鄂爾泰等謹

奏臣等閱看侍郎班第等具奏寧夏滿城現在

應辦事宜一摺内稱遵照巡洋失風身故之

例

賞卹官兵無庸更給

恩賞銀兩其應得

恩賞銀兩之人酌量銀數敷用於十成内給與七

成三分不應支領

恩賞之人遵照議覆賑濟事宜内所定大口給銀

二兩小口給銀七錢五分料理骨殖滿兵每

月支領銀米所有賑濟米三升未經支領四

條俱係審度情形酌量辦理無庸另議外班

第等又稱地震之後官兵等借去滋生本利銀共二萬八千七百六十七兩五錢零此項銀兩係生息之項理應賠扣但西北兩路撤回官兵有應扣馬駝價值及支借藩庫收拾軍器銀兩其馬價銀二萬一千六百八十兩已經三十個月扣完自去年九月始行坐扣駝價至今年正月甫扣過五個月尚有二十五個月未扣此項駝價銀一萬三千二百五十兩扣完之後尚有應扣借支藩庫收拾軍器之銀六千六百七十五兩零若將現今所借生息銀兩與駝價一同扣賠則兵丁錢糧所餘無幾臣等公同酌議請將應扣駝價暫行停止先將現今所借滋生本銀二萬兩利銀八千七百六十七兩九錢零分為五十個月扣完計每月可扣銀五百七十五兩三錢有零再所有生息本利銀共二萬八千七百六十兩俱已借給官兵嗣後遇有喜喪之事應暫減定數即於每月所扣五百七十五兩有零銀內支給俟生息數用之時再照原定之數給與等語　查從前西北兩路出征寧夏滿兵撤回之後所有原騎馬駝及由軍營撤退時料理給與之馬駝倒斃過於定額經該將軍大臣等前後奏明所欠馬匹於甘肅拴養軍需馬內照數撥給所欠駝隻由藩庫先動銀兩買補所有馬駝價值著落兵丁月餉各分為三十個月扣清又軍前撤退兵丁器械俱不完整經原署寧夏將軍和星等奏准動支藩庫銀兩修整亦著落兵丁月餉陸續扣賠今馬價雖已扣清駝價尚有二十五個月未扣而扣完之後復有支借藩庫收拾軍械銀兩前因地震官兵等又借支滋生銀二萬八千餘兩雖分為五十個月扣清但日後又有應扣之駝價及借支藩庫銀兩此次寧夏地震甚重兵民產業俱皆破壞

皇上聖心軫念屢沛恩施現又將寧夏寶豐新渠等處新徵舊欠俱皆寬免若將滿兵應扣駝

價及藩庫借支銀共一萬九千八百餘兩加
恩寬免惟將現借生息銀兩照班第等所請分五
十個月扣完則於兵丁等生計大有裨益臣
等謹擬寫
諭旨進呈
御覽又班第等奏稱所有生息銀二萬兩利銀八
千餘兩俱已借給官兵嗣後遇有喜喪之事
即於每月坐扣之五百兩有零銀內動用仍
暫減數目支給等語查生息銀兩係永遠裨
益之項雖因一時緩急俱已用盡自應仍照
原數補足以資生息應令班第會同阿魯等
公同商酌應動何項銀兩即行補足滋息料
理之處一併寫入
諭旨內恭呈
御覽是否有當伏候
聖訓為此謹
奏
乾隆四年正月二十七日奉
旨依議

47. 谕六部派员赴宁夏确估修理工程记注

乾隆四年正月二十七日（1739 年 3 月 6 日）

（台北故宫博物院 · 起居注册）

47. Imperial edict: Instruct all six ministries to send officials to Ningxia to estimate the expense for rehabilitation

Jan.27, the 4th year of Qianlong (Mar.6, 1739)

(From the *Notes on the Daily Life of Emperors*, kept in Taibei Palace Museum)

諭旨嗣後凡奉旨密議事件各該督撫等應繕摺
覆奏不必具本又工部議大學士管川陝總督
事查郎阿奏修理寧夏城垣衙署等處工程
重大必須估計合式仰懇
勅部挑選諳練之員來寧確估查寧夏工程督理
既有專司協辦復有各員若臣部再派人員
恐各懷臆見轉致不便應仍責令原派官員
專司其事一摺奉
諭旨此次寧夏各項工程甚屬繁劇照該督等所
請著六部每部各派賢能司官一員會同地方
官共理一切估修事務事竣後著該督將伊等
勤敏之處聲明具奏餘依議
是日
起居注官蔣溥肇敏

48. 谕大学士张廷玉等授俞汝亮守备记注

乾隆四年正月二十八日（1739 年 3 月 7 日）

（台北故宫博物院·起居注册）

48. Imperial edict: Instruct Minister Zhang Tingyu to confer the title of Commander of Defence to Yu Ruliang

Jan.28, the 4th year of Qianlong (Mar.7, 1739)

(From the *Notes on the Daily Life of Emperors*, kept in Taibei Palace Museum)

二十八日乙亥
上自圓明園奉
皇太后由西直門進神武門回
宮
詣
皇太后宮請
安是日大學士鄂爾泰張廷玉徐本奉
諭旨據欽差侍郎班第大學士查郎阿等奏稱原
任提督俞益謨之子中衛縣武生俞汝亮因見
寧夏地動民人困苦情願捐出制錢二千串銀
一千兩羊一百五十隻當鋪內所存皮棉夾衣
二千九百八件以為災黎療饑禦寒之用臣等

已將銀錢衣服等件擇民人之極貧者按名散
給理合奏聞等語俞汝亮誼敦桑梓念切災傷
好善樂施急行拯濟俾窮民免於凍餒甚屬可
嘉著從優授為守備交與大學士查郎阿以相
當之缺即行題補又大學士趙國麟奏大學士
責任重大病軀末學不克勝任懇
恩另簡才德兼優之大臣以光
聖治

49. 谕内阁宁夏地震春耕牛种力量不足著予资助班第可与查郎阿一同回京

乾隆四年二月初九日（1739 年 3 月 18 日）

（《乾隆朝上谕档》第一册）

49. Imperial edict to the Cabinet: Instruct the related officials to increase the amount of cows necessary for the cultivation in Spring. Cows are not enough owing to occurrence of the Ningxia Earthquake; instruct Ban Di to return to the capital with Zha Langa

Feb.9, the 4th year of Qianlong (Mar.18, 1739)

(*Archives of Emperor Qianlong's Edicts*)

乾隆四年二月初九日内閣奉

上諭寧夏地方被灾已降旨多方賑卹此時正值春耕之際百姓當盡力於南畝以冀有秋但為被灾之後伊等牛種力量不足著該大臣等轉飭有司作何商量資助之處速行辦理一面奏聞侍郎班第奉差寧夏其一切賑濟及應辦事宜目前已定有規模俟新督鄂爾達到彼講論明白交伊陸續辦理大學士查郎阿起程入部時班第一同前來

欽此

50. 兵部右侍郎班第等奏宁夏地震满洲官兵多有伤亡设置养育兵以备挑补折（原件系满文）

乾隆四年二月初九日（1739 年 3 月 18 日）

（军机处满文录副奏折）

朱批：着准请。该部知道

50. Memorial to the throne, presented by Ban Di et al., assistant minister of the Ministry of War, reporting that a lot of officials and soldiers of Manchu nationality were dead or injured in the Ningxia Earthquake, therefore substitution of soldiers should be prepared for the troop (the original document was written in Manchu)

Feb.9, the 4th year of Qianlong (Mar.18, 1739)

(Duplicate of memorial to the throne kept in the Military Department) (in Manchu)

Emperor's comment in red on the memorial: Request in the memorial is permitted. The Ministry has known already.

【满文译文】

兵部右侍郎臣班第等谨奏，为请旨事。

查得，雍正三年初始驻兵宁夏，原将军席伯等奏称，据将军年羹尧奏称，宁夏所建满洲兵城，位于宁夏城外，不可无人守城及巡视街道，相应于八旗增添步甲一千二百名。挑取此等步甲时，另户与包衣各为其半。等语。是故，臣等抵达宁夏后，将增补步甲六百名，照先前奏准之例，由官兵家奴内挑补披甲。等因具奏。嗣于雍正十三年三月，护理将军印务副都统赫兴奏称，宁夏有步甲一千二百名，最初驻防时，由京城挑补六百另户披甲遣往，其余六百步甲，拨给协领各九名、佐领各七名、防御及笔帖式各五名、骁骑校各三名，作为其家奴披甲，每名步甲每月出银三钱，雇人代为应差。其余名额，均挑取四五岁幼子，亦照此出银雇人。将此问询宁夏地方原有臣僚，一致供称，最初宁夏地方驻兵时，据原任将军席伯等告称，驻防宁夏之一千二百名步甲内，六百名由京城遣往，六百名分散，俟至宁夏，以家丁充补披甲，作为官员养廉之项。等因。业经年羹尧奏准。等语。惟核查年羹尧如何奏准宁夏六百家丁充补披甲作为官员养廉之处，并无册档，未便揣度定议。故而臣等奏请圣上训示，其如何办理之处，俟上裁定，再钦遵办理。等因具奏。由军机处议复称，披甲系专为守城巡视街道而设，并非以官员养廉名义为食钱粮而设。前任将军席伯含糊办理，继任将军官员等因循办理，均属非是。请将此敕交该部，议处历任将军官员。仍咨文赫兴，此项六百名步甲内，除将为赡养鳏寡孤独而设者仍行保留外，官员等之包衣步甲，留其堪以当差者，不准再行雇人，其余年幼不能当差者，均行革退，将官兵内勤勉公务生计维艰人等之家奴，由将军等公正办理披甲当差。等因奏入。奉旨：依议。钦此。遵旨咨文前来。均皆记录在案。是故，臣阿鲁等接任以来，钦遵上谕，不分另户与家丁，但视其健壮堪以当差者充补步甲，现另户步甲为八百九十名，其中赡养鳏寡孤独之幼丁七十三名、包衣步甲三百九十名。

查得，此次地震，压毙领催、前锋、披甲、拜唐阿一百六十五名，闲散西丹幼丁三百四十六名，震后病故者十名，共损失满洲五百余名。压毙披甲之缺，均属额兵，不可空缺，故奴才等由另户步甲内，视其健壮挑取，如数增补外，因步甲缺无健壮者可挑，暂由人口众多之幼丁内将就挑取。经查八旗现有闲散满洲西丹幼丁数目，十岁以上者为五百六十三口，九岁以下者为九百四十五名，其中列入丁册者仅为三十八名，官兵家中跟役亦减少。遂核计，嗣后披甲出缺，由步甲内挑取，尚可得人，而步甲出缺，由闲散满洲家丁内挑取，均难得人。

又查得，此次兵丁遭遇大灾，房毁人亡，生计较前自有下降，家口众多之户若不食钱粮，则益加困难。故臣等共同核思，仰赖皇恩，现值无事之时，凡守城及巡街，有六百名步甲，轮班调遣，尚敷调用。故此臣等请将现有另户、包衣披甲，混同挑选健壮堪以应差者六百名，应付步兵之差。其余六百名步甲之缺，恭请圣恩，暂行调换为六百名养育兵。宁夏地方步甲每月连米在内支银一两五钱，相应无需增减饷米，均以家口众多之西丹幼丁充补。嗣后披甲缺出，由步甲、养育兵内挑取壮实者充补。如此调换办理，则数年之后，繁生满洲等均得长成，于兵丁生计亦大有裨益。可否之处，臣等未敢擅便，伏乞皇上明鉴，俟有旨下，钦遵施行。

为此谨奏。请旨。

乾隆四年二月初九日奉朱批：著准请。该部知道。钦此。

51. 谕大学士鄂尔泰等速办宁夏地震被灾地方春耕事项记注

乾隆四年二月初九日（1739 年 3 月 18 日）
（台北故宫博物院 · 起居注册）

51. Imperial edict: Instruct Minister Ertai et al. to manage the spring ploughing quickly in the area suffered in the Ningxia Earthquake disaster

Feb.9, the 4th year of Qianlong (Mar.18, 1739)
(From the *Notes on the Daily Life of Emperors*, kept in Taibei Palace Museum)

初九日丙戌
上詣
皇太后宮請
安是日大學士鄂爾泰張廷玉徐本奉
諭旨寧夏地方被災已降旨多方賑恤此時正值
春耕之際百姓當盡力於南畝以冀有秋但恐
被災之後伊等牛種力量不足著該管大臣等
轉飭有司作何商量資助之處速行辦理一面
奏聞侍郎班第奉差寧夏其一切賑濟及應辦
事宜目前已定有規模俟新督鄂彌達到彼講
論明白交伊陸續辦理大學士查郎阿起程入
都時班第一同前來

52. 兵部右侍郎班第等奏请动拨甘肃布政使库银作为宁夏生息银两折（原件系满文）

乾隆四年二月十八日（1739年3月27日）

（军机处满文录副奏折）

朱批：著依奏。该部知道

52. Memorial to the throne, presented by Ban Di et al., official of Ministry of war, asking a favour to allocate a fund from the Treasury in Gansu as the money for interest (the original document was written in Manchu)

Feb.18, the 4th year of Qianlong (Mar.27, 1739)

(Duplicate of memorial to the throne kept in the Military Department) (in Manchu)

Emperor's comment in red on the memorial: Request in the memorial is permitted. The Ministry has known already.

【满文译文】

兵部右侍郎臣班第等谨奏，为钦遵上谕事。

据户部咨文内开，内阁抄出，乾隆四年正月二十七日奉上谕：据侍郎等奏，宁夏滋生本银二万两，又息银八千余两，俱已借给官兵，请分为五十个月扣完。但现有应扣驼价及借支藩库收拾军器银两，应请将此二项应扣之银暂行停止。等因具奏。此次宁夏地震甚重，与寻常被灾者不同，朕心深为轸念，前已降旨将宁夏、宝丰、新渠等处新征旧欠俱行豁免。其满洲官兵所有应扣驼价银及由藩库借支收拾军器二项银共一万九千八百余两，悉着豁免。至所借生息银两，可分为五十个月扣清。但生息银两，系永远裨益之项，不可空缺，今因一时急需，借给官兵。著班第等将动用何项银两，即行照数补足，以资生息之处，妥议办理奏闻。余俱照班第等所请行。钦此。遵旨前来。

臣等当即向众官兵宣示圣上隆恩外，遵旨将此项滋生银空额补充办理之处共同商议，拟由甘省藩库现存银两内，解送二万八千七百六十七两九钱，仍以各一分息酌情滋生，每月扣取银五百七十五两三钱五分八厘交藩库，五十个月内如数完结，交还原项。此新支银两，俟解至后方可生息，一时不便多生息。查得，地震后所出红白事件，共一百三十五件，按臣等适才奏定数额，应赏银九百一十两，将此即从八千余两息银内动支发放，其余息银七千八百五十七两九钱，仍够几年开支。此间用本银生息，又有一定数额，尽可接续。日渐生息足敷之时，再行奏闻。照原定数额赏赐。俟有旨下，咨行甘肃巡抚，由藩库拨解银两。

为此谨奏。请旨。

乾隆四年二月二十八日奉朱批：著依奏。该部知道。钦此。

兵部右侍郎班第

镇守宁夏等处地方将军臣阿鲁

副都统臣喀拉

副都统臣同山

53. 宁夏将军阿鲁等奏谢豁免宁夏被灾官兵应扣驼价及借支藩库银两折（原件系满文）

乾隆四年二月十八日（1739 年 3 月 27 日）

（军机处满文录副奏折）

朱批：知道了

53. Memorial to the throne, presented by Alu et al., General of Ningxia, thanking His Majesty for exemption of payment of camels for the officials and soldiers suffered in the Ningxia Earthquake and borrowing money from the Treasury in the vassal state (the origin document was written in Manchu)

Feb.18, the 4th year of Qianlong (Mar.27, 1739)

(Duplicate of memorials to the throne kept in the Military Department) (in Manchu)

Emperor's comment in red on the memorial: Known.

【满文译文】

镇守宁夏等处地方将军奴才阿鲁等谨奏，为奏闻率领官兵叩谢天恩情形事。

乾隆四年二月十五日，据户部咨文内称，奉上谕：宁夏地方地震甚重，与寻常被灾者不同，朕心深为轸念，前已降旨将宁夏、宝丰、新渠等地新征旧欠俱行豁免。其满洲官兵所有应扣驼价及由藩库借支收拾军器银两，此二项共银一万九千八百余两，悉着豁免。至所借生息银两，可分为五十个月扣清。但生息银两系永远裨益之项，不可空缺，今因一时急需借给官兵，著班第等将动用何项银两即行照数补足，以资生息之处，妥议办理奏闻，余俱照班第等所请行。钦此。钦遵。咨行前来。奴才等当即召集官兵宣谕，众官兵跪地告称，此次遭遇震灾，仰蒙圣上轸念我等奴才，无论生死，均施以不尽之恩，诚属天地之再生至仁。现又降旨将奴才等应行偿还驼价银，由藩库借支收拾军器银两一并豁免，奴才等委实无以报称，惟有世代直至子孙竭尽效力。等语。共同叩首相告。

是故，将奴才等率官兵望阙叩谢天恩之处，谨具奏闻。

乾隆四年二月二十八日奉朱批：知道了。钦此。

镇守宁夏等处地方将军阿鲁

副都统奴才喀拉

都统奴才同山

54. 川陕总督查郎阿等奏闻查明宁夏镇生息银两情形请旨豁免折

乾隆四年二月二十二日（1739 年 3 月 31 日）

（奏折档）

朱批：军机大臣等议奏

54. Memorial to the throne, presented by Zha Langa et al., Governor-General of Sichuan and Shaanxi, reporting the investigation of the amount of money used for interest in Ningxia town and asking a favour for exemption

Feb.22, the 4th year of Qianlong (Mar.31, 1739)

(Memorial to the throne kept in the file)

Emperor's comment in red on the memorial: Instruct the Ministers of Military Department to discuss and then present a memorial to me.

奏

臣查郎阿 元展成 謹

奏爲查明寧鎮生息銀兩恭摺奏

聞請

旨事竊查寧夏鎮標生息銀內將一萬三千兩分發

寧夏寧朔平羅寶豐中衛靈州各當鋪營運生

息上年十一月二十四日地震之時除靈州中

衛當鋪被災較輕無庸議外其寧夏縣屬當鋪

房塌火焚者六十五家房屋倒塌未被焚燒者

三十二家寧朔縣屬當鋪房塌火燒者三十三

家房屋倒塌未被焚燒者二十九家平羅縣屬

當鋪八家俱經房塌火燒寶豐縣屬當鋪一家

房屋倒塌又被水淹以上各當鋪乾隆三年冬

季利銀尚未交納伏查寧夏地震災出意外伊

等自己家資人口損傷折耗情甚可憫所領生

息本銀并應交利銀似應分别受災輕重酌與
寬恤查未被焚燒之寧夏當鋪三十二家每家
領本銀七十六兩三錢零共領本銀二千四百
四十一兩零寧朔縣未被焚燒之當鋪二十九
家每家領本銀七十二兩四錢零共領本銀二
千九十九兩零雖經被災貨物未致全失可否
仰邀
聖恩將伊等未交利銀免其交納止令將原領本銀
照數交還至於房屋倒塌又被火燒水淹之寧
夏縣當鋪六十五家每家原領本銀七十六兩
三錢零寧朔縣當鋪三十三家每家原領本銀
七十二兩四錢零平羅縣當鋪八家每家原領
本銀七十八兩七錢零寶豐縣當鋪一家原領
本銀七十八兩七錢零以上各當鋪共領本銀
八千五十七兩零伊等八口家資俱被焚溺可
否仰邀
聖恩將伊等原領本銀及未交利銀一併豁免其該
鎮標生息本銀應請照數在於蘭州司庫添給
足額是否有當

洪恩出自
聖主臣等未敢擅便伏祈
皇上聖鑒
訓示遵行爲此謹
奏請
旨

軍機大臣等議奏

乾隆四年二月二十二日具

55. 兵部右侍郎班第等奏报遵旨查明宁夏等五县民情安贴毋需再行免赋折

乾隆四年二月二十二日（1739 年 3 月 31 日）

（奏折档）

朱批：该部知道

55. Memorial to the throne, presented by Ban Di et al., official of Ministry of war, reporting that an investigation had been made for the relief to the victims of Ningxia and other four counties and the people are well at present, so exemption of taxitation is no more necessary

Feb.22, the 4th year of Qianlong (Mar.31, 1739)

(Memorial to the throne kept in the file)

Emperor's comment in red on the memorial: The Ministry has already known.

奏

兵部右侍郎臣班第等謹

奏為欽奉

上諭事乾隆四年二月初九日准戶部咨開本年正

月二十日内閣抄出奉

上諭上年十一月寧夏地動民人被災甚重朕聞奏

即遣大臣星馳前往會同督撫將軍等加意賑恤

並籌畫撫綏安輯之計伊等陸續奏到正在多方

經理以濟災黎朕思民人等困苦播遷之後縱能

勉力耕耘豈能復輸租稅著將寧夏寧朔平羅新

渠寶豐五縣本年應徵地丁及糧米草束雜稅等

項悉行豁免如有舊欠亦著蠲除倘附近州縣有

被災之處應加恩免賦者著欽差及督撫等查明

奏聞請旨欽此欽遵移咨到臣等竊查上年地震

惟寧夏寧朔平羅新渠寶豐五縣民人被災最

重荷蒙我
皇上念切痌瘝上厪
宵旰封章甫達
巽命旋頒既
命臣等加意撫綏又蒙
聖訓精詳
湛恩汪濊已使五邑災黎出水火而咸登衽席茲者
復荷
恩綸特沛將五邑新舊地丁糧米草束襍税等項悉
予蠲除俾得盡力於耕耘更無縈心於租税似
此惠鮮懐保不難頓起瘡痍竚見殘燬之邊城
可復當年之富庶矣臣等隨刊發告示通行曉
諭勸令伊等務竭三時之勤勤仰報
聖主之
天恩五邑士民歡聲載道至若附近州縣如寧夏府
屬之靈州中衛雖同時地震較之夏朔新寳平
羅五縣輕重懸殊間有房屋倒塌者每間給銀
一兩以資修葺其或有損傷民人亦按口分别
大小大口給銀二兩小口給銀七錢五分以爲
埋葬之費其被傷之家按其生存家口數目無
論大小每口給糧三斗俱已撫綏得所並不成
災現在不須加賑無庸免其賦税再查平凉府
屬固原廳之平遠所固原州之丁馬堡喬家掌
等處鎮原縣之張石喇嘛莊慶陽府屬環縣之
虎家灣張家井等處亦間有摇倒房屋土窰并
間有壓死男婦人口者俱經委員查明照依靈
州中衛之例一體撫綏民情俱已安貼均無應
行免賦之處其各該州縣賑恤銀糧應俟造册
至日統案報銷所有遵
旨查明緣由謹會摺奏
聞伏祈
皇上聖鑒爲此謹
奏

該部知道

乾隆四年二月二十二日兵部右侍郎臣班第
大學士仍管川陝總督臣查郎阿
蘭州巡撫臣元展成

56. 兵部右侍郎班第等奏报赴宁查赈事竣起程回京日期折

乾隆四年三月初二日（1739 年 4 月 9 日）

（军机处录副奏折）

朱批：知道了

56. Memorial to the throne, presented by Ban Di et al., assistant minister of the Ministry of War, reporting that investigation of relief in Ningxia was finished and the date of returning to the capital is also reported

Mar. 2, the 4th year of Qianlong (Apr. 9, 1739)

Duplicate of memorials to the throne kept in the Military Department

Emperor's comment in red on the memorial: Known.

已飭令承辦各員加意修葺務期妥協堅固茲今
查嫔等後〃班第于二月二十四日自寧起程回京
後
命〃查郎阿于二月二十日自寧起程回西安〃元展成亦
于二月二十二日自寧起程回蜀將仍不時遣委大員
赴寧查勘各工所有臣于後起程日期理合繕摺
奏伏祈
皇上睿鑒謹
奏
乾隆四年三月初二日
硃批知道了欽此

57. 川陕总督查郎阿等奏报宁夏总兵杨大凯并无怠忽情节折

乾隆四年三月初二日（1739 年 4 月 9 日）

（军机处录副奏折）

朱批：知道了

57. Memorial to the throne, presented by Zha Langa et al., Governor-General of Sichuan and Shaanxi, reporting that Yang Dakai, Commander in Chief of Ningxia, is not idolent in his work

Mar. 2, the 4th year of Qianlong (Apr. 9, 1739)

(Duplicate of memorial to the throne kept in the Military Department)

Emperor's comment in red on the memorial: Known.

查郎阿等奏明杨大凯并无怠忽等情

三月初二日

臣查郎阿、元展成谨

奏

奏为据实奏

闻事。窃查宁夏陡遭地震，殊为出非常

[illegible]本城[illegible]重镇弹压，又有[illegible]

[illegible]果能尽心办理，保护得宜，[illegible]

据窃人心惊恐，臣查郎阿立[illegible]时[illegible]

闻据兵杨大凯素[illegible]内称[illegible]

百姓[illegible]便窃取，难极力护卫，难于[illegible]

以等语；又称平罗[illegible]营铺百姓甚是荒

乱等语；又称宝丰、新渠[illegible]

四乡道路[illegible]时闻等语。接阅之下，不胜

骇异，若非该镇惰弱无能，即系怠忽

所致。臣等到宁之后，查阅情形，并

备细访察，彼时百姓并无[illegible]情事

前往據實奏
聞去秋祗因夜起火燒該鎮才六被燬房屋
下來即跑出而伊媳伊孫並家人男婦
共計焚死六口情傷驚恐交迫於中加
以倉城殘燬兵馬損傷出入必有一段紅
隨意亂以建具實之詞未免過於張大
而該鎮與寧夏道鈕廷彩查夜巡查
川流不息一面派撥兵丁專城防
護又因通城民碌並無街道可通以致
該鎮黑夜馬驚被跌幾死而猶不覺
辛苦增添巡邏毫無怨情之查該
鎮為屬小心勤慎惟是識見不能遠大
應變不能鎮靜懷量具寄此則該鎮構
謹遵諭之非也臣等既經查訪明確不敢
不據實陳
奏伏祈
皇上聖鑒訓示謹
奏
乾隆四年三月初二日奉
硃批知道了欽此

58. 川陕总督查郎阿等奏请缓至春后扣除宁夏镇标及各营堡兵丁借支银两折

乾隆四年三月初二日（1739年4月9日）

（军机处录副奏折）

朱批：着照所议行

58. Memorial to the throne, presented by Zha Langa et al., Governor-General of Sichuan and Shaanxi, asking a favour to postpone the date of deduction of the fund borrowed by the soldiers of the battalions and fortresses in Ningxia to summer, autum and winter in average respectively

Mar. 2, the 4th year of Qianlong (Apr. 9, 1739)

(Duplicate of memorial to the throne kept in the Military Department)

Emperor's comment in red on the memorial: Act based on the memorial.

奏

查郎阿等 兵丁应扣银两请缓至

乾隆五年按季扣还

三月初二日

臣查郎阿

元展成 谨

恩据详恭

奏事窃查宁夏镇标并城守营及平罗营中洪广

平羌各营堡兵丁请领借饷银两案内马兵每

名借银三两步兵每名借银二两守兵每名借银一两

案原定分作十季扣还除扣过二季外尚该八季未

扣银八千九百零七两六钱九分零又于借查一案内乾

隆元年奉派驻防换班回汛兵丁制办口粮马兵每名借

兩實存步兵名糧四分原定分作八季扣還除扣過二
季計尚該六季未扣銀二千四百一十六兩零零又于陸路軍
營內挑備戰兵餉餉衣服等項馬步兵丁名糧
四分原定分作八季扣還除扣過五季外尚該三季
未扣銀一千一百八十一兩二錢零分又于餘案
上諭于軍營內陸續借過生息銀兩馬步守兵名糧銀一
二兩以至四五兩不等除還過利息尚該未還本利銀二千
五百四兩一錢零又被災之後兵營馬步守兵并奉
調撥赴協防兵丁每名借銀二兩共銀一萬二千六百八
十四兩以上軍營通共未還銀二萬七千七百八十三兩六錢零
今據寧夏鎮總兵官周開捷等稱各營兵丁陡遭地震
房屋傾頹家資衣物火燒水淹百無一存現在棲居露
處糧餉雖據衣食甚艱重須置備父母妻子均須
養贍惟藉原領糧餉以為日用之需若將各項所借銀
兩仍按季照數扣還則衣食無資倚仰無藉難以成

因乏难支，今据各兵丁环请，今岁夏秋冬三季暂行停扣，俟乾隆五年春季始准仍照原定季数分季扣还，则库项不致久悬，各兵得以稍纾矣等情，据详前来。伏查营兵借项悉关库

帑，理应照案分季扣还，但宁夏地震变出异常，兵丁屋宇家资悉归水火，锅器等物猝难措办，前项银两按季扣除，兵丁力不能支，似应如其所请，今年暂行停扣，以纾兵困。至于借支生息银两一项，例只按月加息二分，原为借本营中红白之项不使缺少，今亦准其停扣本银，则本年应息利银仍应照例按月分扣，是否可行，伏候

训示。再查上年地震之后，甘省提臣瞻岱因念时值寒冬，兵丁现在露处，家资荡然，动发粮饷恐未免耽延时日，是以将从前发运甘州府库收贮犒赏兵丁节剩余银二千五百两委令游击保安携带星驰赴宁，查勘赈济，嗣经前任宁夏总兵杨大凯查明被灾兵丁四千六百

六千三百兩均勻分給安西各營領銀七條五分賞查此項銀
兩係甘提標生息利銀備賞之項不使久懸且安西所領銀
既撥帑銀亦不致無異應請遵旨于肅州藩庫撥銀
三千五百兩歸還甘肅標以備充賞仍于今夏領銀各兵名下
至本年夏秋冬三季內均勻扣除歸還司庫存貯

奏明伏祈

皇上睿鑒

訓示遵行為此謹

奏請

旨

乾隆四年六月初二日奏

硃批著照所議行欽此

59. 谕内阁著免派拨宁夏兵丁领过赏银

乾隆四年三月初六日（1739 年 4 月 13 日）
（《乾隆朝上谕档》第一册）

59. Imperial edict to the Cabinet: Don' t allocate the fund awarded to soldiers in Ningxia

Mar. 6, the 4th year of Qianlong (Apr. 13, 1739)
(*Archives of Emperor Qianlong's Edicts*)

乾隆四年三月初六日内閣奉
上諭前岳鍾琪派撥寧夏官兵一千名移駐涼州旋
因駐涼兵丁已足數用將此兵撤回所有領過賞
銀一萬七千兩欽奉
皇考諭旨暫免追繳俟大軍凱旋之後再行奏聞請旨
令大學士查郎阿具奏請旨前來朕思兵丁等所
領賞銀歷年已久此時斷難繳還況寧夏地方去
冬被災尤當加恩撫卹此所欠應繳銀一萬七千
兩悉著豁免該督等可即出示曉諭眾兵知之欽
此

60. 谕豁免宁夏地震被灾所欠应缴银两记注

乾隆四年三月初六日（1739 年 4 月 13 日）
（台北故宫博物院·起居注册）

60. Imperial edict to exempt the owed taxation for the suffered area in the Ningxia Earthquake
Mar.6, the 4th year of Qianlong (Apr.13, 1739)
(From the *Note on the Daily Life of Emperors*, kept in Taibei Palace Museum)

奉
諭旨前岳鍾琪派撥寧夏官兵一千名移駐涼州
旋因駐涼兵丁已足敷用將此兵撤回所有領
過賞銀一萬七千兩欽奉
皇考諭旨暫免追繳俟大軍凱旋之後再行奏聞請
旨今大學士查郎阿具奏請旨前來朕思兵丁
等所領賞銀歷年已久此時料難繳還況寧夏
地方去冬被災尤當加恩撫恤此所欠應繳銀
一萬七千兩悉著豁免該督等可即出示曉諭
衆兵知之

61. 谕内阁著免宁夏镇标分发官兵所用各当铺生息银两由兰州藩库照数拨补

乾隆四年三月初八日（1739 年 4 月 15 日）

（《乾隆朝上谕档》第一册）

61. Imperial edict to the Cabinet: To exempt the fund paid by the battalion in Ningxia to officials and soldiers for depositing in the pawnshop for interest and the fund will be allocated by the Treasury in Lanzhou

Mar. 8, the 4th year of Qianlong (Apr. 15, 1739)

(*Archives of Emperor Qianlong's Edicts*)

乾隆四年三月初八日内閣奉

上諭據大學士查郎阿等奏稱寧夏鎮標分發各當

生息銀兩自上年地震後查被災甚重之各當鋪

所領生息本銀共計八千五十七兩零其雖經被

災貨物未致全失之各當鋪所領生息本銀共計

四千五百四十兩零可否分別加恩寬恤請

旨等語朕念寧夏此次地震商民同時受災深為

憫惻著將被災甚重各商所領八千五十七兩之

本銀併利銀俱著豁免其被災之稍輕各商止令

交還所領本銀四千五百四十兩所有應交利銀

悉著豁免至此項豁免銀兩有關兵丁緩急之需

不便缺少著在蘭州藩庫內照數撥補足額以資

生息俾兵民一體均霑恩澤欽此

62. 川陕总督鄂弥达等奏请准照前例酌拟宁夏开捐之例折

乾隆四年三月十一日（1739 年 4 月 18 日）

（奏折档）

朱批：大学士等会同该部议奏

62. Memorial to the throne, presented by E Mida et al., Governor-General of Sichuan and Shaanxi, asking a permission to levy a tax in Ningxia, based on the past instances

Mar. 11, the 4th year of Qianlong (Apr. 18, 1739)

(Memorial to the throne kept in the file)

Emperor's comment in red on the memorial: Related ministers discuss with the Ministry and then send a memorial to me.

奏

川陝總督臣鄂彌達

甘肅巡撫臣元展成謹

奏為密

奏請

旨事竊寧夏素稱富庶自上年十一月二十四日陡

被震災城垣房屋器用倒塌殘燬於頃刻之閒

入口損傷者數萬其生存者皆鳩形鵠面重蒙

皇上軫念災黎動帑金發倉廪蠲賦稅疊沛

恩膏屢頒

巽命賙恤之

隆恩至優至渥臣等身任封疆急宜培復元氣稍慰

皇上保民若赤之
聖心而欲培復元氣惟有積貯銀糧之一法前經大
學士臣查郎阿臣元展成備查情形會摺恭
奏經大學士等議不准行臣等何敢再爲冒瀆惟
是寧郡遭大災以後民人受傷已深地方凋僘
已極我
皇上念切病瘝臣等不難於請帑請粟以濟一時之
急需實難於培植撫徠以復從前之殷富再四
熟籌開捐則遠近民人挾貲而來者雲集遠近
商賈載貨而來者雲集邊方之備貯得以充積
夷漢之貿易得以流通且大學士等亦議以時
有緩急事有經權今於災出非常之後行此培
養之方正急所當急權所宜權似無傷於政體
實有益於民生至大學士等以從前土方事例
收過銀糧不多議開捐爲無益查前例捐款少
而捐數貴如廣其途減其數自必報捐接踵邊
貯有備邊民有賴殊多利濟臣等爲邊要民生
起見不得不再瀆
聖聰儻蒙
聖鑒允行容臣等仿照從前籌畫邊方各例自主同
以下酌擬捐款捐數另疏
題請謹先會摺具
奏是否可採伏祈
皇上訓示遵行謹
奏
大學士等會同該部議奏
乾隆肆年叁月拾壹日

63. 川陕总督鄂弥达奏报赴宁夏查勘震后地方筹办情形并起程赶回西安日期折

乾隆四年三月十一日（1739 年 4 月 18 日）

（军机处录副奏折）

朱批：所奏俱悉

63. Memorial to the throne, presented by E Mida, Governor-General of Sichuan and Shaanxi, reporting that he went to Ningxia to investigate the local rehabilitation after the shock and the date returning to Xi'an

Mar. 11, the 4th year of Qianlong (Apr. 18, 1739)

(Duplicate of memorial to the throne kept in the Military Department)

Emperor's comment in red on the memorial: All in the memorial is known.

奏

鄂彌達 查勘寧夏實在情
形并回西安日期

三月十八日

川陝總督臣鄂彌達謹

奏為據實查

奏上慰

聖心事。竊惟寧夏災傷事出意外，我

皇上親遣大臣馳驛查勘，會同大學士臣查郎阿、甘肅

巡撫臣元展成於被災各州縣地方將被災戶口分

別存殁加意撫恤，倒塌城垣、廒倉、營塞、河渠次

第委員親身確估，悉行修造，既可以工代賑，存活

災黎，隨委瘞埋死尸，得所，不惜帑金，總期加

恩格外，使得均霑實惠，無有遺漏。是我

皇上所以為寧民計者，至周至渥，高厚難名，有加無

已。臣於

陛辭之日復
命馳驛赴寧會同查辦欽遵前往維兵部侍
郎班第先已會同大學士臣查郎阿甘肅撫臣元
展成在寧親身料理次第俱有成規臣於三月初
六日到寧查看軍民情形雖經此大災蒙
皇上加惠元元命大臣等悉心料理軍民既有賑卹又
得房價即時各建土屋茅舍已有十之二三今有
商賈搭蓋房屋貿易漸有起色俱各相安若
休養生聚二三年間自可漸次復現矣臣至滿城
細查旗人情形屬蒙
皇恩備極無不感戴
聖恩歡欣得寧相安過活隨又公同撫臣元展成親
往新建滿城平湖橋地方周圍相度寬廠方平
移建甚屬得宜現在河渠俱委地方官上緊
疏濬布政使傅杞現在寧城辦理已完大半
於立夏前俱可完竣實在無妨民業將來各營
城垣堡舍陸續興修寧民俱獲安生矣臣等
身任地方敢不實心商酌加意辦理查撫民鄉次
安業耕種俱畢現在應辦各件臣駐劄衙門
遠在西安因大學士臣查郎阿在寧日久案卷未肯
隨帶今積案甚多必須辦理清楚擬於十二日
由寧起身前赴西安料理一切要務俟積案理
清之後即於秋間巡查邊疆四時再會同撫臣元
展成查勘寧郡城工河渠各項事理另行具
奏應俟此次事竣再臣沿邊赴寧一路邊城並
各營制尚有應調劑更定臣次第辦理理合將到
寧查勘實在情形並起程回西安日期
奏
聞伏乞
聖鑒
乾隆四年三月十六日奉
硃批覽奏俱悉欽此
乾隆四年三月十一日

64. 川陕总督鄂弥达奏请赏给灾民银两添置器具其修理城工夫役搭给粮米折

乾隆四年三月十八日（1739 年 4 月 25 日）

（军机处录副奏折）

朱批：该部速议具奏

64. Memorial to the throne, presented by E Mida, Governor-General of Sichuan and Shaanxi, asking a favour to award the victims a fund for replenishing the household appliances and offer additional grains to the workers repairing the Ningxia City

Mar. 18, the 4th year of Qianlong (Apr. 25, 1739)

(Duplicate of memorial to the throne kept in the Military Department)

Emperor's comment in red on the memorial: The Ministry discusses quickly and send a memorial to me.

奏

三月十八日

川陕总督臣鄂弥达
甘肃巡抚臣元展成谨

奏为恭请
圣鉴事窃臣鄂弥达于叁月初陆日抵宁夏所有一切
赈务经大学士臣查郎阿等恪遵
圣训次第办理其各项工程现在估修据总理城工原任
宁庄道阿炳安禀称宁夏旧城身高叁丈陆尺根宽
贰丈城高而薄不甚坚厚今应照满城之式城根宽
以贰丈伍尺城身连垛共高叁丈较旧城厚实坚固
但坍塌之旧基高低不一城濠填塞几平离城基数
丈之外四面皆水于濠以外试加刨有甫及壹贰尺即溢
而有水其旧城根有陷下数尺及壹贰丈者仍于旧址
建城必须刨挖另为平筑不惟功倍费繁且旧址与旧
城濠之土俱不敷用必于濠以外越水取土又远涉不易
应于旧址以内收进贰拾丈建城则不须刨挖旧基土

肯而堡等語臣等公同商酌應如所請於舊址留收
進貳拾丈其高厚與滿城之式建築所留空地貳拾丈取
其土以築城牆應要使其內有民地另撥官地以補之
如願領價者即價其價值免其類粮再查倒塌房
屋蒙
皇上天恩賞給房價每間給銀貳兩足敷工料莫不欢欣感
戴現在陸續建造露處者俱有棲身之所惟是地震
之後大概日用器具損毀俱盡而器具又日用所必需臣
等仰體
皇上子惠元元之至意查滿漢兵民共伍千餘户悲遭此
大災之後無力置買可否每户再賞銀壹兩俾其另
製出自
聖恩再查城工所用夫匠有係穿房應募者有係別處
調催者俱照後各工程例近役每工給銀叁分夫役
每工給銀陸分已俱從寬裕但目下甫經興工粮價
即已漸長將來工程浩大夫役雲集食指甚繁粮價
勢必昂貴臣等酌議每工搭給粮揣合照部價於近役
應領工銀內除算如願全領銀者亦聽其便則近役
不致買食艱難市價亦不致騰貴似均有益臣等與
大學士臣查郎阿一一商酌俱意見相同謹合詞恭

奏伏乞
皇上訓示遵行謹
奏
乾隆四年三月十八日奉
硃批該部速議具奏欽此

65. 宁夏将军阿鲁等奏请奖叙看守银库当铺出力官兵折（原件系满文）

乾隆四年三月二十日（1739年4月27日）

（军机处满文录副奏折）

朱批：该部议奏

65. Memorial to the throne, presented by Alu, General of Ningxia, asking a favour to award the officials and soldiers for their efforts in guarding the Treasury and pawnshops (the original document was written in Manchu nationality language)

Mar. 20, the 4th year of Qianlong (Apr. 27, 1739)

(Duplicate of memorial to the throne kept in the Military Department)

Emperor's comment in red on the memorial: The Ministry discusses the memorial and sends a memorial to me.

【满文译文】

镇守宁夏等处地方将军奴才阿鲁等谨奏，为谨陈些微办理情形，伏乞圣上施恩事。

伏思，奖勤罚懒，赏罚分明，乃国家之定制，辨析善恶，请施圣恩，乃奴才分内之事。查得，去年宁夏地方地震，我满洲城内房屋全行倒塌，洪安、成安二处当铺房屋倒坏焚烧，在当铺行走之官兵虽有家人被压，仍以国帑为重，连夜灭火，看守被压物件银钱，及至挖出物件，白天将典当物件对照号簿散给八旗，入夜加以看守，月余未休。核计挖出钱银、散给八旗衣服等物，尚无短缺，均与账目相合。

再，储济库亦遭回禄，该库官兵数日看守被火之处，未敢离开。挖出所储息银查核，丝毫未少，均与原数相符，已平均借给八旗兵丁救济。查官布铺，所余布匹、存银亦未受损，得以保全。

以奴才等愚见，去年遭遇地震大灾，适逢人心浮动无定之际，在官商铺当差及守库官兵感戴圣主世代豢养隆恩，置身家于不顾，一心为公，凡有钱粮之处，均未短缺，办理周全者，虽属满洲与生俱来之忠正本性，亦源自彼等各坚其志，克勤克勉。奴才等身为其上司，理当具陈属下官兵奋勉出众之处，敬请皇上嘉奖，以励后者。是故，奴才等未敢隐饰，恭请圣主明鉴，将在官铺、仓廒行走之协领鲁木拜、留保、旺格、果依仁查，佐领旺贵、富兴、召席、永全、颇廉，防御雅思哈、伊罗勒图，骁骑校萨尔呼、吉村等十三员，交部酌情施恩。

再请者，适蒙圣上施恩，敕将满洲官兵所欠生息本息银，现即由藩库如数解送生息，以利众生，遵旨咨文解来银两。奴才等拟由备赏红白事件息银内动支，给在各铺库行走之四十八名兵丁，每人赏银十两，并将彼等姓名记入档册，择其能者升补其应升之位。稽查得，所留备赏息银内，除此间用于红白事件外，余银七千五百八十四两九钱，其中倘蒙恩准赏给彼等银四百八十两，仍有余银七千一百零四两九钱。奴才等现酌情办理生息，定不致无以接续，如此，则守边官兵各得鼓励，嗣后益加克尽职守。奴才等不揣冒昧，可否之处，谨请圣上明鉴训示，钦遵办理。

为此谨奏。请旨。

乾隆四年四月初一日奉朱批：该部议奏。钦此。

镇守宁夏等处地方将军奴才阿鲁

副都统奴才喀拉

副都统奴才同山

66. 大学士张廷玉等奏议鄂弥达等复请宁夏开捐折（原件系满汉文合璧）

乾隆四年三月二十六日（1739 年 5 月 3 日）
（奏折档）

66. Memorial to the throne, presented by Zhang Tingyu et al., officials of the Ministry, reporting the discussion result of the memorial presented by E Mida for asking a favor to levy a tax in Ningxia (The original document was written both in Manchu and Han nationality language)

Mar. 26, the 4th year of Qianlong (May. 3, 1739)

(Memorial to the throne kept in the file)

奏
大學士三等伯臣張廷玉等謹
奏為遵
旨議奏事該臣等會查得川陝總督鄂彌達等奏稱
寧夏素稱富庶自上年拾壹月貳拾肆日陡被
震灾城垣房屋器用倒塌殘燬於頃刻之間人
口損傷者數萬其生存者皆鳩形鵠面重蒙
皇上軫念灾黎動帑金發倉廩蠲賦稅賙恤之
隆恩至優至渥臣等身任封疆急宜培復元氣稍慰
皇上保民若赤之
聖心而欲培復元氣惟有積貯糧銀之一法前經大
學士臣查郎阿臣元展成備查情形會摺恭奏
經大學士等議不准行臣等何敢再為冒瀆惟

是寧郡遭大災以後民人受傷已深地方凋瘵
已極我
皇上念切痌瘝臣等不難於請帑請粟以濟一時之
急需實難於培植招徠以復從前之殷富再四
熟籌開捐則遠近民人挾貲而來者雲集遠近
商賈載貨而來者雲集邊方之備貯得以充積
夷漢之貿易得以流通且大學士等亦議以時
有緩急事有經權今於災出非常之後行此培
養之方似無傷於政體實有益於民生至大學
士等以從前土方事例收過糧銀不多議開捐
為無益查前例捐款少而捐數貴如廣其途減
其數自必報捐接踵邊貯有備邊民有賴殊多
利濟臣等為邊要民生起見不得不再瀆
聖聰倘蒙
允行容臣等仿照從前籌畫邊方各例酌擬捐款捐
數另題外謹先會摺奏等因乾隆肆年叁月
拾玖日奉
硃批大學士等會同該部議奏欽此　臣等伏查
直省捐納事例乾隆元年正月內九卿欽奉
上諭定議一概停止只留捐監一條以為士子進身
之階其戶部應收捐納銀兩又據各省督撫陸
續題請移歸本省收納本色貯倉備賑在案嗣
於本年貳月內據大學士仍管川陝總督查郎
阿等以寧夏地動以後勞費叢繁料理匪易雖

多費帑金不若財貨之自至者爲有益於寧夏
兵民奏請照甘省土方之例稍增款項開捐經
臣鄂爾泰等查明寧夏被災兵民已蒙
恩旨動帑發穀加意賑恤并將被災州縣本年應徵
錢糧及一應舊欠悉行豁免我
皇上心殷保赤豈惜數百萬帑金以惠此兵民若徒
冒捐納之名終鮮利濟之實甚爲無取應將所
請開捐之處毋庸議等因具奏奉
旨依議欽此欽遵亦在案今又據川陝總督鄂彌達
等奏稱寧郡大災以後民人受傷地方凋憊臣
等不難請帑請粟以濟一時之急需實難於培
植招徠以復從前之殷富惟開捐則遠近民人

挾貲而來者雲集遠近商賈載貨而來者雲集
邊方之備貯得以充積夷漢之貿易得以流通
復請開捐一摺荷蒙
諭旨命臣等會同該部議奏欽此臣等公同確查寧
夏地動被災兵民首重撫綏其倒塌城垣等項
亦應次第建修是以前經戶部陸續題撥河南
省地丁銀肆拾萬兩部庫銀壹百萬兩解寧應
用又撥本省倉貯糧捌萬捌千石以備賑恤是
兵民口糧房價等項及應建應修一切工程已
蒙
皇上睿慮周詳仁恩愷惻動帑發粟漸次就理將來
即有應行增益之數原可

題請動撥何必藉捐項之些微以補目前之經費
而究無裨於地方之急務也且該督等現在奏
聞估修寧夏城垣大工並舉食指浩繁糧價勢必漸
增若又官生接踵車馬絡繹無業之徒轉相依
附食物等項自必更加昂貴兵民待哺糴買維
艱是欲殷富寧夏而轉多耗地方之米穀矣若
因倉貯虛懸務需捐納而甘省現開捐監之條
特奉
諭旨以地處邊陲准令外來商賈一體報捐再本省
各省紳衿富戶有情願捐貲赴寧賑卹及辦理
工程者前臣等議覆查郎阿摺奏請照樂善好
施例交部從優議敘分別録用亦經奉
旨准行所謂招徠之術充裕之謀已在
聖謨籌畫之中未便以災祲見告為權宜之計請開
捐納也至於被災之後培復元氣該督撫等果
能轉飭各該有司仰體
聖心加意撫循俾生聚教養有方則數年間自可復
見殷富應將鄂彌達等復請開捐之處毋庸議
仍照臣等原奉
諭旨遵行可也爲此謹
奏請
旨

乾隆肆年叁月貳拾陸日大學士三等伯臣張廷玉

大學士臣徐本

大學士臣趙國麟

協辦大學士事務臣三泰

議政大臣領侍衛內大臣吏部尚書協辦大學士事務協辦戶部管理戶部三庫事
御前大臣果毅公加一級臣訥親

經筵講官戶部尚書臣陳悳華

左侍郎管理三庫事務臣申珠渾

左侍郎加一級臣陳世倌

右侍郎加五級臣留保

右侍郎加三級紀錄八次臣王鈞

67. 甘肃布政使徐杞奏报宁夏大清及唐汉三渠修竣放水灌田情形折

乾隆四年四月初三日（1739 年 5 月 10 日）

（军机处录副奏折）

朱批：欣悦览之

67. Memorial to the throne, presented by Xu Qi, administration official of Gansu, reporting that the three channels of Qing, Tang and Han Dynasty were repaired and completed, and water in the channels has been used for irrigation

Apr. 3, the 4th year of Qianlong (May. 10, 1739)

(Duplicate of memorial to the throne kept in the Military Department)

Emperor's comment in red on the memorial: Read with pleasure.

奏

徐杞　三渠工程告竣

四月二十一日

甘肅布政使司布政使加二級臣徐杞謹

奏為三渠工程告竣萬姓均沾樂利事竊查寧

夏田地全賴

大清及唐漢三渠之水以資灌溉源遠流長用之不

竭惟渠之岸堤底口歲需修理每年百姓各按田

畝均派人夫柴草分段興修於清明春融時動

工官為督率定在立夏之前完工放水上年十一月

二十四日地震之時各渠之底口淤塞及裂縫高落差

并倒欹坼塌百十處修理之費數倍於每歲豈

黎不能辦前之自辦夫草歲我

皇上天恩優渥今年修渠工料俱動錢糧寧民

被災之後業蒙

聖恩多方撫恤又省覔夫工之累萬倍以工銀草價
有所得愈自踴躍臣不時往看目擊在工之人負
土肩草者莫不急趨恐後查
大清及唐漢大渠三道共計五百八十八里有奇支渠
二十六道共計九百三里有奇淤塞之處俱挑
挖疏通裂縫倒卸之處俱修築完固於三月二十
六日放水現在渠水暢流田野霑足東作共興
西成有望堪以上慰
皇上軫念民瘼之
聖心於萬一理合恭摺奏
聞伏乞
皇上聖鑒臣謹
奏
乾隆四年四月廿一日奏
硃批 欣悅覽之 欽此
乾隆四年四月初二日臣保祀

68. 甘肃布政使徐杞奏报查看宁夏震后修盖房屋及播种田亩情形折

乾隆四年四月初三日（1739 年 5 月 10 日）

（军机处录副奏折）

朱批：所奏俱悉

68. Memorial to the throne, presented by Xu Qi, administration official of Gansu, reporting his inspection on the rehabilition of destroyed houses after the quake in Ningxia and the sowing in the fields

Apr. 3, the 4th year of Qianlong (May. 10, 1739)

(Duplicate of memorial to the throne kept in the Military Department)

Emperor's comment in red on the memorial: All in the memorial is known.

奏

徐杞　寧夏現在情形

四月二十一日

甘肅布政使司布政使加二級臣徐杞謹

奏為奏

聞事竊查寧夏素來人烟稠密比户盈寧自去年

陡被震災城郭房屋服食器具倒塌損壞于

頃刻之間災黎莫不啼饑號寒日夕露處我

皇上如天之仁多方撫恤既廣給口糧復加賑五月既通

賞房價又大修三渠億萬蒼生俱得其所我

皇上猶憫念輸將不易新舊正雜錢糧悉行蠲免

且加倍借以籽種格外借以牛價耕作更覽豁如

臣查看在城及関廂俱陸續蓋造房屋作息如
常又查看近城各村堡之房屋亦陸續修盖麦地
已種播種稻田正在翻犁收成再得豐稔可期漸
有蓋藏所有現在情形理合繕摺具
奏恭慰
聖懷伏祈
皇上睿鑒臣謹
奏
乾隆四年四月廿一日奉
硃批 所奏俱悉矣欽此
乾隆四年四月初三日臣德沛

69. 吏科掌印给事中马宏琦奏请敕令各省奏报务须从实不得讳灾折

乾隆四年四月初四日（1739 年 5 月 11 日）

（奏折档）

朱批：此奏甚是，另有旨谕部

69. Memorial to the throne, presented by Ma Hongqi, official of the Official Division, asking to send an imperial edict to each Province instructing that, memorials on the Earthquake disaster must comply with the actual fact and not conceal the fact

Apr. 4, the 4th year of Qianlong (May. 11, 1739)

(Memorial to the throne kept in the file)

Emperor's comment in red on the memorial: The memorail is quite correct, I have sent also another edict for the Ministry.

奏

稽察天津等處漕務吏科掌印給事中臣馬宏琦謹

奏爲據事陳言仰祈

睿鑒事竊惟自古盛明之時初不以災祲爲諱而惟

以民隱不聞爲憂蓋災祲者氣數之適然懼而

修德轉可因禍而爲福民隱不聞則泄泄然上

與下相蒙而其患遂至于無所底聖王知其然

也是以廣咨博訪一有見聞動色相告凡使下

無不達之情上無不宣之德戒引嫌乃所以防

壅蔽也我

皇上明目達聰求寧軫瘼直省中偶有水旱蠲賑頻

施多方拯救此固中外所共知共見者即以寧

夏地震言之自將軍阿魯奏報到日

特遣大臣前往撫綏安插所費以鉅萬計今春又傾
發
諭旨告戒督撫令其預籌儲偹
聖恩優渥
睿慮周詳自受者感激難名即聞風者亦稱頌不置
此而傳之天下告之後世何嫌何疑寧有一人
異議者是又非不可共知共見之事也茲臣接
閱邸抄見都統弘昇密奏一摺據稱寧夏地震
該將軍有闔城官兵房屋盡皆坍塌之語于宵
小議論殊有關係
皇上加恩之處理應宣示地震之處自應簡略且云
若將水旱饑饉等事俱載入科抄遍傳十三省
于各省事務無益或有好事小人見寧夏地震
俱載入科抄揑造匪言煽惑愚民嗣後事件發
科時俱宜斟酌等語業經奉
旨俞允交與內閣存記臣愚以爲此奏此
旨內閣即宜密行封貯不當又抄發外省方是何也
外省州縣視督撫之意旨者也督撫視

皇上之意旨者也方今各州縣偶被災傷自道府以
至督撫層層核實原莫肯張大其詞大率十分
中言其七八耳然此實由
皇上勤求民隱不諱言災是以明白指陳無有避忌
若如該都統所奏明以阿魯奏報太直爲非而
謂宜從簡略又借詞于宵小之造言煽惑而謂
不宜宣示一似
朝廷果惡聞災而外省之報災必不可以冐昧者
此抄一發正如該都統所云不過二十日傳行
十三省觀瞻聞聽所係匪輕倘各該督撫不喻
皇上本無忌諱之心而但以奏報太直碍難宣示因
于水旱饑饉等事必刪減情形悉從簡略將以
重爲輕以多爲少甚且以有爲無而小民之疾
苦顛連無由自達矣夫至疾苦顛連無由自達
正不知斯時之造作謗議更當若何是自來宵
小訛言正從匿災始也若使有災必報有報必
實加以
皇上如天之仁施恩如恐不及沛澤至于再三小民

亦有天良方且感激稱頌之不暇而又何議論之有煽惑之有且夫弭災莫要于修德防口更甚于防川即如地震一事自古未嘗無要在君臣恐懼修省盡人事以挽之耳不此之務而惟人言是慮試思此等事件即不載科抄能禁彼地之人不言乎能禁往來彼地之人不傳乎外間既已言之既已傳之而乃欲斟酌于發科不發科之間固已迂矣抑又恐襲掩飾之虛文而竟忘脩省之實事也臣竊以國家政務有必應密者有無庸密者如事關軍機及查拏要犯皆不可不密以防洩漏至于地方偶有水旱偶被災祲乃人所共知共見者宮府之地尚恐其駭人聽聞而不輕宣示則外省奏報又安敢盡情披露而不稍留餘該部統不過欲避人言而不知由其說必至內外以災爲諱內外以災爲諱而其獘將有不可勝言者臣以民瘼所關風聲所係防微杜漸不敢避咎不言伏乞

皇上另頒諭旨曉示各省督撫諸臣令其凡有奏報務須從實不得因弘昇此奏稍存避諱以致民隱不聞則天下億萬蒼生幸甚臣無任惶悚戰慄之至謹

奏

此奏甚是另有旨諭部

乾隆四年四月初四日

70. 浙江道监察御史霍备奏参甘肃巡抚元展成等妄请宁夏开捐折

乾隆四年四月初四日（1739年5月11日）

（军机处录副奏折）

朱批：大学士、九卿议奏

70. Memorial to the throne, presented by Huo Bei, Super intendent official of Zhejiang, reporting that the request of Yuan Zhancheng et al., officials of GanSu, to levy a tax in Ningxia is absurd

Apr. 4, the 4th year of Qianlong (May. 11, 1739)

(Duplicate of memorial to the throne kept in the Military Department)

Emperor's comment in red on the memorial: Related ministers discuss the memorial and send a memorial to me.

奏

四月初四日

協理山西道事浙江道監察御史臣霍備謹

奏為

叅奏事竊惟利與害為隣而與義相反大抵以貪成性者

乃敢以利為言伏查從前各項捐例原屬一時權宜其初

不無出貲効力實心任事之員迨後富商大賈謬叨一命

之榮遂為將本圖利之計而無賴棍徒且有朋銀上庫夥做一

官者之為數其損益多寡之數未能富國而徒以病民故捐

納一途殊非選士之科亦並非理財之道我

皇上洞悉此中利弊

特降諭旨盡行停罷煌煌

天語炳若日星前管理川陝總督事務大學士臣查郎阿甘肅

巡撫臣元展成遽以寧夏地震妄請開捐業經議不准

行詎元展成復與新任督臣鄂彌達會摺密

奏聞者莫不駭然伏念

皇上轸恤灾民
隆恩叠沛，并许经费不敷即再请拨协，该督抚不知仰体
圣意，而坚执以为捐例当开，是贪小利而废宏谟，将使近功而
坏远害多。据云为北方复元之气，独不思为天下培根本乎。
且愚以为此特其饰说耳，非本心也。观其屡摺内意指
广其途，减其价，自必欲揽捐接续等语，显係希图执掌
其事，亦於中取利，可以借此市恩侵牟。
密告久行，即置廷议不问，将不惜以市井鄙俚之谈亵渎
天听。而
圣明远照，交部详查指驳，想已胆寒否结矣。但其事既不
可行，其心殊不堪问，其人已不足信，其罪必不容宽。鄂弥
达在广督任内声名狼藉，经外转御史臣陈高翔指
参有案。又闻接任督臣马尔泰发其私书，是其劣迹久已
败露，自不便仍寄以封疆重任。臣之愚诚，係负罪至屡
受
恩至重之人。丁忧少卿臣蒋炳曾於御史任内言其不可复
用，讵蒙

恩旨嘉獎，而旋將元展成擢為甘肅布政，伊果知感愧交并，即當
洗心滌慮，痛自改悔，乃任事後風聞其為文綺通饋
遺祝壽宴客，漫無檢束，今又與鄂彌達相朋比，藉言
利濟安濟，議給更換，作營私之舉。
恩寬已故大學士臣朱軾遺本深知言利之處，想其伏枕哀鳴
之際，早已見及於斯。仰請
皇上乾斷，將元展成與鄂彌達一併罷黜，以慰忠魂，以振士
氣，另選賢大臣前往料理，以副人望，以答
天和，庶吏治可清，而民生均賴矣。臣無任悚惶待
命之至，謹
奏。
乾隆四年四月初四日
硃批：大學士九卿議奏。

71. 谕大学士张廷玉等议宁夏地震赈灾并旨各督抚从速如实上报灾情记注

乾隆四年四月初七日（1739 年 5 月 14 日）

（台北故宫博物院·起居注册）

71. Imperial edict: Instruct Minister Zhang Tingyu et al. to discuss the relief for the Ningxia Earthquake and send an edict to related governors and ministers to report the situation of earthquake disaster quickly and strictly according to the facts

Apr.7, the 4th year of Qianlong (May.14, 1739)

(From the *Notes on the Daily Life of Emperors*, kept in Taibei Palace Museum)

初七日癸未
上由神武門出西直門詣
皇太后宮請
安幸圓明園駐蹕是日大學士張廷玉徐本奉
諭旨朕御極以來仰體
皇考誠求保赤視民如傷之至意廣咨博訪庶幾民
瘼得以上聞至於水旱災荒尤關百姓之身命
更屬朕心之所急欲聞知而速為經理補救者
是以數年中頻發諭旨不可勝數務令督撫藩
臬等飛章陳奏不許稽遲亦不許以重為輕絲
毫粉飾倘或隱匿不陳或言之不盡朕從他處
訪聞必將該督撫等加以嚴譴蓋年歲豐歉本
有不齊之數惟遇災而懼盡人事以挽之自然

感召

天和轉禍為福若稍存諱災之心上下相蒙其害有不可勝言者是以孜孜不怠惟恐民隱不能上達即天下想亦洞悉朕心矣乃昨冬寧夏地動災傷甚重朕聞奏即宣示於外特遣大臣馳驛前往會同該督撫將軍地方官等逐户賑濟安揷撫綏毋使一夫失所且不惜帑金數百萬兩以為招集流移繕完室廬之費此皆明降諭旨者彼時都統弘昇奏稱寧夏地動情形發抄時宜從簡畧恐有好事小人借端揑造煽惑愚民等語此奏識見甚屬褊小朕不以為然但其中有軍機要務恐似此傳播於外之語是以朕令內閣識之蓋謂國家政務原有應密之件如事

關軍機查拿要犯皆不可不密以防洩漏别生
事端至於旱潦饑饉災祲之類則斷斷不應密
者即數十年來亦從無删減情節發抄者乃内
閣誤將弘昇此奏播傳於外一似朕俞允彼言
者近日朕始聞之因思此奏傳播各省該督撫
等必致錯認以朕心諱言災傷始而觀望繼而
欺隱則黎元將何以得受國家賑恤之恩耶是
朕力行而猶恐未逮者將轉而為改絃易轍之
舉豈朕之初志耶夫民瘼所關乃國家第一要
務用是特頒諭旨通行宣示嗣後督撫等若有
匿災不報或删減分數不據實在情形者經朕
訪聞或被科道糾叅必嚴加議處不少寛貸該
部即遵諭行

72. 川陕总督鄂弥达奏报宁夏修筑渠工告竣折

乾隆四年四月十八日（1739 年 5 月 25 日）

（军机处录副奏折）

朱批：览

72. Memorial to the throne, presented by E Mida, Governor-General of Sichuan and Shaanxi, reporting that channels were repaired and completed in Ningxia

Apr. 18, the 4th year of Qianlong (May. 25, 1739)

(Duplicate of memorial to the throne kept in the Military Department)

Emperor's comment in red on the memorial: Read.

鄂彌達　渠工告

奏

五月初二日

川陝總督臣鄂彌達謹

奏為寧夏渠工告竣仰祈

聖懷事竊查寧夏

大清唐漢三渠引黃河之水灌溉數萬田地原為寧

民命脈延於上年十一月二十四日地震三道大

渠及各支渠多被損塌致渠水不能流通

灌溉無資先經大學士臣查郎阿等以急須

重修各工程浩大民力維艱

奏請動支帑銀修築蒙

聖恩允准令臣到寧夏後即照加查勘估計

各委員上緊修築各堘立夏放水之期今據報
各委員渠工俱已修竣毫無滲漏於三月二十六日
放水水流到地足資耕作且與往年立夏放水之
時無異寧民感歡欣鼓舞感戴
皇上天高地厚之恩賜帑興修故大工得速告成將
來永遠樂利除飭取工料確冊送部查核外理合
恭摺
奏報伏祈
皇上睿鑒謹
奏
乾隆四年五月初五日奉
硃批覽欽此
乾隆四年四月十八日

73. 谕大学士张廷玉等宁夏地震开捐霍备参元展成折注记

乾隆四年四月二十一日（1739 年 5 月 28 日）

（台北故宫博物院 · 起居注册）

73. Imperial edict: Instruct Minister Zhang Tingyu et al. to solicit contribution for the Ningxia Earthquake and report the case in which Huo Bei lodges an accusation against Yuan Zhancheng

Apr.21, the 4th year of Qianlong (May.28, 1739)

(From the *Notes on the Daily Life of Emperors*, kept in Taibei Palace Museum)

二十一日丁酉大學士張廷玉徐本奉諭旨新科進士着莊親王和親王平郡王張廷玉訥親尹繼善照上科例分別揀選具奏又大學士伯張廷玉等吏部尚書果毅公訥親等會議御史霍備參奏鄂彌達元展成一摺內所參寧夏開捐一款議以元展成與查郎阿鄂彌達兩次奏請俱因被災起見所參鄂彌達私書敗露一款議以現交接任廣督馬爾泰查審審明之日是非乃定所參元展成尚交結通餽遺祝壽宴客等款議以應令元展成明白回奏至所稱大學士朱軾遺本深切言利之處請將鄂彌達元展成罷斥以慰忠魂等語張廷玉等以該御史立言過當但係言

官應遵
旨免議訥親等以朱軾奏開營田例不謂之言利
何得以被災開捐獨為言利且既指為言利
何以獨叅續奏之鄂彌達而不叅原奏之查
郎阿若非挾私干譽即屬毫無確見應請交
部嚴加議處兩議請
旨奉
諭旨這所議二摺着交內閣暫行収貯霍備所叅
元展成尚交結通餽遺祝壽宴客等情着行文
元展成令伊明白回奏至於霍備所奏元展成
各款必有確見始行叅劾亦着伊逐欵聲明指
實具奏再馬爾泰查審鄂彌達私書一案尚未
奏覆俟伊等具奏到齊之日再降諭旨

74. 川陕总督鄂弥达奏报稽查宁夏震后工项所用帑项毫无虚糜折

乾隆四年五月十一日（1739年6月16日）

（奏折档）

朱批：是。知道了

74. Memorial to the throne, presented by E Mida, Governor-General of Sichuan and Shaanxi, reporting that in the verification of the fund used in the rehabilitation in Ningxia after the shock, no cook accounts and waste are found

May. 11, the 4th year of Qianlong (June. 16, 1739)

(Memorial to the throne kept in the file)

Emperor's comment in red on the memorial: Known. The memorial is right.

奏

川陝總督臣鄂彌達
甘肅巡撫臣元展成 謹

奏爲恭請

聖鑒事竊惟寧夏地震災傷荷蒙

皇上天恩加惠元元發帑賜粟旣優恤於格外復寓

以工代賑營建城垣等項

殊恩疊沛民情感戴歡騰先經臣等因寧夏未災之

先地方富庶諸物價賤故向日急工定例匠役

每工六分夫役每工五分迨被災後本地旣無

存留出產之貨而外來又不能如舊流通各工

夫役雲集食指浩繁物價騰貴仰體

皇仁以工代賑緊急重大原非尋常興作可比務從

寬裕方於災黎有益是以照別府急工之例

奏請每匠役日給七分夫役六分一切渠工城工
悉照數給發於本年四月初六日接准部咨以
原定之例不便多給等因轉行遵照去後茲據
辦理工程部郎佛寶柱等暨寧夏道阿炳安會
詳據該府縣等咸稱寧夏城垣衙署民舍均須
急爲修建大工並舉於一時辦料雖分其先後
地産既不能充外販勢多脚費日見價值有增
無減匠工口食維艱若仍照内部預定之價辦
理則時有不同誠恐商販因而裹足夫役不能
飽騰應仍照時價採辦并照別府急工例每匠
役日給七分夫役六分請再先事咨
奏以免報銷駁詰實因時勢使然非敢浮冒更有
難拘原案者寧夏所屬中衛縣城垣摇塌原議
只須修補今試驗城脚墻身盡被地震鬆裂日
漸剥落土牛已壞若止就舊城幇補萬難堅固
徒耗帑金無益必須重建方垂久遠又寧夏府
城舊基前因瓦礫堆積坑坎相間不能丈量惟
按志書所載周圍一十九里三分之數開報并
有四面各收進二十丈以便取土之請經部覆
議准在案迨今平除瓦礫坑坎清出城基將部
頒營造尺式周圍丈明共計二千八百餘丈約
以里數僅一十五里亦與原報十九里三分之
數相殊若仍以四面各収進二十丈建築則規
模狹隘不但邊塞難以壯觀抑且恐將來民稠
地窄惟有按其平坦相度地宜於東南西三面
各収進七丈其北首地本稍窪不用更収以防
積水似此収進無幾取土仍便既不改舊日之
形勢而市井亦依然各適此又開除平坦後與
未挖瓦礫以前丈勘之不同也現在妥確辦理
并請核
奏等情前來臣等伏查寧夏震災殘毀實甚幾同
創始原不易辦在工之部郎等身親其事見聞

確切所議皆因時因地制宜實難拘泥成案臣等現在實力督率稽察務期帑項毫無虛糜災民漸有起色一一妥協辦理除咨明工部外合再據實恭

奏伏祈

皇上睿鑒謹

奏

是知道了

乾隆肆年伍月　拾壹　日

75. 甘肃巡抚元展成奏报甘省得雨日期并四月下旬宁夏微震未造成损伤折

乾隆四年五月十七日（1739 年 6 月 22 日）

（奏折档）

朱批：览奏朕怀稍慰矣

75. Memorial to the throne, presented by Yuan Zhancheng, Minister of Gansu, reporting the date of raining in Gansu Province and that a tremor occurred again in Ningxia in the late of Apr., but no damage and injury were found

May 17, the 4th year of Qianlong (June 22, 1739)

(Memorial to the throne kept in the file)

Emperor's comment in red on the memorial: I am slightly consoled when reading the memorial.

奏

甘肅巡撫臣元展成謹

奏爲恭報得雨日期事查甘省缺雨之臯蘭金縣

靖遠平番及靈州之花馬池中衛之香山等處

前經

奏明今臯蘭於五月十三日申時起至十四日辰

時止四鄉得雨五六寸臣隨飛查蘭州屬之金

靖二縣據報同日亦得雨五六寸秋禾之已種

者即可長發未種者俱可播種至夏禾從前缺

雨之處幸而甘省節氣較遲麥苗出穗者尚少

此番得雨將來水田固可有收即旱地亦不過

稍減分數其涼州屬之平番及寧夏屬之花馬

池香山等處尚未報到又蘭州於十五日夜自

戌至寅復得甘雨先後霑足更覺深透再通省
各屬五月間據伏羌通渭華亭秦州崇信平涼
寧遠漳縣隴西清水等州縣俱報於初六七八
九等日得雨自四五寸至七八寸不等又據張
掖西寧永昌鎮原隆德靜寧等州縣於初六七
及十一二等日得雨一二三寸不等至十三四
等日得雨之處惟附近之狄道安定河州會寧
渭源等州縣俱已報有四五六七寸不等其餘
地方遼濶俟報到之日另行彙摺奏
聞再寧夏於四月二十六七兩日地復微動至二十
八日又動為時較久民間房舍俱無損傷合併
附
奏敬遵臣標把總龔焯捧齎伏祈
皇上睿鑒謹
奏

覽奏朕懷稍慰矣

乾隆四年五月十七日

76. 川陕总督鄂弥达奏报甘省得雨日期并宁夏复震房舍人口俱无损伤折

乾隆四年五月二十五日（1739 年 6 月 30 日）

（奏折档）

朱批：所奏俱悉。宁夏灾伤之余如何再禁得旱干之厄，所有赈恤之策，早为筹划方可

76. Memorial to the throne, presented by E Mida, Governor-General of Sichuan and Shaanxi, reporting raining days in Gansu Province and that an aftershock occurred in Ningxia, but no injury and damage to houses were found

May 25, the 4th year of Qianlong (June 30, 1739)

(Memorial to the throne kept in the file)

Emperor's comment in red on the memorial: All known. How can the Ningxia people suffer the drought after the Earthquake disaster. Planning for the relief should be done as soon as possible.

奏

川陝總督臣鄂彌達謹

奏爲據實奏

聞事竊查甘省地方遼濶今春雨澤未得普遍臣與

撫臣元展成預爲籌畫通飭各屬體察民隱隨

時相機料理青黄不接早爲開倉接濟迨臣自

寧夏會勘震災於本年四月初一日抵署後即

差人查勘凉州西寧一帶仍有乏食貧民又經

會商撫臣撥發銀糧借糶兼行並將附近應修

各城工乘時興修以工代賑急爲安頓臣隨查

得甘省八府三州自春至初夏除大半已得甘

霖外止有蘭州甘州凉州寧夏四府并直隸肅

州所屬雨澤未足幸而水田居多有渠水可資

灌溉內惟蘭州府屬之皋蘭金縣靖遠三州縣
涼州府屬之平番縣寧夏府屬之靈州花馬池
并中衛縣之香山此六州縣多係旱地望雨甚
殷先經臣奏
聞在案臣深切隱憂自後不時差查據報此缺雨之
六州縣內有皋蘭金縣靖遠三縣於五月十三
四五等日得雨各入土五六寸不等其平番縣
以前雖得微雨不足靈州中衛縣仍未得雨所
有各處無力貧民先已借給籽種口糧安頓訖
其餘春雨已足未足之各府州縣自五月初六
日起至十四數日之內各先後得雨入土五六
七八寸不等邊方節氣較遲有此時雨大約夏
禾收成水田可望豐登旱地亦不甚歉薄秋禾
已種者正滋發茂未種者俱得播種至甘涼寧
肅一帶雨澤不一有報得雨數寸者有報大雨
一陣及微雨片時者亦有未報得雨者因路遠
尚未查實臣又專差星往遂一確勘情形俟報
到另
奏外恐厪
聖懷先將甘省五月上半月得雨日期恭摺
奏報又查得寧夏府於四月二十六七八日地復
動有聲房屋人口俱未損傷以後隔一二日微
動尚不妨礙蓋因去冬大震之後地氣驟難通
暢之故寧夏亦雨澤愆期現欽蒙
皇賞按月散賑無悞民情尚皆安帖臣時刻兢業與
撫臣督率屬員敬謹修省預籌民事已經節次
飛飭該道府妥爲料理又選差臣標左營遊擊
張彪星馳前往寧夏查勘俟張彪回日再爲恭
奏合先一併奏
聞伏祈
聖鑒謹
奏

所奏俱悉寧夏災傷之餘如何再禁得旱
乾之厄所有賑恤之策早為籌畫方妥

乾隆肆年伍月　貳拾伍　日

77. 谕大学士张廷玉等宁夏缺雨地动切加修省记注

乾隆四年六月初四日（1739 年 7 月 9 日）

（台北故宫博物院 · 起居注册）

77. Imperial edict to iInstruct Minister Zhang Tingyu et al. to introspect themselves earnestly for the earthquake and drought disasters occurred in Ningxia

June 4, the 4th year of Qianlong (July.9, 1739)

(From the *Notes on the Daily Life of Emperors*, kept in Taibei Palace Museum)

初四日己卯大學士鄂爾泰張廷玉徐本奉
諭旨據川陝總督鄂彌達奏報甘省郡縣有雨澤
不敷之處而寧夏亦在缺雨之內朕思寧夏當
去年地動灾傷之餘又值今歲旱乾之厄吾民
何能堪此夙夜焦勞切加修省仰冀感召
天和該地方督撫有司更當恐懼警惕勤修人事以
消灾沴而撫恤安全之策尤當先事預籌方為
有備無患至於一方之中灾荒疊見
天心仁愛斷未有無端降罰者凡爾小民亦當思所
以致此之由或平日人心邪僻風俗澆漓或於
地動之後不知悔過省愆而轉有怨天尤人之
意有一於此皆足以上干
天怒垂象示儆該督撫等當以至誠之心勤勤懇懇
宣諭勸導俾羣黎百姓各矢天良努力向善以
為弭灾求福之本書曰作善降之百祥其理固
有斷然不爽者思之勉之

78. 宁夏将军阿鲁等奏报宁夏散赈事竣工程就绪及雨水禾苗情形折

乾隆四年七月初三日（1739 年 8 月 6 日）

（奏折档）

朱批：览奏朕怀稍慰矣

78. Memorial to the throne, presented by Alu et al., General of Ningxia, reporting that the relief in Ningxia is finished, and the construction is in order, and the conditions of weather (raining) and cultivation were also reported

July 3, the 4th year of Qianlong (Aug. 6, 1739)

(Memorial to the throne kept in the file)

Emperor's comment in red on the memorial: I am slightly consoled after reading the memorial.

奏

川陝總督臣鄂彌達
寧夏將軍臣阿魯
甘肅巡撫臣元展成 謹

奏爲恭報寧夏現在情形仰慰
聖懷事臣等查得寧夏府自去歲十一月二十四日
地震後雖仍有微動而地氣漸舒並無妨礙屢
蒙
皇上天恩不惜億萬帑金賑濟灾民臣等欽遵上緊
辦理去冬震塌之民房現今蓋起安居者已有
十之七八寧朔二縣已經蓋完倉厫共一百八
十三間積儲有備府城與滿城等處各城垣衙
署兵房俱現在次第興修六月內散賑完竣被
灾民人領賑俱懽忻鼓舞感激
皇仁再查寧夏春季稍覺亢旱五月內連得時雨及

所屬之花馬池等處俱大雨滂沱又有渠水足
用稻禾田苗茂盛即山僻荒野其已種者藉以
滋長未種者現在播穀秋收大屬可望米糧市
價較先日漸平減臣等仰體
聖主念切痌瘝時刻留心遍查不但前次之瘡痍嗟
嘆者久無見聞而且里巷田間頗有樂業安居
之象實在民情寧帖恐上廑
宸衷謹將寧夏散賑事竣與現在工程就緒民生得
所地雖間有徵動並不妨礙各情形會同據實
恭摺奏
聞伏祈
睿鑒謹
奏
覽奏朕懷藉慰矣
乾隆肆年柒月　　初叁　　日

79. 川陕总督鄂弥达奏覆宁夏复震并无损伤及新渠宝丰等地被水业经赈恤折

乾隆四年七月初三日（1739 年 8 月 6 日）

（奏折档）

朱批：所奏俱悉

79. Memorial to the throne, presented by E Mida, Governor-General of Sichuan and Shaanxi, reporting that an aftershock occurred in Ningxia but no damage and injury were found, and a flood occurred in Xinqu and Baofeng etc., and relief was offered to the victims

July 3, the 4th year of Qianlong (Aug.6, 1739)

(Memorial to the throne kept in the file)

Emperor's comment in red on the memorial: All in the memorial is known.

奏

川陝總督臣鄂彌達謹

奏爲遵

旨據實覆

奏事竊臣前將甘省五月上半月得雨日期及寧

夏府屬靈州中衛縣尚未得雨并隨時料理各

情形恭摺

奏報於本年六月十八日欽奉

硃批所奏俱悉寧夏災傷之餘如何再禁得旱乾之

厄所有賑恤之策早爲籌畫方可欽此臣跪讀

諭旨泣感

聖慈拊循寧民如保赤子無微不照仰蒙

皇上至誠感召

天和隨於臣摺
奏之後節據寧夏府屬之寧夏寧朔靈州香山平羅等州縣並花馬池各處文報於五月十六七二十四二十七八及六月初六十二三等日各先後得雨自入土三四寸至六七寸不等雨水已經霑足秋收大有可望糧價日漸平減民心懽忻寧帖各情形現經臣與將軍巡撫二臣會
摺恭
奏在案猶不止現在寧夏之民情感戴
皇仁即如新渠寶豐二縣原日招徠之戶口以及夏邑等處人民上年被災後有當時依附親戚投奔他鄉者嗣聞賑恤俱接踵仍回寧夏領賑經該道府逐一查明一體散給不致遺漏咸切鼓舞嵩呼尚有新渠寶豐二邑係上年震陷特甚已經裁汰之縣於本年五月二十三四等日因雨後水發黃河泛漲淹及地畝旋即消退而被水之民亦經臣與撫臣元展成飭令該道府等賑恤俱各得所又飭令在寧夏地方多貯倉糧以備不時之需雖現今雨澤調勻可無旱災散賑而預籌賑恤之策實為有備無患其先於四月二十六七八日地復動之有聲經臣
奏明差遊擊張彪星往查勘今據張彪回禀已經勘明實未坍塌房屋損傷人口民情安堵並無妨礙均可無庸上廑
宸衷也除臣等時刻敬謹修省并督率官民一體修省永消災沴外所有寧夏續得時雨不致旱乾情形合再據實覆
奏仰慰
聖懷伏祈
皇上睿鑒謹
奏

所奏俱悉

乾隆肆年柒月　初叁　日

80. 川陕总督鄂弥达奏报委员查勘宁夏新筑满城土牛工竣汉城等处次第修筑折

乾隆四年七月二十六日（1739 年 8 月 29 日）

（奏折档）

朱批：此见甚是，知道了

80. Memorial to the throne, presented by E Mida, Governor-General of Sichuan and Shaanxi, reporting that officials had been sent to inspect the newly built Manchu nationality city, earth piles on the embankment were completed, and the Han nationality city etc. will be built continuously

July 26, the 4th year of Qianlong (Aug.29, 1739)

(Memorial to the throne kept in the file)

Emperor's comment in red on the memorial: Known. The memorial is exactly right.

奏

川陝總督臣鄂彌達
甘肅巡撫臣元展成謹

奏為奏

聞事竊惟寧夏府自上年十一月二十四日地震之

後雖仍間有微動並不妨礙各情形業經臣等

據實

奏明并時刻留心探查茲又據寧夏道府稟稱六

月二十四日及二十九七月初一等日地復震

動有聲墻壁為之撼搖當即飛查城鄉軍民房

舍幸獲無恙等語是皆臣等奉職無狀之咎不

勝惶悚惟有仰遵

聖訓時加修省先事預籌并星委甘肅按察使包括

赴寧確勘一切情形及飭令寧夏道阿炳安體

察各勤懇宣諭百姓務矢天良努力向善以消
災沴永奠坤輿上慰
宸衷外惟是寧夏新築滿城土牛已據報於本年六
月十五日工竣其漢城以及平羅洪廣等處各
城堡土牛俱現在次第修築當此地氣尚未大
舒間有微動之際而已成之土牛安然無損則
工程實在堅固軍民可資環衛雖遇微動亦屬
無妨但若即令包磚誠恐土厚一時驟難乾燥
磚土不能交合再加以垛墻形高勢重萬一地
復震動難保無虞臣等輾轉思維莫若將滿漢
各城垛墻以及包磚之處請暫緩目前待至土
性乾透堅實地氣寧靜後次第包砌庶土牛之
乾燥經久愈堅而工程亦不致趕辦草率
國帑可無虛糜矣臣等因時冒昧
奏請是否有當伏祈
皇上睿鑒訓示遵行謹
奏

所見甚是知道了

乾隆肆年柒月 貳拾陸 日

81. 川陕总督鄂弥达奏请续拨银两以济宁夏工程折

乾隆四年七月二十六日（1739 年 8 月 29 日）

（军机处录副奏折）

朱批：该部速议具奏

81. Memorial to the throne, presented by E Mida, Governor-General of Sichuan and Shaanxi, asking a favour to allocate a fund for the construction in Ningxia

July 26, the 4th year of Qianlong (Aug.29, 1739)

(Duplicate of memorial to the throne kept in the Military Department)

Emperor's comment in red on the memorial: The ministry discusses the memorial quickly and report to me.

奏

鄂彌達等 請撥銀以濟急工 寧夏

七月二十六日

交

川陝總督臣鄂彌達
甘肅巡撫臣元展成 跪

奏為續請酌撥銀兩以濟急需事。據布政使詳
徐杞、總理工程署寧夏道印務阿炳
安、共理工程郎中佛保、程等移稱：寧郡
應修應建城工大小二十四處，衛所四營兵房將
及萬間，一切夫匠物料實在款多費繁，移請
撥解銀兩，卑司經司查議寧夏需費以
後通計賑恤工程陸續借支過藩庫銀一
百二十八萬兩，並發涼郡運寧脚價銀五
萬二千餘兩，除將支後奉到部撥銀一百四
十萬兩准還司庫借項外，已存銀六萬七千萬
餘兩，現在支發各處派撥赴寧夫匠安家路
費及莊浪砍伐木植運寧脚價等項之需，
而司庫俱係有款銀支之項，並無別項銀

兩可以通融接濟請旨具

奏再撥銀一百萬兩以濟急工等因前來臣等

伏查寧夏工程浩大需用殷繁惟藩庫

無項可支而工程難以緩待除一面飭令速

造估冊具題其現在藩急需撥於司庫通融

撥解外相應據寔陳

奏請再撥銀一百萬兩方於工程有濟并請

徑解寧夏總理工程處查收以免自蘭

至寧往回往返更為便捷此後尚有不

敷俟估冊完日再行續請如有盈餘統俟

工竣之日核實造報至請撥銀兩未到

之先在司庫借支之項上俟部撥銀兩到

日照數歸還原款事關工程急需據請

皇上睿鑒敕部施行謹

奏

乾隆四年七月二十六日奏

硃批該部速議具奏欽此

82. [大学士等] 奏闻宁夏震后地方宁静总兵田玉所请严防之处应毋庸议片

乾隆四年八月初九日（1739 年 9 月 11 日）

（《乾隆朝上谕档》第一册）

奉旨：依议

82. Memorial to throne, presented by [related officials], reporting that, owing to Ningxia area was stable after the shock, the memorial, presented by Tian Yu, Commander in Chief, reporting that the local site should be seriously protected, is no need to discuss (piece of memorial)

Aug.9, the 4th year of Qianlong (Sep. 11, 1739)

(*Archives of Emperor Qianlong's Edicts*)

Emperor's comment in red on the memorial: Act in accordance with the memorial.

臣等看總兵田玉一摺據稱寧夏賀蘭山橫城口
平羅等處為蒙古出入之所周圍盡屬平地今
遭此震撼之餘尤宜急為籌度伏祈
勅諭寧夏在事文武大臣擇沿途緊要城堡塘汛營
房務急首先修築軍裝器械上緊修備馬匹速
為買補缺額兵丁及時挑充並西北駐防大兵
各處要隘亦宜嚴加謹飭等語　查邊鎮要隘
各處塘汛兵丁及馬匹軍裝等項平時原應加
意修整防範方可有備無患上年地動之後寧
夏各邊口有將軍總兵道員等彈壓稽查撫綏
前往會同籌畫辦理俱經節次奏
聞在案至賀蘭橫城口外一帶駐牧之蒙古乃鄂爾
多斯等部落平時往來出入備工貿易無異內
地民人非因地動即應防範者況寧夏城堡工
程已據奏報漸次興舉地方寧靜將及一年西
北駐防兩路亦無有因地動可虞之處今若復
行申嚴防範修備等事致駭聽聞轉有未便田
玉未能深悉情形所奏應毋庸議
乾隆四年八月初九日奉
旨依議欽此

83. 川陕总督鄂弥达等奏报宁夏城工次第进行六月二十四日地震未造成伤亡折

乾隆四年八月二十五日（1739年9月27日）

（奏折档）

朱批：所奏俱悉

83. Memorial to the throne, presented by E Mida et al., Governor-General of Sichuan and Shaanxi, reporting that the rehabilitation in the city is carried out successively, and no injury and death were found in the Earthquake of June 24

Aug.25, the 4th year of Qianlong (Sep. 27, 1739)

(Memorial to the throne kept in the file)

Emperor's comment in red on the memorial: All in the memorial is known.

奏

川陝總督臣鄂彌達
甘肅巡撫臣元展成 謹

奏爲奏
聞事竊臣等委按察使包括前赴寧夏宣揚
上諭并查六月二十四日地震情形以及賑後民情
收成豐歉一切工程並奉裁新寶無籍可歸人
民有無失所等因去後茲據回稱被震之夏朔
平三縣地方查明夏收確有八分秋禾俱各暢
茂雨水霑足可望有秋隨於城市村堡喚集居
民宣揚
上諭詳晰開導令其各矢天良努力向善以爲弭災
求福之本令蒙
皇上念爾黎元焦勞備至先自修省以故感召

天和雨澤霑足豐收有望爾等務宜加意節儉以仰副
聖天子誠求保赤之盛心維時羣情感動無不叩首
歡呼願爲良善共沐
皇仁又查得府城六月二十四日地動仍自西北來
震撼有聲片時而定並未倒塌牆垣亦無傷損
人口民情照舊安堵自後過五七日間或微動
尚多人不知覺者再府城民房已經蓋起約十
之六即間有不能照舊蓋造者俱將舊木土磚
搭蓋平房暫爲棲止領有賑米可以餬口領有
賑銀可以小爲營運并現在以工代賑既無露
處之家亦無乏食之戶街衢鋪面照舊喧鬧此
皆仰蒙
皇上惠愛黎元不惜帑金巨萬加意培養故得瘡痍
頓起仍復安居樂業共戴
堯天其寧城先築土牛於八月間可以完工其滿城
土牛已經築起現在安砌四門至各州縣城垣
及各營堡共二十二處已完工者中衛之廣武
營堡靈州之臨河堡二處已動工者中衛縣城
平羅縣城靈州之橫城堡三處尚未興工者一
十七處因府城工程緊要故一時不能並舉其
府城鎮道府衙署已經造起前半住房羣房尚
未蓋完其滿城將軍衙署一所都統衙署二所
前後俱經蓋起所有協領佐領等官衙署正在
蓋造惟各兵營房尚未起造因木植採辦於莊
浪棹子山難以一時齊全故等候物料隨到隨
辦其餘一切工程或以磚瓦木植未齊或以工
匠不能分役故分別緩急次第興修再新修之
大清漢唐三渠驗得堤岸無缺渠水深通夏秋田禾
賴以灌溉唐渠之東有老埂一道計長九十餘
里爲夏朔平三縣保障早經修築完固故新寶
夏間被水而三縣得以無患至新寶無籍可歸
戶民既無舊業可復不得不依戀故土現在地
方官逐細編查尚有一千餘戶附近平羅者應
歸平羅管轄附近寧夏者應歸寧夏管轄於新
寶廢縣曠土之中擇其高阜猶可樹藝之地按
畝酌給姑緩陞科俾之有業可守再此等窮民

加賑以後目前現赴城工尚不至於乏食惟十

一十二正等月停工之時酌賑三個月口糧以

資餬口則無籍窮民久暫皆得有資庶不至於

失所矣等情臣等覆查無異所有寧夏一切情

形謹繕摺具

奏伏祈

皇上睿鑒謹

奏

所奏俱悉

乾隆四年八月二十五日

84. 甘肃布政使徐杞奏陈宁夏震后修渠建房放赈民情安堵情形折

乾隆四年十月初二日（1739 年 11 月 2 日）

（奏折档）

朱批：览奏朕怀稍慰

84. Memorial to the throne, presented by Xu Qi, Ministry of Gansu, reporting the process of construction of channels, houses and relief to the people in Ningxia after the shock, and that the people in the area is comfortable

Oct. 2, the 4th year of Qianlong (Nov.2, 1739)

(Memorial to the throne kept in the file)

Emperor's comment in red on the memorial: I am slightly relieved after reading the memorial.

奏
甘肅布政使司布政使加二級臣徐杞謹
奏為再陳寧夏安堵情形事竊寧夏於上年陡被
震災重蒙
聖主屢念既疊沛
恩膏全活生靈無算猶慮臣下辦理未協撫恤或遺
更屢頒
巽命俾無一夫不獲是以億萬災黎咸登衽席臣前
在寧夏之時業將安堵情形恭
奏在案嗣旋署後復不時委員往查寧屬夏禾收
成計有八分秋禾亦皆暢茂雨水霑足可望豐
收近來粮價比前稍減居民房屋已蓋起十之
七八間有未能照舊者俱將舊木土磚搭蓋平

房悉得安居賑米足資餬口賑銀可以營運做
工得價尤為有濟已無露處亦無饑餓商賈如
前絡繹街市依舊喧闐又查所修
大清及唐漢三渠各堤坪堅固無缺水勢俱深通平
穩唐渠之東有老埂一道計長九十餘里為平
羅之保障亦修築完固又查寧夏府城併滿城
已俱築起明歲可以包磚其餘州縣及各營堡
有已完工者有已動工者有因工程衆多不能
一時並舉尚未動工者又查將軍副都統及鎮
道府衙署亦俱建蓋其餘文武各衙署尚有未
建蓋者因木植採辦於莊浪之梟子山距寧路
遠難以一時齊全不得不等候物料次第興修
又查新寶兩縣户民除已歸原籍外其無籍可
歸無業可復者尚有一千三百餘户自上年冬
閏至今節次領有賑恤銀糧及房價器具銀兩
又在各工所力作得價俱不致乏食惟往後天

冷工停窮民未免艱於餬口經道府等詳請於
冬臘兩月及來年正月酌給三個月口粮其附
近平羅者應歸平羅附近寧夏者應歸寧夏俱
於新寶廢縣曠土之中擇其高阜猶可樹藝之
地按户酌給姑緩陞科以培民業臣敬體
皇上念切痌瘝加惠災黎之至意即詳督臣撫臣會
奏恭候
俞旨遵照辦理外所有寧屬一切安堵情形均堪上
慰
聖懷理合再據實具
奏伏乞
皇上聖鑒臣謹
奏
覽奏賑恤稍慰
乾隆四年十月　初二　日臣徐杞

85. 谕内阁宁夏震后经理地方渐有起色著将宁夏等三县额征粮草再宽免一年

乾隆四年十一月二十九日（1739 年 12 月 29 日）
（《乾隆朝上谕档》第一册）

85. Imperial edict to the Cabinet: To exempt the tax on grains and grass bundles again for one year in Ningxia and other two counties, owing to the area has recovered gradually after the quake

Nov.29, the 4th year of Qianlong (Dec.29, 1739)
(*Archives of Emperor Qianlong's Edicts*)

乾隆四年十一月二十九日内閣奉
上諭上年寧夏地震之後朕日夕憂思多方籌畫一年以來陸續經理地方漸有起色朕心稍慰嗣後加意休養方能培復元氣著將寧夏寧朔平羅三縣額徵銀糧草束再寬免一年以滋生息以裕蓋藏著該部即遵諭行欽此

該部察核具奏

題

五年二月廿五日

三月初四日

86. 川陕总督鄂弥达题请核销宝丰等处添设衙署兵房等工程工料并地震水灾工料损失本（原件系汉满文合璧）

乾隆五年二月二十五日（1740 年 3 月 22 日）

（台北·历史语言研究所·内阁大库档）

朱批：该部查核具奏

86. Memorial to the throne, presented by E Mida, Governor General of Sichuan and Shaanxi, to ask a favour to cancel the expense in the construction of additional official and military buildings in Baofeng etc. after verification, and the loss of construction materials in the earthquake and flood (in both Han and Manchu nationality language)

Feb.25, the 5th year of Qianlong (Mar.22, 1740)

(From the *Cabinet Archives*, kept in Institute of History and Philology, Academia Sinica, Taibei)

總督四川陝西等處地方軍務兼理糧餉兵部尚書兼都察院右副都御史軍功加一級紀錄七次臣鄂彌達謹

題為遵

旨商辦事據蘭州布政使司布政使徐杞詳掌太子少保大學士仍管川陝總督查郎阿案驗乾隆叁年陸月初肆日准工部咨營繕司案呈工科抄出本部等部題前事內開該臣等會議得川陝總督查郎阿疏稱平羅營改移寶豐一案部議寶豐柔遠貳營堡添設參將千總衙署兵房并石嘴子添築新堡兵房等項所需物料匠夫工價銀兩令確估造冊具題等因當即轉行去後嗣據蘭州布政使徐杞詳報共估銀肆千伍百貳拾伍兩肆錢陸分零但前項銀兩司庫無項可動查有收貯安西大灣修築城工下剩銀兩應請即於此項銀內照數動用作正報銷等情造冊呈齎前來臣覆核無異除冊送部外臣謹合詞具

題等因前來查寶豐柔遠石嘴子等處添設衙署
兵房等項據該督疏稱估需銀肆千伍百貳拾
伍兩肆錢陸分零請於收貯安西大灣修築城
工下剩銀內照數動用作正報銷等語應如該
督所題將前項估需工料銀兩在於司庫收貯
安西大灣修築城工下剩銀內照數動給仍令
該督俟工竣之日將用過工料銀兩照例備造
細冊題銷可也乾隆叁年肆月貳拾壹日題本
月貳拾叁日奉
旨依議欽此相應行文該督欽遵查照施行等因到
部院案行到司蒙此遵即飭令將寧夏寶豐縣
地方修蓋衙署兵房作速赴司請領銀兩及時
建蓋完竣照例造冊報銷及屢催去後嗣據寧
夏府知府臧珣申據寶豐縣知縣朱元裕詳稱
遵查卑職奉文建修叅將衙署兵房等項隨即

一面分頭採辦物料多雇工匠興工建造一面赴司請領銀兩共領獲銀肆千伍百貳拾伍兩肆錢陸分玖釐壹毫陸絲肆忽玖微其縣城内參將衙署壹所兵房肆百柒拾貳間俱經建蓋齊全共用過工料銀肆千貳百玖拾柒兩柒錢捌分柒釐伍毫貳絲肆微叁纖柒塵伍渺製辦工所應需器具共用過銀壹拾捌兩貳錢陸分肆釐又預備石嘴子新築市堡建蓋兵房及軍房稅房官廳耳房城樓并市口堡應建千總衙署兵房應需木植甎瓦内已辦就柱木陸百柒拾壹根椽木貳百叁拾柒根折條伍百肆拾玖根長枋叁百貳拾捌根厚枋壹百陸拾陸根通椽貳千壹拾陸根條甎叁萬塊筒瓦伍千片板瓦柒千片因乾隆叁年拾壹月貳拾肆日疊遭震水災傷黎民凍餒難堪搬取木植作火禦寒卑職當即多雇人夫將木植搬集公所除散失外見存柱木陸百肆拾叁根椽木貳百貳拾根

桁條伍百叁拾柒根長枋貳百柒拾柒根厚枋壹百肆拾陸根遍椽壹千玖百捌拾根俱係未動斧鑿業已詳明運交平羅縣收存取有收管在案其甎瓦除震後損毀外尚有堪用條甎壹萬柒千貳百塊筒瓦貳千壹百片板瓦叁千伍拾片見存窯場共計預辦木植甎瓦用過銀貳百柒拾兩陸錢壹分柒釐叁毫通共用過銀肆千伍百捌拾陸兩陸錢陸分捌釐捌毫貳絲肆微叁纖柒塵伍渺除領過司庫銀肆千伍百貳拾伍兩肆錢陸分玖釐壹毫陸絲肆忽玖微外不敷銀陸拾壹兩壹錢玖分玖釐陸毫伍絲伍忽伍微叁纖柒塵伍渺相應造具細數清冊出具印領詳請核轉等情到府轉詳到司據此該布政使徐杞查得平羅營改移寶豐一案前奉部議寶豐柔遠貳營堡添設叅將千總衙署兵房并石嘴子添築新堡兵房等項所需物料匠

夫工價銀兩業已估需銀肆千伍百貳拾伍兩
肆錢陸分玖釐壹毫陸絲肆忽玖微蒙准部示
准其動項興修工竣將用過工料銀兩照例備
造清冊
題
銷等因在案前據寶豐縣請領銀兩前來本司
已在於前請明款内照數給發收領飭令速爲
趕造完竣造冊報銷去後今據該縣將縣城内
建修完竣之叅將衙署以及兵房需用過各項
工料銀肆千貳百玖拾柒兩柒錢捌分柒釐伍
毫貳絲肆微叁纖柒塵伍渺製備工所需用器
具銀壹拾捌兩貳錢陸分肆釐至未建之兵房
千總衙署并石嘴子新築市堡軍房鋪房等項
辦就數瓦木植用過銀貳百柒拾兩陸錢壹分
柒釐叁毫以上叁項共用過銀肆千伍百捌拾
陸兩陸錢陸分捌釐捌毫貳絲肆微叁纖柒塵
伍渺應請在於詳明原動收貯安西大灣修築

城工下剩銀內開銷尚不敷銀陸拾壹兩壹錢
玖分玖釐陸毫伍絲伍忽伍微叁纖柒塵伍渺
亦應俟大部允銷之日在於原請款內照數找
支至早已辦就未竣之衙署兵房存貯木植甎
瓦因乾隆叁年拾壹月貳拾肆日臺灣遭震水災
陽黎民凍餒難堪擬取木植作火禦寒除散失
外見存柱木陸百肆拾叁根椽木貳百貳拾根
桁條伍百叁拾柒根通椽壹千玖百捌拾根長
枋貳百柒拾柒根厚枋壹百肆拾陸根該縣已
經運交平羅縣照數查收取有收管其甎瓦除
震後損壞外尚堪應用條甎壹萬柒千貳百塊
筒瓦貳千壹百片板瓦叁千伍拾片見存窯場
應令該縣加謹收貯俟有修造動用之處呈請
應用所有該縣建修衙署兵房及未竣之工程
存剩木植甎瓦用過各項工料銀兩逐一分晰
造冊請銷前來本司覆核無異相應轉齎合俟

核
題等情到臣據此該臣看得寶豐柔遠井石嘴子
添設衙署兵房等項所需物料匠夫工價銀兩
經前督臣查郎阿
題請在司庫收貯安西大灣修築城工下剩銀內
動給工竣造冊報銷等因准部覆奉
旨依議欽此轉行欽遵在案茲據蘭州布政使徐杞
詳稱寶豐縣柔將衙署兵房工已完竣用過各
項工料銀肆千貳百玖拾柒兩柒錢捌分零製
備工所需用器具銀壹拾捌兩貳錢陸分零至
石嘴子新築市堡建蓋兵房及軍房稅房官廳
耳房城樓并市口應建十總衙署兵房尚未興
工已辦就甎瓦木植用過銀貳百柒拾兩陸錢
壹分零以上叁項共用過銀肆千伍百捌拾陸
兩陸錢陸分零應請在於詳明原動收貯安西
大灣修築城工下剩銀內開銷尚不敷銀陸拾

壹両壹錢玖分零應俟大部允銷之日在於原
請款内找發至辦就未竣之衙署兵房存貯木
植甎瓦因乾隆叁年拾壹月貳拾肆日疊遭震
水災傷黎民凍餒難堪搬取木植作火禦寒除
散失外見存柱木陸百肆拾叁根樑木貳百貳
拾根桁條伍百叁拾柒根通共壹千玖百捌拾
根長枋貳百柒拾柒根厚枋壹百肆拾陸根該
縣已經運交平羅縣照數查收其甎瓦除地震
損壞外尚堪應用條甎壹萬柒千貳百塊筒瓦
貳千壹百片板瓦叁千伍拾片見存窯場收貯
俟有修造動用之處呈請應用等情分晰造冊
請銷前來臣覆核無異除冊送部外謹會同蘭
州撫臣元展成合詞具
題伏祈
皇上睿鑒勅部核覆施行為此具本謹題請
旨

87. 谕内阁著将乾隆五年宁夏供支满兵粮米加银发放

乾隆四年十一月二十九日 (1739 年 12 月 29 日)

(《乾隆朝上谕档》第一册)

87. Imperial edict to the Cabinet: To allocate a fund in addition of grains to the soldiers of Manchu nationality in Ningxia in the 5th year of Qianlong

Nov.29, the 4th year of Qianlong (Dec. 29, 1739)

(*Archives of Emperor Qianlong's Edicts*)

乾隆四年十一月二十九日内閣奉

上諭寧夏供支滿兵糧草向係每年採買散給共計白米一千五百餘石粟米七千餘石草一十三萬餘束其所定部價白米粟米每石價銀一兩草一束價銀一分今聞該地方自上年被災之後新寶二縣田地被水淹浸不能耕種已少產米糧數十萬石目下糧草之價日覺昂貴所定官價不敷採辦勢必貽累小民著将乾隆五年應支滿兵糧草白米每石加銀一兩粟米每石加銀五錢每草一束加銀一分如此則價值增添官民易於辦理但係格外之恩後不為例該部可即行文該督撫知之

欽此

88. 甘肃布政使徐杞奏报宁属新宝招徕民户开垦并酌借牛具籽种情形折

乾隆五年四月二十四日（1740 年 5 月 19 日）

（军机处录副奏折）

朱批：是。劝课招徕正尔旬宣之职也

88. Memorial to the throne, presented by Xu Qi, Minister of Gansu, reporting that the government in Xinbao, belonging to Ningxia, recruits for reclaimation and deliberates to lend cows, seeds and tools to the employees

Apr. 24, the 5th year of Qianlong (May 19, 1740)

(Duplicate of memorial to the throne kept in the Military Department)

Emperor's comment in red on the memorial: Right. Recruit for reclai mation is just your responsibility.

奏

甘肅布政使司布政使加二級臣徐杞謹

奏為恭請

聖鑒事竊查寧夏府屬之新寶舊治向資惠農渠水灌溉田畝於地震之後邑裁渠廢田地淹塌民人散處蒙

皇上天恩復修惠農渠道莫不歡欣鼓舞舊存戶口已悉令歸農流移戶口亦徧諭招徠查舊存及新來者現今已有五六千戶今水利具興農功易舉惟是舊存及新來各戶俱因災後失業若徒為招墾不籌其力作之資何以仰副

聖主矜恤窮黎有加無已之至意臣與撫臣悉心斟酌須借以牛具籽種賞給口糧方得永安生業

伏查寧屬災戶曾借給牛具銀兩惟新寶舊存
及新來民戶前因無地可耕未借牛具今復報
墾似應照夏朔平三縣之例每戶借牛具銀八
兩統於府庫賑恤下剩銀內動支併按所撥之
地借以籽種於平羅縣倉貯動支所借牛具銀
兩勻作八年徵收所借籽種粮石勻作三年徵
收則現在耕作有資而陸續歸還又為民力所
易辦至口粮一項尤所急需除上年被水之一
千餘戶前經撫臣奏蒙
聖恩賑給三個月口粮無庸重給外此新招之民每
戶賞給口粮五斗則災後窮黎俱得飽餐力作
永戴

天恩於無旣矣因事關動用錢粮照例詳撫臣覆核

轉

奏外所有新寶招徠報墾情形及應酌量顧濟緣

由理合繕摺奏

聞伏祈

皇上睿鑒臣謹

奏

是勸課農桑正爾旬宣之職也

乾隆五年四月　二十四　日臣徐杞

89. 川陕总督尹继善奏报宁夏复震委员前往查勘折

乾隆五年五月二十六日（1740 年 6 月 19 日）
（奏折档）
朱批：所奏俱悉

89. Memorial to the throne, presented by Yin Jishan, Governor-General of Sichuan and Shaanxi, reporting that aftershocks occurred in Ningxia and officials were sent for investigation

May 26, the 5th year of Qianlong (Jun. 19, 1740)
(Memorial to the throne kept in the file)
Emperor's comment in red on the memorial: All known.

奏
川陝總督臣尹繼善謹
奏為奏
聞事臣查交代案内有原任督臣鄂彌達接收寧夏
道阿炳安稟帖一件據稱四月十四十五等日
寧夏地方微動二十七二十八等日又復搖動
其勢較重隨查滿漢城垣俱屬堅整惟滿城内
衙署兵房墻垣柱脚稍有裂縫歪陷漢城民房
亦有裂縫歪陷之處俱係卑矮房屋上蓋又無
瓦片俱未坍塌人民亦俱無恙等情前督臣鄂
彌達未及行查臣於到任之日即飛飭寧夏道
府督率委員將所稟墻垣裂縫歪陷等處作速
脩補完整并查明此外有無傷損據實呈報在

案又據寧夏都司任舉申報五月初十日卯時復又地動與前相同等情查寧夏地方從前殘破元氣未復各項工程現在脩理又經此番搖動雖據報人民俱無損傷房舍俱無坍塌已築城垣堅整如故但地氣尚未寧帖人情未免驚惶臣甫經抵任誠恐該道等稟報情形尚未詳晰或彼處工程有未堅固並一切事宜或有另須籌酌之處除現在委員前往查勘明確另行酌辦外合先具摺奏

聞謹

奏

所奏俱悉

乾隆伍年伍月　貳拾陸　日

90. 甘肃布政使徐杞奏报七月宁夏兰州等处连续地震未造成房屋人畜损伤折

乾隆五年八月初六日（1740年9月26日）

（奏折档）

朱批：知道了

90. Memorial to the throne, presented by Xu Qi, Minister of Gansu, reporting that Earthquake occurred successively in Ningxia and Lanzhou etc. in July, but no damage to resident houses, injury of people and domestic animals occurred

Aug.6, the 5th year of Qianlong (Sept.26, 1740)

(Memorial to the throne kept in the file)

Emperor's comment in red on the memorial: Known.

奏

甘肅布政使司布政使加二級臣徐杞謹

奏為奏

聞事竊查寧夏自前歲地震凋残之後元氣未能驟

復疊蒙

皇上天恩優渥多方培養現今該地之大槩情形已

漸次整理惟地氣將及兩載尚未寧静或一月

數次或間月一次不等俱屬甚輕其中惟今年

四月二十七八兩日之内連動三次滿城内新

建衙署兵房已豎架而未蓋成者間有歪斜裂

縫之處旋即修整業經督臣撫臣具

奏在案嗣後不時微動較前更輕屢經細查廬舍

人民俱無傷損七月二十三日戌時蘭城微動

是夜蘭州府屬之河州狄道州平凉府屬之静寧州地方亦俱微動二十九日未時蘭城及静寧州又微動一次臣節經細查各城鄉房屋人畜俱無傷損恐壓

聖懷理合據實奏

聞伏乞

皇上睿鑒臣謹

奏

知道了

乾隆五年八月　初六　日臣徐杞

91. 甘肃巡抚元展成奏报委员前往宁夏宣谕灾民感励情形折

乾隆五年八月初六日（1740年9月26日）

（军机处录副奏折）

朱批：知道了

91. Memorial to the throne, presented by Yuan Zhancheng, Minister of Gansu, reporting that officials were sent to Ningxia to announce the imperial edict and the people were greatly gratified

Aug. 6, the 5th year of Qianlong (Sept. 26, 1740)

(Duplicate of memorial to the throne kept in the Military Department)

Emperor's comment in red on the memorial: Known.

奏

甘肅巡撫臣元展成謹

奏爲欽奉

上諭事乾隆五年閏六月十二日准吏部咨開内閣

奉

上諭據川陝總督尹繼善奏稱寧夏地方於四月間

屢次微動城垣房屋偶有裂縫歪斜幸未倒壞人

口無恙等語前歲地動爲災民被傷甚重朕心軫

念多方籌畫經理期登斯民於衽席迨今將及兩

載元氣未復而動搖之象仍未止息人情未免驚

惶朕心深切憂慮因思

上天仁愛下民降災示儆自非無因該地方民人果能

敬凜

天戒俾其安居樂業者今動象久而未寧或係彼地之
人因被災之後愁困怨懟不知戴
上天垂象示儆之愚而但以流移播遷爲苦咨嗟憤歎
乖氣致異難以感召
天和亦未可定著該督撫將朕此旨即行傳諭俾各自
猛省誠心悛改以爲轉禍爲福之本思之勉之欽
此欽遵到臣臣隨飭刊布曉示並委平慶道李
方勉前往寧夏會同地方官敬宣
聖諭茲據詳稱寧民仰荷
皇上天恩稠疊又復屢降
温綸至誠開導凡傳宣所到之處白首黃童塡衢塞
巷莫不感激涕零一時叩首騰懽齊呼
萬歲隨據紳衿耆庶解震泰等呈稱
天心儆戒庸愚未免怨咨

聖訓提撕仁愛可無修省念寧民孽由自作罪未全
消而荷教養之
洪慈備生成之
大德發累百萬之
帑金積粟兼賑銀糧寬兩載餘之舊賦新租重登
衽席而且農桑是急修渠道以養命源器宇咸
資赴工程以周貧困圖已安全再造能無悔悟
自新重蒙
天語之諄諄誨彌不倦愈感
仁心之浩浩教益無疆震恭等倍切洗心時深銘骨
從此室家無恙
帝德即是
天恩於今耕鑿相安召和還須省過敢不滌除舊染仰
酬

高厚之仁相期激發天良永享昇平之福顲請代謝
天恩等因前來臣惟有與地方官民時時敬繹
綸言共相儆惕以期仰召
天和所有寧民感勵情形理合奏
聞伏祈
皇上睿鑒謹
奏
知道了
乾隆五年八月初六日

92. 谕大学士张廷玉等宁夏地动水旱被灾格外加恩全免银两草束记注

乾隆五年十月十七日（1740 年 12 月 5 日）
（台北故宫博物院 · 起居注册）

92. Imperial edict to Minister Zhang Tingyu et al.: To exempt all taxations and grass bundles in the area in Ningxia, suffered in the earthquake, drought and flood, bestowing an additional grace

Oct.17, the 5th year of Qianlong (Dec.5, 1740)
(From the *Notes on the Daily Life of Emperors*, kept in Taibei Palace Museum)

十七日甲寅
上詣
皇太后宮請
安是日大學士鄂爾泰張廷玉徐本奉
諭旨從前寧夏等處地動爲災民人困苦朕百計
籌畫加意撫綏始不至於失所惟是瘡痍甫起
戶鮮蓋藏本年平羅地方又有被水被旱之處
若照分數成例蠲免錢糧恐民力仍不免於拮
据著格外加恩將辛酉年銀糧草束槩予全免
至未被災之村莊及夏朔二縣從前被災較重
雖兩年以來均屬有收而工役繁興人夫雲集
米糧物價猝難平減亦應酌量加恩與民休息
著將夏朔二縣及平羅未被災村莊辛酉年額
徵銀糧草束寬免一半戶部可即行文該督撫
遵旨辦理

93. 川陕总督尹继善奏报十月十三日宁夏复震城垣民房皆无损伤折

乾隆五年十一月初五日（1740 年 12 月 23 日）

（奏折档）

朱批：知道了

93. Memorial to the throne, presented by Yin Jishan, Governor-General of Sichuan and Shaanxi, reporting that an aftershock occurred again in Ningxia in Oct. 13, with no damage to the city wall and people's houses

Nov. 5, the 5th year of Qianlong (Dec. 23, 1740)

(Memorial to the throne kept in the file)

Emperor's comment in red on the memorial: Known.

奏

川陕總督臣尹繼善謹

奏為奏

聞事臣於十月二十六日回至甘州府屬張掖縣地方途次接據寧夏道阿炳安稟稱十月十三日戌刻寧郡復經地動雖搖撼有聲勢尚紓緩人民俱各安全房屋衙署亦無倒塌新築磚土城垣均各堅固並無傷損等情前來據此查寧郡自從前地震之後屢有微動隨時寧息今據報復經微動廬舍城垣悉皆安穩理合奏

聞謹

奏

知道了

乾隆伍年拾壹月初伍日

94. 寿春镇总兵吴进义奏报自备工价遣人赴京印刷经史诸书交宁夏学宫折

乾隆五年十一月初十日（1740 年 12 月 28 日）

（奏折档）

朱批：此固佳举，但非汝武臣之本务耳

94. Memorial to the throne, presented by Wu Jinyi, Commander in Chief of Shouchun Town, reporting that an official was sent to the Capital to publish the traditional categories of Chinese writings paid by himself, for the Ningxia institution of learning

Nov.10, the 5th year of Qianlong (Dec. 28, 1740)

(Memorial to the throne kept in the file)

Emperor's comment in red on the memorial: Although the work is good for you, yet it is not your own mission as an army official.

江南江北壽春總兵官臣吳進義謹

奏

奏為奏明事竊臣籍隸寧夏地屬邊陲于乾隆叁年冬

偶因地震荷蒙

皇上天恩疊賜蠲租多方賑恤至周至渥俾數百萬蒼生

皆得安全不致失所迄今老幼感戴

聖德頂祝無涯今寧夏郡城重建

文廟聞已告成所有從前存貯學宮書籍俱經燬壞伏

查乾隆叁年拾壹月内臣准安慶撫臣咨准禮部咨

開奉

上諭從前奉

世宗憲皇帝諭旨將

聖祖仁皇帝御刻經史諸書頒發各省布政司敬謹刊刻准

人印刷並聽坊間刷賣原欲士子人人誦習以廣教澤

也近聞書板收貯藩庫士子及坊間刷印者甚少著各

撫藩留心辦理將書板重加修整俾士民等易于刷印
有願翻刻者聽其自便毋庸禁止如
御纂諸書內有為士人所宜誦習而未經頒發者著該督撫
奏請頒發刊板流布至武英殿翰林院國子監皆有存
貯書板亦應聽人刷印並從前內務府所藏各書如滿
漢官員有願購覓誦覽者概准刷印其如何辦理之處
著禮部會同各該處定議請旨曉諭遵行欽此欽遵粘
抄各種書籍名目核定紙墨工價數目轉咨到臣仰
見我
皇上崇經致治文教廣敷之至意今臣遵照自備紙墨工

價敬遣家人赴京在各衙門呈請將漢字各書逐部
刷印另備脚費運至寧夏學宮存貯俾邊方士子咸
得恭展誦讀仰瞻
聖朝稽古右文之盛臣謹繕摺奏
聞伏乞
皇上睿鑒謹奏

此固佳事但非汝武臣之本務耳

乾隆伍年拾壹月 初拾 日

95. 寿春镇总兵吴进义奏谢宽免宁夏等地震区额征银粮草束折

乾隆五年十一月初十日（1740 年 12 月 28 日）

（奏折档）

朱批：览

95. Memorial to the throne, presented by Wu Jinyi, Commander in Chief of Shouchun Town, thanking his Majesty for the exemption of taxes on grains and grass bundles in the stricken area belonging to Ningxia

Nov.10, the 5th year of Qianlong (Dec. 28, 1740)

(Duplicate of memorial to the throne kept in the Military Department)

Emperor's comment in red on the memorial: Read.

奏

江南江北壽春總兵官臣吳進義謹

奏爲恭謝

天恩事乾隆伍年拾壹月內接閱邸抄欽奉

上諭從前寧夏等處地動爲災民人困苦朕百計籌畫加

意撫綏始不至于失所惟是瘡痍甫起户鮮盖藏本年

平羅地方又有被水被旱之處若照分數成例蠲免錢

糧恐民力仍不免于拮据著格外加恩將銀糧草束概
予全免至未被災之村庄及夏朔二縣從前被災較重
雖兩年以來均屬有收而工役繁興人夫雲集米糧物
價猝難平減亦應酌量加恩與民休息著將夏朔二縣
及平羅未被災村庄辛酉年額徵銀糧草束寬免一半
戶部可即行文該督撫遵旨辦理欽此伏念臣籍隸寧
夏地處邊陲前冬偶爾地震荷蒙
皇上廑懷軫念即遣部臣星馳前往逐戶賑濟撫恤備至
俾億萬蒼生不致失所迄今人安衽席戶慶生全而
兩年以來疊荷
恩蠲有加無已茲平羅地方水旱偏災之處復蒙

恩施格外將惟正之供概予全免更沐
聖慈普徧猶慮平羅本被災之村庄及夏朔二縣雖屬有收之地人夫雲集米糧物價猝難平減
特沛温綸與民休息將辛酉年額徵銀糧草束寬免一半邊民何幸頻邀
厚澤深仁臣鄉白叟黄童山陬僻壤莫不歡呼頂戴共祝
聖壽于無疆矣臣情懇桑梓感激難名謹繕摺叩謝
天恩伏乞
皇上睿鑒謹奏

覽

乾隆伍年拾壹月初拾日

96. 川陕总督尹继善题报宁夏镇属因地震损伤重造军装器械奏请动支银两数目本（原件系汉满文合璧）

乾隆五年十二月二十九日（1741 年 2 月 14 日）

（台北·历史语言研究所·内阁大库档）

朱批：该部议奏

著照所请行，该部知道

96. Memorial to the throne, presented by Yin Jishan, Governor General of Sichuan and Shaanxi, asking a favour to pay for the additional military uniforms and arms, lost in the earthquake in Ningxia (in both Han and Manchu nationality language)

Dec.29, the 5th year of Qianlong (Feb. 14, 1741)

(From the *Cabinet Archives*, kept in Institute of History and Philology, Academia Sinica, Taibei)

Emperors comment in red: Act as the report in the memorial. The Ministry Knows.

正月二十日

太子少保兵部尚書兼都察院右都御史總督川陝等處地方軍務兼理糧餉加二級紀錄三十次臣尹繼善謹

題為查驗滿漢軍裝器械等項應請補造以利營伍事據蘭州布政使司布政使徐杞詳蒙太子少保大學士仍管川陝總督查部院案驗乾隆肆年貳月貳拾壹日准工部咨虞衡司案呈乾隆肆年正月貳拾壹日內閣抄出兵部右侍郎班第等奏稱竊查寧夏滿城漢城以及各營堡陡遭地震房屋倒壞所有各營砲位鳥鎗盔甲弓箭撒袋刀矛籐牌旗幟鞍屉帳房鑼鍋等項并預備之火藥鉛丸戰兵預備之口糧衣帽等物或被火焚或被水泡或被沙壓或被房屋打壞其有當時救出亦有隨後刨挖而得者多為殘毀不堪應用統計滿城損傷廢失者拾之貳叁綠營火焚更甚所存無幾伏念軍裝器械均關營中緊要之需今因災出非常陡然驟至彼

時官兵或身被災壓或父母妻子均受災傷不
能相顧所有前項軍裝器械瞬息之間即被損
壞委非人力所能救護臣等查驗確實似應仰
懇
聖恩准其動支正項錢糧照數補造以備營伍操演
行查之用儻蒙
俞允應令各該營備造應修應製各項數目清冊另
行送部請領銀兩及時補足工竣之日核實請
銷所有查驗應補軍裝器械緣由謹會摺恭
奏伏祈
皇上聖鑒
訓示遵行爲此謹
奏請
旨乾隆肆年正月拾捌日奉
硃批著照所請行該部知道欽此欽遵抄出前來相
應行文陝西總督轉行各該處一體遵照原
奏辦理并知會戶兵貳部可也爲此合咨前去查

照施行等因又准兵部咨同前事等因俱案行到司蒙此又於乾隆肆年捌月貳拾貳日蒙原任總督川陝鄂部院憲牌爲飛撤飭催事乾隆肆年捌月拾叁日據寧夏鎮呈齎鎮屬製造被震打壞燒燬一切單裝并運送物料脚價等項印領到本部堂據此除印領掛發外合行飭支爲此仰司官吏查照來牌事理即照依領內數目撥數支給先爲辦理仍將該鎮咨送該司估計各用有無浮冒舛錯卽刻查核清楚同動銀月日一併通報計發印領叁張內壹領應全製應補修牌刀小鳥鎗攢布喇鳥鎗鐺子挑刀虎衣虎帽皮襖各物工價等項共銀陸千壹百貳拾陸兩陸錢陸分肆釐柒毫又應領製一切器械所需紬緞梭布各物料并鉛斤纓毛等項脚價共銀壹千壹百貳拾柒兩捌錢肆分肆釐玖毫玖絲柒忽伍微又領應製一切器械所需紬

織梭布鐵斤各物料工價共銀肆萬貳百叁拾
貳兩叁錢玖分肆絲柒忽伍微以上叁共銀肆
萬柒千肆百捌拾陸兩捌錢玖分玖釐柒毫肆
絲伍忽印領到司蒙此本司遵即各照領内銀
數發給該鎮差弁領回早為辦理并催令將需
用工料銀兩照例造具估冊移司呈請送部及
屢催去後今准寧夏鎮咨據總理製造軍器標
下中軍遊擊張晟署城守營都司任舉等呈稱
嘗此卑職遵查前准據寧夏鎮標肆營并城守
平羅洪廣玉泉所屬平羌堡衆遊都守朱濂揚
士超任舉戴俠劉鉞等并據監管各局及製買
各物料右營遊擊李彪署後營遊擊戴俠守備
劉鉞千總李京侯補守備陳琦王學等各移呈
稱遵將被災各營損壞一切軍裝器械分晰應
全製應補修需用工料等項照依見行製辦時

值價銀逐件確估一額兵應全製應修補旗幟鍋帳盔甲號衣號帽鎗砲弓箭撒袋腰刀馬鞍并備貯鉛藥等項照依工料時值共估計銀伍萬壹千叁拾叁兩柒錢陸分柒釐玖毫捌絲捌忽陸微玖纖一備戰兵丁應全製應修補牌刀小鳥鎗及鉛丸彙子虎衣青衣攢布喇鳥鎗鉛丸鐺子挑刀氈衣羊皮帽羊皮皮襖羊皮馬褂山羊皮褡護皮袴皮襪白布單夾套袴燰鞋毛布裹腿布口袋靿鞋馬絆銅罐等項照依工料時值共估計銀伍千玖百叁拾叁兩貳錢柒分壹釐玖毫玖絲伍微一採辦紬緞梭布纓毛鉛斤等項通共計重拾萬柒千壹百貳拾伍斤伍兩玖錢援照運送軍需之例每壹百叁拾斤合米壹京石每石每百里給腳價銀壹錢伍分自

蘭至寧計程捌百貳拾里旗捍纓毛鉛斤銅罐
等項計重叄萬伍千壹百斤叄兩玖錢共該脚
價銀叄百叄拾貳兩壹錢叄分陸釐玖毫又自
西安至寧計程壹千肆百伍拾伍里撥布紬緞
鑼鍋弓撒袋旗頭棉花鋼鈴甲釘等項計重柒
萬貳千貳拾伍斤貳兩共該脚價銀壹千貳百
玖兩壹錢玖分貳釐叄毫貳共佑計脚價銀壹
千伍百肆拾壹兩叄錢貳分玖釐貳毫以上叄
項通共佑計銀伍萬捌千伍百捌兩叄錢陸分
玖釐壹毫柒絲玖忽壹微玖纖各另逐股分晰
細數造具清冊理合呈報等情到本鎮據此隨
逐股覆加確核無異各另照造印冊伍轉相應
咨送核轉送部施行等情准此該布政使徐杞
查得寧夏鎮標并所屬各營路軍裝器械因被

震損壞經各憲查驗確實會
奏請動正項照數補造奉
硃批著照所請行欽此欽遵在案前准該鎮移報動
支先後廢銅廢鐵變價銀肆百兩叁錢陸分壹
釐寧夏府庫動支銀壹萬伍千兩尚不敷用又
經該鎮分晰具領呈蒙前督憲鄂彌達檄飭并
掛發號領到司本司因司庫無項支給隨即在
於庫貯續辦軍需下剩銀壹百餘萬兩内借發
銀肆萬柒千肆百捌拾陸兩捌錢玖分玖釐柒
毫肆絲伍忽先爲辦理以上共銀陸萬貳千捌
百捌拾柒兩貳錢陸分柒毫肆絲伍忽嗣准該
鎮報稱止用銀伍萬捌千伍百捌兩叁錢陸分
玖釐壹毫柒絲玖忽壹微玖纖長領司庫銀肆
千叁百柒拾捌兩捌錢玖分壹釐伍毫陸絲伍
忽捌微壹纖請在本年關領秋餉内扣留還項

在案今移准該鎮移送製造一切軍裝各項工料銀兩估計清冊前來查冊造各營製造額兵應全製應修補旗幟鍋帳盔甲等項價值共估需銀伍萬壹千叁拾叁兩柒錢陸分柒釐玖毫捌絲捌忽陸微玖纖各營製造一備戰兵丁應全製應修補牌刀小鳥鎗及鉛丸羣子等項價值估需銀伍千玖百叁拾叁兩貳錢柒分壹釐玖毫玖絲伍微各營製造軍裝器械採辦細緞梭布纓毛鉛斤等項各物料脚價銀壹千伍百肆拾壹兩叁錢貳分玖釐貳毫以上通共估需銀伍萬捌千伍百捌兩叁錢陸分玖釐壹毫柒絲玖忽壹微玖纖本司查核無異但查前項銀兩內除動支府庫銀壹萬伍千兩廢銅廢鐵變價銀肆百兩叁錢陸分壹釐應請正動開銷外其用過司庫銀肆萬叁千壹百捌兩捌釐壹毫

柒絲玖忽壹微玖纖係在庫貯續辦軍需下剩
銀壹百餘萬兩內借動未便懸項應請大部在
於附近省內照數撥解來甘以還借項所有該
鎮移送估冊相應一併詳齎合候核
題詳示等情到臣據此除動支寧夏府銀壹萬伍
千兩是何款項見飭確查統於請銷案內開報
外該臣看得寧夏鎮標并所屬各營堡因地震
一切軍裝器械俱被損傷經侍郎臣班第等
奏請動支正項製造荷蒙
俞允欽遵轉飭遵照在案茲據蘭州布政使徐杞詳
稱准寧夏鎮移送製造軍裝各項工料銀兩估
計清冊前來查冊造各營製造額兵應全製應
修補旗幟鍋帳盔甲等項價值共估需銀伍萬
壹千叁拾叁兩柒錢陸分零製造備戰兵丁應

全製應修補牌刀小鳥鎗及鉛丸羣子等項價值估需銀伍千玖百叁拾叁兩貳錢柒分零各營製造軍裝器械採辦紬緞梭布纓毛鉛斤等項各物料脚價銀壹千伍百肆拾壹兩叁錢貳分零以上通共估需銀伍萬捌千伍百捌兩叁錢陸分零內除動支寧夏府庫銀壹萬伍千兩廢銅廢鐵變價銀肆百兩叁錢陸分零應請正動開銷外其餘銀肆萬叁千壹百捌兩零隨在庫貯續辦軍需下剩銀壹百餘萬兩內動支製辦訖查借動軍需銀兩未便懸缺應請大部在於附近省內照數撥解來甘以還借項等情并齎冊前來臣覆核無異除冊送部外謹會同蘭州撫臣元展成合詞具

題伏祈

皇上睿鑒勅部核覆施行為此具本謹題請

旨

乾隆[illegible]年[illegible]月 貳拾[illegible]日 太子少保兵部尚書兼都察院右副都御史總督川陜等處地方軍務兼理糧餉加三級紀錄三十次臣尹繼善

太子少保兵部尚書兼都察院右副都御史總督川陜等處地方軍務兼理糧餉加三級紀錄三十次臣尹繼善謹

題為查驗滿漢軍裝器械等事該臣看得寧夏鎮

屬因地震一切軍裝器械俱被損傷經侍郎臣

班第等

奏請動支正項製造荷蒙

俞允欽遵轉飭遵照在案茲據蘭州布政使徐杞詳

稱准寧夏鎮移送製造軍裝各項工料銀兩估

計冊前來查冊造各營額兵應全製應修補旗幟鍋帳盔甲等項價值共估需銀伍萬壹千叁拾叁兩柒錢陸分零備戰兵丁應全製應修補牌刀小鳥鎗及鉛丸葦子等項價值共估需銀伍千玖百叁拾叁兩貳錢柒分零各營製造軍裝器械採辦紬緞撥布纓毛鉛斤等項各物料脚價銀壹千伍百肆拾壹兩叁錢貳分零以上通共估需銀伍萬捌千伍百捌兩叁錢陸分零內除動支寧夏府庫銀壹萬伍千兩廢銅廢鐵變價銀肆百兩叁錢陸分零應請正動開銷外其餘銀肆萬叁千壹百捌兩零隨在庫貯積辦軍需銀內動支製辦查借動軍需銀兩未便懸缺應請大部在附近省內撥解以還借項等情臣覆核無異除冊送部外謹合詞具

題請

旨

97. 凉州镇总兵王廷极奏报宁夏复震尚未停息遵旨晓谕兵民诚心改过折

乾隆六年正月初四日（1741 年 2 月 19 日）

（军机处录副奏折）

朱批：知道了

97. Memorial to the throne, presented by Wang Tingji, Commander in Chief of Liangzhou Town, reporting that an earthquake occurred again in Ningxia without interruption at present, and the soldiers and people were told to correct their faults sincerely in compliance with the Imperial edict

Jan.4, the 6th year of Qianlong (Feb. 19, 1741)

(Duplicate of memorial to the throne kept in the Military Department)

Emperor's comment in red on the memorial: Known.

署理甘肅提督印務涼州總兵官臣王廷極謹

奏為據實奏

聞仰祈

聖鑒事。臣竊查寧夏府屬自乾隆三年十一月二十四日地震之後，時或

微震。今於乾隆五年十二月初十、十五等日節據署寧夏鎮

總兵中衛協副將米彪禀稱：寧夏府城於十一月二十四日附近之靈

州於十一月十三、平羅縣於十一月二十四五並十二月初五等日復又地

震，較常微重等情。臣隨即差官星飛查看城垣房屋

俱無損傷，居民亦各安堵。但地震已二年有餘，尚未寧息。臣才

署理全省提督，重任殊為悚惕。伏讀

上諭：寧夏地動，又兩來寧，或係彼地之人因被災之後，愁困怨懟，

不知感戴

上天垂象示儆之恩，仍以流移播遷為苦，咨嗟懷歎，乖氣致戾，

異難以感召

天和云東可定若該督撫將朕此旨即行傳諭俾各自懍省誡心悛改

以爲持福福西福之衷思之勉之欽此奴才仰體

皇上矜念災民之至意除宣密諭署寧夏總兵官副將朱開

會同地方文武大小官弁各加倍脩懍遵提標署前營遊擊劉

漢忠前赴該地方宣布

聖諭勸諭兵民誡心改過以期感召

天和外誠恐寧夏地震情由傳言至京有塵

聖懷理合繕摺謹遣家人王秀齎

奏以

聞

乾隆六年二月初三日奏

硃批知道了欽此

正月初四日

98. 宁夏将军杜赉奏报震后借给官兵生息银两由官兵俸饷内扣取开设官铺折（原件系满文）

乾隆六年二月初十日（1741 年 3 月 26 日）

（军机处满文月折档）

朱批：所办好，知道了

98. Memorial to the throne, presented by Du Lai, General of Ningxia, reporting that loans lent to the officials and soldiers after the quake, will be deducted from their salary for running the state-operated shops (the original document was written in Manchu nationality language)

Feb. 10, the 6th year of Qianlong (Mar. 26,1741)

(Archives of memorials to the throne language kept in the Military Department)(in Manchu)

Emperor's comment in red on the memorial: Known, the memorial is right.

【满文译文】

镇守宁夏等处地方将军臣杜赉等谨奏，为奏闻事。

臣等查得，宁夏地方地震被灾，经原将军阿鲁等奏准将官当铺衣物散给官兵，借给兵丁本银二万两及库存息银八千七百六十七两九钱。此二项银两，钦差兵部侍郎班第等奏请分为五十个月扣还，奉旨：所借生息银两，著分为五十个月扣清。此滋生银两，系永远裨益之项，不可空缺，今因一时急需借给官兵，著班第等将动用何项银两，即行照数补足，以资生息之处，妥议办理奏闻。钦此。钦遵。经班第等商议，拟由甘肃藩库所存银两内，如数解至，照例以各一分息酌情滋生。等因奏入。奉旨：依议。钦此。钦遵。是年三月，由布政司处将此项银两解至。彼时，正值被灾之后城内房屋尽皆坍塌之际，不便设立商市，故原将军阿鲁等将此项解至银两，照例各取一分息，暂行借给八旗官兵。

臣等窃思，滋生银两系应经营生息之项，不便久给官兵使用。仰赖皇恩，移住新建满洲城，理应由官兵抽出滋生，另立商市，生息办理。惟系业经借给官兵之项，倘操之过急，官兵生计似属窘迫。故臣等酌情办理，核计不致劳苦官兵，又不误设立商市，将官员所借银两，自乾隆五年八月始，由其俸禄内分为三季扣取，兵丁所借银两，自十月始分二十个月扣取，息皆随本银扣取。

臣等看得，新建满洲城，距离汉城十余里，满洲城并无当铺，开设官当铺利轻，计其既于官兵有益，亦于滋生有利，臣等将八月俸禄中扣取官员之本银，于是月在满洲城中开设当铺一处。经核算，每月应扣兵丁本银一千二百三十两五钱余，均交当铺经营方够应用，一时未便另立商市。此间所扣银两，暂行拨入当铺经营，待至陆续补足当铺本银，若有剩余，酌量滋生较为有利。俟另立商市后，再照例报户部、该管旗分销算。

所有抽调借给官兵之银两开设官铺办理之处，谨具奏闻。

乾隆六年二月初十日奉朱批：所办好。知道了。钦此。

镇守宁夏等处地方将军杜赉

副都统同山

99. 甘肃巡抚元展成奏报宁夏各工分别次第修建折

乾隆六年六月初六日（1741 年 7 月 18 日）

（奏折档）

朱批：知道了

99. Memorial to the throne, presented by Yuan Zhancheng, Minister of Gansu, reporting that all projects in Ningxia will be built successively

Jur. 6, the 6th year of Qianlong (July 18, 1741)

(Memorial to the throne kept in the file)

Emperor's comment in red on the memorial: Known.

奏

甘肅巡撫臣元展成謹

奏爲奏

聞事竊查寧夏府城並平羅縣二處上年十一月至

今歲正月地氣尚不時搖動臣與督臣尹繼善

節次行令恪遵前奏

諭旨將各工程應停應修之處確勘情形分別緩急

慎重辦理臣復委署涼莊道奇書前往寧夏逐

一細查酌辦據奇書查稱寧夏府城與平羅二

處自冬至春地氣雖屬動搖聲勢亦甚散漫今

已寧靜靈州地方去年十二月間微動二次較

前更覺輕緩其中衛縣地方自乾隆三年被震

之後數年來總未動搖現今分別工程緩急先

將中衛縣城並所屬鎮羅石空棗園堡等處磚

工挨次包砌靈州各土工及時建築寧夏府城

内土木工程亦行興作至四五月間地氣大寧再包四面城磚惟平羅一縣正在興修惠農渠工夫力不能兼顧俟渠工告竣再將各工程次第興建等因臣復查入夏以來寧夏地氣已經寧靜而各屬無業窮民向以傭工力作爲生趨赴寧夏工所者頗多時值青黄不接正宜以工代賑且本地人夫仍得盡力南畝無煩派撥臣行令將各屬赴工無業窮民分發各工挨次興建所有寧夏地氣寧靜各工程分别次第修建緣由理合繕摺奏

聞伏祈

皇上睿鑒謹

奏

知道了

乾隆六年六月初六日

100. 谕李㥣会同尹继善查勘元展成地震讳灾之罪

乾隆六年六月十二日（1741 年 7 月 24 日）

（台北故宫博物院 · 上谕档）

100. Imperial edict to Li Yuan and Yin Jishan: To verify the crime committed by Yuan Zhancheng in the earthquake disaster

June.12, the 6th year of Qianlong (July.24, 1741)

(From the *Archives of Imperial Edicts*, kept in Taibei Palace Museum)

乾隆六年六月十二日奉

旨覽李㥣所奏若果如所言則元展成罪不容誅矣

然李㥣甘省人也似告災之狀為已甚之言此風

亦不可長即著李㥣前去會同總督尹繼善親往

查勘情形著尹繼善秉公據寔具奏若所言果寔

元展成當治以諱災之罪不然則李㥣為鄉曲而

妄言亦有應得之處分該部即遵諭行欽此

101. 谕大学士张廷玉等李㥾奏甘肃省报灾言甚著其查勘据实具奏记注

乾隆六年六月十二日（1741 年 7 月 24 日）

（台北故宫博物院 · 起居注册）

101. Imperial edict to Minister Zhang Tingyu et al.: To verify the memorial presented by Li Yuan, that the disaster in Gansu Province was serious, and then report to His Majesty according to the facts

June.12, the 6th year of Qianlong (July.24, 1741)

(From the *Notes on the Daily Life of Emperors* , kept in Taibei Palace Museum)

奉

諭旨覽李㥾所奏若果如所言則元展成罪不容
誅矣然李㥾甘省人也似告災之狀為已甚之
言此風亦不可長即著李㥾前去會同總督尹
繼善親往查勘情形著尹繼善秉公據實具奏
若所言果實元展成當治以諱災之罪不然則
李㥾為鄉曲而妄言亦有應得之處分該部郎
遵諭行

102. 谕尹继善会同黄廷桂审理元展成案

乾隆六年九月十三日（1741 年 10 月 22 日）
（台北故宫博物院 · 上谕档）

102. Imperial edict to Yin Jishan, together with Huang Tinggui, to try the case of Yuan Zhancheng
Sept.13, the 6th year of Qianlong (Oct.22, 1741)
(From the *Archives of Imperial Edicts*, kept in Taibei Palace Museum)

九月十三日奉

上諭前降旨著陳弘謀補授甘肅巡撫但陳弘謀自江西赴任甘肅道途甚遠有需時日著調補江西巡撫其甘肅巡撫員缺著黃廷桂補授即行赴任包括著回安徽布政使原任託庸著回京古北口提督員缺著副都統塞楞額補授塞楞額現在奉差着總兵官郘銓暫行護理欽此

九月十三日奉

上諭御史胡定条奏元展成一案總督尹繼善都統新住現在承審黃廷桂到任後著會同審理欽此

103. 谕大学士张廷玉等李愿所奏甘肃灾情不实著其明白回奏并将元展成等一并革职记注

乾隆六年九月二十一日（1741 年 10 月 30 日）

（台北故宫博物院 · 起居注册）

103. Imperial edict to Minister Zhang Tingyu et al.: To order Li Yuan to report repeatedly and clearly, because the disaster situation in Gansu Province in his memorial is inconsistent with the facts, and get rid of Yuan Zhancheng et al. from their posts

Sept.21, the 6th year of Qianlong (Oct.30, 1741)

(From the *Notes on the Daily Life of Emperors*, kept in Taibei Palace Museum)

二十一日癸未川陝總督尹繼善奏御史李
愿陳奏上年甘省災荒查去年鞏昌所屬及
隴西伏羌等州縣收成雖歉均非大荒可比
閭閻安堵委無困頓流離之事李愿恐所言
不實到處帖示招告并倡言豁免錢粮邀求
賞賚據實奏聞一摺大學士鄂爾泰張廷玉
徐本奏
諭旨這所奏情節着李愿明白回奏又奏御史胡
定參奏甘肅巡撫元展成各款請將元展成
阿炳安朱亨衍劉鶴鳴吳浩李恩榮一併革
職以便審擬一疏奉
諭旨着照所請行

104. 谕户部李愿报告甘省灾情张扬捏辞严察议奏记注

乾隆六年十月初六日（1741 年 11 月 13 日）

（台北故宫博物院·起居注册）

104. Imperial edict to the Ministry of Household: To verity the facts which are exaggerated and false in the memorial, presented by Li Yuan, on the distaster in Gansu Province

Oct.6, the 6th year of Qianlong (Nov.13, 1741)

(From the *Notes on the Daily Life of Emperors*, kept in Taibei Palace Museum)

初六日丁酉大學士鄂爾泰張廷玉徐本奉

諭旨浙江昌化縣知縣羅朝彥著調取来京引見

又戶部奏請

欽點打箭爐監督一疏奉

諭旨這差著伊爾哈布去餘依議又河南道監察

御史李愿奏臣與川陝督臣尹繼善查勘甘

省各州縣飢饉情形實因地方各官匿災不

報以致人民失所於查勘之時紛紛具訴求

賑並非臣招告所致今尹繼善謂臣張揚鼓

動多方煽惑明係捏辭誣聳

聖聽希圖掩飾一摺奉
諭旨李㥳張揚鼓動多方煽惑於前又復捏辭巧
辯巧飾督臣於後若不嚴加處分則將來鄉紳
挾制之弊不可勝言矣著該部嚴察議奏
是日
起居注官熊暉吉介福

105. 川陕总督尹继善参平罗知县何世宠武梓亏空仓粮借地震赈济案内掩饰请旨革职及原任兰州巡抚元展成等循隐不报题本

乾隆六年十月十九日（1741年11月26日）

（台北·历史语言研究所·内阁大库档）

朱批：这所参何世宠、武梓俱著革职，其亏空借端掩饰情由，该抚严审追拟具奏。余著察议具奏，该部知道

105. Memorial to the throne, presented by Yin Jishan, Governor General of Sichuan and Shaanxi, to accuse He Shichong, Wu Zi, Governors of Pingluo County, having a deficit in the stored grains and covering up the facts making use of noising the earthquake relief fund. Yin asks a favour to get rid of He and Wu from their posts. Yinalso reports that Yuan Zhancheng et al., the former Minister of Lanzhou conceal the disaster situation and do not report to the Emperor

Oct.19, the 6th year of Qianlong (Nov. 26, 1741)

(From the *Cabinet Archives*, kept in Institute of History and Philology, Academia Sinica, Taibei)

Emperor's comment in red: The accussed officials, He Shichong and Wu Zi, must be removed from office. Their deficit and covering facts should be tried seriously and then report to me and the Ministry.

這所參何世寵武梓俱著革職其虧空借端掩飾情由該撫嚴審追擬具奏餘著察議具奏該部知道

十一月初五日

太子少保兵部尚書兼都察院右都御史總督川陝等處地方軍務兼理糧餉加三級紀錄三次臣尹繼善謹

題

爲題參事該臣看得倉庫錢糧關係綦重難容絲毫虧缺尤不容借端弊混臣聞寧夏府屬倉庫於賑濟一案牽混未清隨諭署寧夏府知府張廷枚確查嗣據稟稱府屬倉庫虧空有借地震賑濟案内掩飾情弊臣會同護撫臣徐杞溥新任寧夏府知府年灝將賑濟銀不循底蘊易毋許稍有浮冒各項虧空隨俱畢露查已故知府顧爾昌任内虧空銀貳萬肆千肆百貳拾貳兩零寧夏縣已故知縣沈頊年虧空銀貳千肆百伍拾捌兩零虧空糧肆千玖百捌拾石零又丁憂知縣武梓虧空糧肆千肆百叁拾壹石零

又署縣事平羅縣知縣何世寵虧空糧叄千陸百壹拾陸石零又寧朔縣已故知縣辛禹籍虧空銀壹千叄百玖拾柒兩零虧空糧伍千捌百陸拾柒石零又平羅縣叅革知縣馬瑗虧空銀貳千貳百壹拾兩零虧空糧貳千玖百柒拾玖石零據各員暨家屬稱因地震之変倉庫傾地火焚水溺致有耗失等情臣查寧夏遭罹震災倉庫耗失原所不免如係實情自應於耗失案内一併奏報何得入於賑濟項下牽混朦蔽其中明有虧空借端掩飾相應

題叅除顧爾昌沈頊年辛禹籍俱經病故馬瑗已經另案叅革外所有前署寧夏縣事平羅縣知

縣何世龍寧夏縣丁憂知縣武梓應請
旨革職以便一併嚴審追擬再參革寧夏府知府臧
珊參革寧夏道阿炳安並不揭報原任蘭州巡
撫元展成惟以顧爾昌缺少銀伍千柒百餘兩
奏明同司道府等認捐其餘虧空均行徇隱合併
附參統俟審明照例分別著賠以爲玩視倉庫
冒銷錢糧者戒茲據布政使徐杞按察使鄂昌
寧夏道蔣嘉年寧夏府知府牟瀜等轉據各該
縣揭報前來除虧空年款細冊見飭布政司造
報另行送部并查此外有無未清另報外臣謹
會同護蘭州撫臣徐杞合詞具
題伏祈

皇上睿鑒勅部施行爲此具本謹題請

旨

乾隆拾陸年拾貳月　拾九

署大學士兵部尚書兼都察院右副都御史總督川陝等處地方軍務兼理糧餉加六級紀錄三次臣尹繼善

106. 谕吏部李愿奏甘省灾荒有意挟制督抚又复捏词巧辩按部议革职从宽留任等记注

乾隆六年十一月初八日（1741 年 12 月 15 日）

（台北故宫博物院 · 起居注册）

106. Imperial edict to the Ministry of Official Personnel Affair: To remove Li Yuan from office, based on the discussion of the Ministry of Punishment, but will be treated with leniency to stay in his office, because, in his memorial on the disaster of Gansu Province, he has an intension to hold the Governor under duress and fakes a report on the disaster

Nov.8, the 6th year of Qianlong (Dec.15, 1741)

(From the *Notes on the Daily Life of Emperors*, kept in Taibei Palace Museum)

上曰于辰補授翰林院侍講又覆請吏部議河南

道監察御史李愿陳奏原籍甘省饑饉情形

張揚已甚及遵

旨明白回奏又復揑詞巧辯攻訐督臣應請革職

一疏

上曰李愿陳奏本省事宜有意挾制督撫又復揑

詞巧辯本應從重治罪但伊身繫言官所奏者

地方災荒有關民瘼與全挾私意者尚屬有間

朕觀近來督撫辦事每多觀望而在內言官又

事迎合今若将李愿照議處分則外而督撫內

而科道皆以言官陳奏災荒而罹嚴譴勢必以

匿災爲得計以奏災爲畏途而閭閻饑饉無由
上聞矣夫言官聲張氣勢挾制封疆大吏此風
固不可長然其爲害尚小若民隱不能上達使
百姓至於流離失所其流弊實爲最大權其輕
重與其懲言官而開諱災之端寧可從寬假以
廣耳目之益誠使督撫等皆秉公據實公爾忘
私國爾忘家惟盡愛民之心毫無觀望之習朕
亦不必如此鰓鰓過慮而無如其不能也況科
道等如果假公濟私把持本省之事必不能逃
朕之洞鑒亦斷無可寬之理李㥣之罪尚不至
此著照部議革職從寬留任

107. 谕大学士张廷玉等依吏部议尹继善降级调任等记注

乾隆六年十一月十一日（1741 年 12 月 18 日）

（台北故宫博物院 · 起居注册）

107. Imperial edict to Minister Zhang Tingyu et al. to reduce the rank of Yin Jishan and transfer to another post, based on the discussion of the Ministry of Official Personnel Affairs

Nov.11, the 6th year of Qianlong (Dec.18, 1741)

(From the *Notes on the Daily Life of Emperors*, kept in Taibei Palace Museum)

十一日壬申吏部議川陝總督尹繼善覆奏
會勘甘省饑饉情形將玩視民瘼之該府州
縣并失於查察之司道分別泰處應將隴西
縣知縣調任漳平縣知縣李介春原任伏羌
縣知縣馬瑗均革職審擬接署伏羌縣知縣
王崑秦州知州李鋐鞏昌府知府汪元祐布
政使徐杞洮岷道馮祖悅均革職原任巡撫
元展成革職註冊總督尹繼善降一級調用
准其抵銷至通渭縣知縣任達德據該督奏
請從寬革職留任以觀後效應否准行伏候

欽定一疏大學士鄂爾泰張廷玉徐本奉
諭旨依議徐杞著革職從寬留任馮祖悅汪元祐
俱著送部引見尹繼善著銷去加一級抵降一
級免其降調任達德革職留任之處著照該督
所請行

108. 川陕总督尹继善奏陈分别宁夏城工之缓急次第修建折

乾隆七年四月二十四日（1742 年 5 月 28 日）

（奏折档）

朱批：军机大臣等议奏

108. Memorial to the throne, presented by Yin Jishan, Governor-General of Sichuan and Shaanxi, reporting that the walls of Ningxia are constructed respectively based on their importance

Apr. 24, the 7th year of Qianlong (May. 28, 1742)

(Memorial to the throne kept in the file)

Emperor's comment in red on the memorial: Military Ministers discuss the memorial and report to me.

奏

川陝總督臣尹繼善謹

奏為酌分寧夏城工之緩急以惜民力事竊照寧

夏地方先因地震各處城垣倒塌於乾隆四年

聞經兵部侍郎臣班第前督臣查郎阿等會勘

應行重建補修大小城垣共二十四處自乾隆

四年三月起動帑興工在案臣於乾隆五年五

月內抵任閱總理工程原任寧夏道阿炳安辦

理急迫人多含怨且向各府調集夫匠甚屬勞

民隨痛加申飭減調夫匠禁止繁苛將從前所

辦未妥之處逐一更正分別緩急次第興修自

是民力漸得舒徐而工程甚多尚難一時告竣

臣去歲在蘭與撫臣黃廷桂悉心商酌竊以寧

夏地方自被灾之後蒙我
皇上仁恩疊沛小民得慶更生而元氣至今尚未全
復各處工程修築已經三載雖絲毫皆動帑項
而邊方民力總無休息亦非所以愛養之道隨
諄諭寧夏道府將各工已完未完宜緩宜急應
停應修通盤確查分析開報嗣據陸續詳稟行
布政使徐杞詳覆前來查原議應修城垣共二
十四處內寧夏滿漢兩城靈州屬之臨河堡中
衛縣屬之廣武營寧朔縣屬之北鎮堡俱經完
竣又中衛縣城及所屬之棗園石空鎮羅三堡
寧朔縣之平羌堡靈州屬之橫城紅山二堡并
平羅縣城一切城垣俱已修整惟有衙署門洞
角樓等項未完工程無幾自應修理完竣又靈
州州城及所屬之清水營花馬池興武營平羅
縣屬之洪廣營均關邊塞重地或工程將半或
物料已齊均應以次修理至如寧朔縣之玉泉
營靈州屬之毛卜喇平羅屬之鎮朔威鎮二堡
此四處城墻雖有裂損而城身依然屹立可資
捍禦寔係可緩之工應行停修俟將來酌量情
形另議修築又如中衛縣屬之寧安堡並無駐
防弁兵該堡居民情願陸續粘補靈州屬之韋
州堡堡內並無人民居住已屬廢城此二處均
無庸修建以上各處工程臣等詳細籌畫如此
分別辦理庶要地有金湯之固而夫匠免久役
之勞且大工不致曠歷歲時而帑項亦可多有
節省似於邊地民生甚屬有益但係從前奏定
脩建之工今既有酌改之處理應請
旨遵行臣謹會同甘撫臣黃廷桂合詞具奏伏乞
聖主訓示謹
奏

軍機大臣等議奏

乾隆柒年肆月　貳拾肆　日

109. 甘肃巡抚黄廷桂奏报各属普降瑞雪并西宁发生轻微地震折

乾隆八年十二月十九日（1744 年 2 月 2 日）

（军机处录副奏折）

朱批：知道了

109. Memorial to the throne, presented by Huang Tinggui, Minister of Gansu, reporting that auspicious snow falls everywhere in Gansu and a slight earthquake occurred in Xining

Dec.19, the 8th year of Qianlong (Feb.2, 1744)

(Duplicate of memorial to the throne kept in the Military Department)

Emperor's comment in red on the memorial: Known.

奏

甘肅巡撫臣黃廷桂謹

奏為奏

聞事竊臣前將平凉所屬有冬雪微缺之處恭摺

奏明茲於十二月十三四五等日河東一帶同雲

遍布瑞雪繽紛據附近省城州縣先行報到者

已各得雪三四五寸不等實於冬麥春耕均屬

有益謹將各屬據報得雪分寸日期另繕清摺

恭呈

御覽再臣前接西寧鎮臣張世偉札稱十一月初九

日酉刻地震隨專員往查據西寧府知府申夢

璽稟稱不過微搖即止人有覺者亦有不覺者

墻垣並未動損一磚房頂亦無墜落片瓦等語

值鎮標守備王天祿領餉到省臣又詳細詢問

據稱與該府差員所禀相同合併繕摺恭

奏伏祈

皇上睿鑒謹

奏

知道了

乾隆捌年拾貳月　　拾玖　　日

110. 川陕总督庆复奏请将宁夏地震被灾兵丁所借银两一体豁免折

乾隆九年三月初三日（1744 年 4 月 15 日）

（奏折档）

朱批：是，有旨谕部

110. Memorial to the throne, presented by Qing Fu, Governor-General of Sichuan and Shaanxi, asking a favour to exempt all the money lent to soldiers suffered in the Ningxia Earthquake

Mar. 3, the 9th year of Qianlong (Apr. 15, 1744)

(Memorial to the throne kept in the file)

Emperor's comment in red on the memorial: The memorial is right. An edict has been sent to the Ministry.

奏

太子少保川陝總督領侍衛内大臣承恩公臣慶復謹

奏為請

旨事案查乾隆三年寧夏地震被災鎮標及外路協防兵
丁在于寧夏府庫共借支銀一萬三千五百五十九
兩除扣完司庫銀二千六百四十八兩未扣完銀一
萬九百一十一兩經前督臣查郎阿因兵丁被災艱
苦

奏明緩至乾隆五年分季扣還旋因災兵貧苦自遭地
震之後連歲歉收力難遽扣經督臣尹繼善將甘省
各標營兵丁乾隆六年正月以前借欠司庫未扣銀
兩議請均作五年帶扣案内于乾隆六年正月初二
日欽奉

上諭朕思兵丁等現領之餉僅足養贍家口之需若將新
舊借欠之項一并帶扣則所存無幾食用艱難且此項
借欠歷年已久若本人更換勢必至貽累妻孥及該管
之將弁朕心深為憫惻況西陲軍興以來陝甘兵丁備
極勤勞而甘省兵丁尤為出力着將借欠未完帑銀二

十二萬二千四百餘兩悉行豁免以示朕優恤邊兵之
至意欽此欽遵在案隨據該鎮將災兵情尤困苦援請
豁免具詳前督臣尹繼善批司查議屢次行查臣視
事之始據寧夏鎮總兵官呂瀚詳稱被災兵丁每名
借給銀二兩防兵遠戍塞外家口野居露處每名借
給銀一兩以濟殘喘仰沐
皇仁寬期未扣今通省兵丁借欠悉沐
恩膏惟此項被災窮兵借欠之項歷年已久屢經呼籲未
蒙援題豁免現今人亡吏換貽累妻孥氣多無可着
追正與
恩旨相符請賜題請等情前來臣查此案災兵借欠先經
前督臣查郎阿奏請緩扣是以督臣尹繼善查造六
年以前兵丁欠借冊內未經造入事關錢糧批司詳
查確議去後今據布政司徐杞詳稱寧夏地震之後
屢值歉收兵丁倍為艱苦尤可憫惻從前借給府庫
未扣銀一萬九百一十一兩所借在于乾隆六年
恩旨以前為時已久人亡吏換難以扣追應請援例題請
豁免以廣
皇仁再前院彙奏之時止查司庫借欠未扣之數是以此
項動借府庫銀兩未經列入以致不得與通省各提
鎮標營兵欠並邀
恩免等情議覆到臣臣查核再三加以訪察誠如
聖諭西陲軍興以來甘省兵丁尤為出力而寧夏兵丁被
災倍苦仰沐多方賑恤得慶更生此等窮乏災兵尤
非尋常借支可比前既未及彙冊上請應准援照
恩旨豁免事關
聖主優恤邊兵之曠典臣何敢遽照司詳題請理合據實
奏
聞仰懇
皇上特降諭旨一體寬免則邊塞戎行咸沐淪肌浹髓之
恩施于永永矣臣愚昧之見是否有當伏祈
訓示施行臣謹
奏

另有旨諭部

乾隆玖年叁月　初叁　日

111. 川陕总督庆复奏报自陕赴川沿途雨泽苗情及二月内西宁微震房屋无损折

乾隆九年三月初三日（1744 年 4 月 15 日）

（奏折档）

朱批：所奏俱悉

着吉三能办此否（行批）

111. Memorial to the throne, presented by Qing Fu, Governor-General of Sichuan and Shaanxi, reporting that, on his way from Shaanxi to Sichuan, raining and seedling growing rapidly were seen, and tremors occurred in Xining within two months, but no damage to houses was found

Mar. 3, the 9th year of Qianlong (Apr. 15, 1744)

(Memorial to the throne kept in the Military Department)

Emperor's comment in red on the memorial: All known.

Instruct Jisan, can he manage this affair (imperial comment in the interval of columns rows)

奏

太子少保川陕總督領侍衛內大臣承恩公臣慶復謹

奏為恭報微臣自陕赴川沿途雨澤荳麥滋長情形仰

慰

聖懷事竊照陕甘二省自臘入春雨雪禾苗及農田民事

各情形經臣于正月二十四日恭摺奏

聞在案臣于二十六日遵

旨赴川自西安起程一路經由陕屬之咸陽興平武功扶

風岐山寶鷄鳳沔褒城寧羌等州縣入川省所轄之

廣元昭化劍州梓潼綿州羅江德陽漢州新都而詣

四川成都省城其間自散關入棧度劍閣出綿州蠶

叢閣道徧閲邊地情形雖川陕交界山險盤紆地土

瘠薄然地居腹裏而營汛聯絡民風淳樸生聚日繁

無論平田坡谷悉皆墾種麥荳蕨菽刀耕火耨自出
劍閣一至綿州土壤寬平江流環瀉以達錦江蠶桑
畜牧麥浪青青菜花荳莢徧野盈疇儼似江南風景
自正月二十五六七二月初一二八九及二十二十
一二三等日雨澤連綿春花咸滋溉潤窮簷茅屋共
樂
昇平川省地方文員向多苟安武備亦欠整刷兵丁每多
看來三級謝氏否
遠出換防之事倍為貧苦所幸連年豐稔近省一帶
民食不昂惟有江楚流民雜居游手積習如嘓嚕打
降搶娶銅廠茶鹽硝礦夷寨防閑等務均須留心調
劑臣與撫臣商酌分別立法曉諭禁約隨事料理外
至各土司蠻民均各守法安靜臣今赴松潘與提臣
面商郭羅克分別勸懲酌定撤兵善後事宜一路崇
山峻嶺且經由雜谷金川瓦寺等土司附近之界臣
親閱邊境隨事相度以慎邊防少冀仰副
聖主委任之至意再西寧府城上年十一月初九日酉時
微有地震經臣據實陳奏摺內奉有
硃筆傍批人民廬舍無恙否欽此仰見
聖心無遠不屆臣于未經奉
批之先業將查明近城微震不致傷損緣由續為陳明在
案今據鎮道稟開西寧府城于二月初四日辰刻日
將出時地覺微動聲從西北而往東南頃刻即止兵
民間有覺者房屋墻垣毫無損壞且地方屢次得雪
土色滋潤並非乾旱等語臣飭令官民敬謹曉諭修
省預防外合并附陳伏祈
睿鑒臣謹
奏
所奏俱悉
乾隆玖年叁月　初叁　日

112. 甘肃巡抚黄廷桂奏报审理宁夏府县虚开虚抵粮银案件请饬查郎阿等奏覆定拟折

乾隆九年十一月二十日（1744 年 12 月 23 日）

（奏折档）

朱批：该部议奏

112. Memorial to the throne, presented by Huang Tinggui, Minister of Gansu, reporting that the case of false expenditure and balance of account and grains in Ningxia Perfecture and counties etc. is tried, and asking his Majesty to verify the facts in the memorial, presented by Zha Langa and Ban Di

Nov.20, the 9th year of Qianong (Dec.23, 1744)

(Memorial to the throne kept in the file)

Emperor's comment in red on the memorial: The Ministry discusses the memorial and report to me.

奏

甘肅巡撫臣黃廷桂謹

奏爲請

旨事竊臣查得寧夏地方於乾隆三年十一月間陡

遭地震蒙

皇上軫念災黎

欽命兵部侍郎臣班第與皇督臣查郎阿前撫臣元

展成加意撫恤經理妥協具摺入

奏惟因府庫縣倉盡皆塌陷耗失銀粮甚多除已

經奏明夏朔平新寶五縣耗失糧石外尚有耗

失糧一萬六千八百九十五石有零耗失銀一

萬四千八百二十四兩有零經元展成等商諭

擅於賑恤各案内將前項耗失銀糧虛開虛抵

經前督臣尹繼善據布政司徐杞詳請於東省委員清查等情隨諭令張廷枚署理寧夏府知府并新任知府年灝查出已故知府顧爾昌任内虧缺銀二萬四千四百二十二兩零并寧夏縣已故知縣沈頊年寧朔縣已故知縣辛禹籍平羅縣叅革知縣馬瑗名下共虧空銀六千六十五兩零又寧夏縣丁憂知縣武梓又署縣事平羅縣知縣何世寵并沈頊年辛禹籍馬瑗名下共虧空糧二萬一千八百七十三石零經尹繼善叅奏以寧夏遭罹震災倉庫耗失原所不免自應於耗失案内一併奏報何得入於賑濟項下牽混掩飾會疏題叅并將不行揭報之叅革寧夏府知府臧珊叅革寧夏道阿炳安原任撫臣元展成列入附叅奉

旨飭審臣隨欽遵轉行審擬去後嗣據布政司徐杞按察司鄂昌率同寧夏府知府楊灝會審得奉叅已故寧夏府顧爾昌并寧夏寧朔平羅三縣正署各令武梓何世寵辛禹籍沈頊年馬瑗虧空銀糧以及原叅無名之前任寧夏府臧珊同原任新寶二令任達德朱元裕虛開虛抵一案如原叅顧爾昌虧空銀二萬四千四百二十二兩零又續經該府縣查出靈州平羅二處解府耗糧變價銀三百一十四兩一錢零據顧爾昌嗣子顧芝供稱伊父錢糧並未經手一切借欠悉係接任之臧守清查等情訊據前守臧珊供稱奉叅顧爾昌之虧空及續查銀兩内除伊河州任内應賠牛驢變價銀二千五百二十五兩八錢零並非存貯府庫之項自應追補又開欠項内有前任查督院捐賞被災小民房價諭令先於府庫借動銀二千二百六兩未經歸還外

尚有府庫應存武職俸工各項銀二千一百六
十五兩零又應存靈平二州縣解交耗糧變價
銀三百一十四兩零又借欠項內有查明無着
銀二千七百五十一兩以上共銀九千九百六
十一兩八錢零原係查明虧空有據之項自應
分晰追賠其餘銀一萬四千七百七十四兩零
并漏揭銀五十兩共銀一萬四千八百二十四
兩零不特裂陷情真且經當日拏獲竊銀之鄭
先伏等追出原銀二千四百餘兩是竊去亦有
確據是以各憲諭令於賑恤各案內虛開銀一
萬四千八百二十四兩零抵補府庫是實如奉
參武梓何世寵辛禹籍馬瑗等名下共虧空糧
一萬六千八百九十餘石又辛禹籍馬瑗沈項
年同未經奉參之任達德朱元裕等名下共虧
空銀一萬四千八百二十四兩零僉供彼時災

劫餘生盡皆啼號經寧夏道鈕廷彩詳明示諭
每人先給口糧一斗充饑時因斗級書役多皆
死傷災民急欲度命勢難待散隨各用衣褲包
袱約畧自行取去蒙前元巡撫諭令即照每人
一斗口糧造報以補各縣耗失倉糧之數又諭
令於煮粥項下夫工柴價項下客民回籍盤費
項下虛開各項銀糧以抵府庫耗失之銀等情
再三究詰堅稱實係前元巡撫與各大人商定
示諭稟阻不允只得遵奉虛開虛抵通融彌補
是實此外又審得辛禹籍馬瑗沈項年各名下
經故道阿炳安硬删去實用銀三千三百一兩
零查無假揑應准開銷又馬瑗名下除有抵銀
六百七十九兩三錢零止實在虧空銀六百九
十兩八錢零又沈項年名下除不應認賠與應
領及已交銀四百六十八兩四錢零外實止虧

空銀九百二十五兩四錢零霉爛𣑯色糧四千九百八十石零查該員尚有那墊各項應領銀兩應俟核實造銷後如不足數另擬追補其餘各員除虛開虛抵之外本身並無虧空但各員僉供虛開糧一萬六千八百九十五石零與虛抵銀一萬四千八百二十四兩零係元前撫高同示諭遵辦為辭是否實情先後呈請咨詢經臣兩次移咨直督轉飭詢取元展成確供去後嗣准直督臣高斌咨覆取具供單内開乾隆三年十一月間寧夏地方遭罹震災之際房屋盡皆倒壞人民大半死傷災民嗷嗷待哺隨據寧夏道鈕廷彩通詳示諭無論大小災民每人先給一斗口糧以資餬口等因准行在案後查署督到寧夏時該道并各縣稟稱出示之後正在分散間無奈災民啼號擁集至倉者盈千累萬書役斗級多皆死傷又乏升斗災民急欲度命勢難待散隨各用衣褲包袱自行取去以延殘喘我同查署督細訪屬實及

欽差大人到寧訪亦無異因此我三人商酌百姓於顛沛之際遵示領糧餬口實因分散不及餓不能待故爾自取苟延待賑雖約畧一斗之數然確訪所取實有多無少若不准各縣造銷亦屬冤抑是以令其確查造銷此中毫無欺飾此是我三人會商奏過的實非各員揑冒並將煮粥夫工柴價與客民田籍各案裒多益寡通融辦理在案至顧守虧空庫項查寧夏道鈕廷彩與該府同城且甫經盤查出結如果顧守生前實有如許之虧空該道豈肯代為出結況顧守闔家俱死卷案全無明係被災遺失或乘間竊取原擬叅出引海洋失風之例仰邀

皇恩豁免彼時我與總督
欽差相商一府五縣庫項正多若再有缺少一縣照
例請免恐不肖官吏乘勢滋弊反為多事且
聖主因此奇災賑恤已不下百萬豈可再瀆
天聽不料我離任後蒙尹總督查參今各員供稱係
奉各大人面諭等語這原係我三人見寧夏百
姓慘遭奇災顧守原無虧空又全家被難是以
商酌如此辦的理合據實供明等情到臣隨將
原供轉飭審擬去後復據布政司徐杞按察司
鄂昌呈稱查虛開虛抵糧一萬六千八百九十
五石零與虛開虛抵銀一萬四千八百二十四
兩零雖據元前撫自認諭辦不諱但稱與
欽差總督商同諭辦即各員僉供亦有實係遵奉各
大人示諭之語則又未便止據元前撫一人之
供遽為定讞應請將當日果否商同諭辦之處
咨詢明確方可核定但班
欽差查前督係現任中堂尚書外省不便咨詢可否
將現審供情
奏明請
旨勅令回奏之處統俟核奪等情具詳到臣該臣查
得前督臣尹繼善所參府縣各官虧空銀糧一
案既據布按兩司審明各犯供吐雖俱歷歷如
繪但從前兵部侍郎臣班第署督臣查郎阿曾
否與前撫臣元展成商同示諭各員通融彌補
虛開虛抵之處既未確切以致全案難於定擬
相應據情
奏請
皇上勅令大學士臣查郎阿兵部尚書臣班第回奏
之日
勅發部臣行知到日以便定擬具

題者也抑臣更有請者查大學士臣查郎阿與部
臣尚書班第回奏情節或有不符之處尚須質
訊前撫臣元展成方可定案而元展成現在直
省可否容臣將現審供情備咨刑部以便就近
質訊核擬定案之處臣未敢擅便伏祈
皇上訓示遵行謹
奏

該部議奏

乾隆玖年拾壹月貳拾日

113. 刑部尚书来保等奏请在本省审结甘省虚开虚抵粮银案毋庸饬令查郎阿等回奏折

乾隆十年二月初二日（1745年3月4日）

（奏折档）

113. Memorial to the throne, presented by Lai Bao et al., official of Ministry of Punishments, reporting that trial of the case of the false expenditure and balance of account in Gansu will soon be finished, and the request of Huang Tinggui, that Zha Langa and Ban Di should report the verification result to his Majesty, is not necessary to discuss

Feb.2, the 10th year of Qianlong (Mar. 4, 1745)

(Memorial to the throne kept in the file)

奏

議政大臣内大臣刑部尚書兼内務府總管革職留任臣來保等謹

奏爲請

旨事内閣抄出甘肅巡撫黄廷桂奏前事等因乾隆

九年十二月十二日奉

硃批該部議奏欽此欽遵抄出到部

該臣等議得據甘肅巡撫黄廷桂奏稱竊臣查

得寧夏地方於乾隆三年十一月間陡遭地震

蒙

皇上軫念災黎

欽命兵部侍郎臣班第於前督臣查郎阿前撫臣元

展成加意撫恤經理妥協具摺入

奏惟因府庫縣倉盡皆塌陷耗失銀兩甚多除已經奏明夏朔平新寶五縣耗失糧石外尚有耗失糧一萬六千八百九十五石有零耗失銀一萬四千八百二十四兩有零經元展成等商諭擅於賑恤各行内將前項耗失銀兩虛開虛抵經前督臣尹繼善據布政使徐杞詳請東省委員清查等情隨諭令張廷枚署理寧夏府知府并新任知府牟灝查出於已故知府顧爾昌任内虧缺銀二萬四千四百二十二兩零并寧夏縣已故知縣沈頊年寧朔縣已故知縣辛禹籍平羅縣參革知縣馬璦名下共虧空銀六千六十五兩零又寧夏縣丁憂知縣武梓又署縣事平羅縣知縣何世寵并沈頊年辛禹籍馬璦名下共虧空糧二萬一千八百七十三石零經尹繼善參奏以寧夏遭罹震災倉庫耗失原所不免自應於耗失案内一併奏報何得入於賑濟項下牽混搪飾會疏題參并將不行揭報之參革寧夏府知府臧珊參革寧夏道阿炳安原任撫臣元展成列入附參奉

旨飭審臣隨欽遵轉行審擬去後嗣據布政使徐杞按察使鄂昌率同寧夏府知府楊灝會審得奉參已故寧夏府顧爾昌并寧夏寧朔平羅三縣正署各令武梓何世寵辛禹籍沈頊年馬璦虧空銀兩以及原參無名之前任寧夏府臧珊同原任新寶二令任達德朱元裕虛開虛抵一案如原參顧爾昌虧空銀二萬四千四百二十二兩零又續經該府縣查出靈州平羅二處解府耗糧變價銀三百一十四兩一錢零據顧爾昌嗣子顧芝供稱伊父錢糧並未經手一切借欠悉係接任之臧守清查等情訊據前守臧珊供

稱叅奏顧爾昌之虧空及續查銀兩内除伊河州任内應賠牛驢變價銀二千五百二十五兩八錢零並非存貯府庫之項自應追補又開欠項内有前任查督院捐賞被灾小民房價諭令先於府庫借動銀二千二百六兩已經歸還外尚有府庫應存武職俸工各項銀二千一百六十五兩零又應存靈中二州縣解交耗糧變價銀三百一十四兩零又借欠項内有查明無著銀二千七百五十一兩以上共銀九千九百六十一兩八錢零原係查明虧空有據之項自應分晰追賠其餘銀一萬四千七百七十四兩零并漏揭銀五十兩共銀一萬四千八百二十四兩零不特裂陷情真且經當日拿獲竊銀之鄭先伏等追出原銀二千四百餘兩是竊去亦有確據是以各憲諭令於賑恤各案内扣開銀一萬四千八百二十四兩零祇補府庫是實如奉叅武梓何世龍辛禹籍馬瑗等名下共虧空糧一萬六千八百九十餘石又辛禹籍馬瑗沈項年同未經奉叅之任達德朱元裕等名下共虧空銀一萬四千八百二十四兩零僉供彼時灾切餘生盡皆啼號經寧夏道鈕廷彩詳明示諭每人先給口糧一斗充饑時因斗級書役多皆死傷灾民急欲度命勢難待散隨各用衣褲包袱約畧自行取去蒙前元巡撫諭令即照每人一斗口糧造報以補各縣耗失倉糧之數又諭令於賁賑項下夫工柴價項下客民田籍盤費項下扣開各項銀糧以抵府庫耗失之銀等情再三究詰堅稱實係前元巡撫與各大人商定示諭稟阻不允只得遵奉扣開扣抵通融彌補是實此外又審得辛禹籍馬瑗沈項年各名下

經故道阿炳安硬刪去實用銀三千三百一兩零查無假捏應准開銷又馬瑗名下除有抵銀六百七十九兩三錢零止實在虧空銀六百九十兩八錢零又沈項年名下除不應議賠認賠與應領及已交銀四百六十八兩四錢零外實止虧空銀九百二十五兩四錢零霉爛雜色糧四千九百八十石零查該員尚有那墊各項應領銀兩應候核實造銷後如不足數另行追補其餘各項除扈開扈抵之外本身並無虧空但各員僉供扈開糧一萬六千八百九十五石零與扈抵銀一萬四千八百二十四兩零與元前撫商同示諭道辦爲辭是否實情先後呈請咨詢經臣兩次移咨直督轉飭詢取元展成確供去後嗣准直督臣高斌咨覆取具供單內開乾隆三年十一月間寧夏地方遭罹震災之際房屋盡皆倒壞人民大半死傷災民嗷嗷待哺隨據寧夏道鈕廷彩通詳示諭無論大小災民每人先給一斗口糧以資餬口等因准行在案後查署督到寧夏時該道并各縣稟稱出示之後正在分散間無奈災民啼號擁集至倉盈千累萬書役斗級多皆死傷又乏升斗災民急欲度命勢難待散隨各用衣褲包袱自行取去以延殘喘我同查署督細訪屬實及

欽差大人到寧訪亦無異因此我三人商酌百姓於顛沛之際遵示領糧餬口實因分散不及饑不能待故而自取苟延待賑雖約畧一斗之數然確訪所取實有多無少若不准各縣造銷亦屬寃抑是以令其確查造銷此中毫無欺飾此是我三人會商奏過的實非各員揑冒並將煑粥工夫柴價與客民田籍各褒多益寡通融辦理

在案至顧守虧空庫項查寧道鈕廷彩與該府
同城且甫經盤查出結如果顧守生前實有如
許之虧空該道豈肯代為出結況顧守闔家俱
死卷案全無明係被冤遺失或乘間竊取原擬
參出引海洋失風之例仰邀
皇恩豁免彼時我與總督
欽差相商一府五縣庫項正多若再有缺少一槩照
例請免恐有不肖官吏乘勢滋弊反為多事且
聖主因此奇冤賑恤不下百萬豈可再瀆
天聽不料我離任後蒙尹總督查參今各員供稱係
奉各大人面諭等語這原係我三人見寧夏百
姓慘遭奇冤顧守原無虧空又全家被難是以
商酌如此辦理的理合據實供明等情到臣隨
將原供轉飭審擬去後復據布政使徐杞按察
使鄂昌呈稱查歷開歷抵糧一萬六千八百九
十五石零與歷開歷抵銀一萬四千八百二十
四兩零雖元前撫自認諭辦不諱但稱與
欽差總督商同諭辦即各員僉供亦有實係遵奉各
大人示諭之語則又未便止據元前撫一人之
供為定議應請將當日果否商同諭辦之處咨
詢明確方可核定但班
欽差查前督係現任中堂尚書外省不便咨詢可否
將現審供情奏明請
旨勅令回奏之處統候核奪等情具詳到臣該臣查
得前督臣尹繼善所參府縣各官虧空銀糧一
案現據布按兩司審明各犯供吐雖俱歷歷如
繪但從前兵部侍郎臣班第署督臣查郎阿會
否與前撫臣元展成商同示諭各員通融彌補
歷開歷抵之處既未確切以致前案難於定擬
相應據情奏請

皇上勅令大學士臣查郎阿兵部尚書臣班第回奏

之日

勅發部臣行知到日以便定擬具題者也抑臣更有

請者查大學士臣查郎阿與部臣尚書班第回

奏情節或有不符之處尚須質訊前撫臣元展成方可定案而元展成現在直省可否容臣將現審供情備咨刑部以便就近質訊核議定案之處臣未敢擅陳伏祈

皇上訓示遵行等因具

奏前來　查律載凡倉庫及積聚財物若卒遇雨水衝激失火延燒盜賊刦奪事出不測而有損失者委官保勘覆實顯跡明白免罪不賠其監臨主守官吏若將侵欺借貸那移之數乘其水火盜賊虛捏文案及扣換交單籍冊申報瞞官希圖倖免本罪者並計贓以監守自盜論等語今據該撫黄廷桂奏稱乾隆三年十一月間寧夏地方陡遭地震府庫縣倉盡皆塌陷耗失銀兩甚多除經奏明外尚有耗失銀一萬四千八百二十四兩零不特裂陷情實且當日拿獲竊賊追出原銀竊去亦有確據又耗失糧一萬六千八百九十五石零彼時灾民每人先給口糧一斗充饑時因斗級書役多皆死傷灾民急欲度命勢難待散各用衣褲包袱約畧自行取去行據前撫元展成供稱灾民啼號擁集至倉盈千累萬顛沛之際遵示領糧饑不能待自取苟延待賑實有多一斗之數若不准各縣造銷亦屬寃抑如府顧爾昌合家俱死原無虧空等語是當日寧夏震灾原屬事出不測耗失各項銀糧正與律載卒遇水火盜賊事出不測而有損失者保勘明白免罪不賠之例相符乃前撫

元展成不即奏明諭入於賑濟項下牽混掩飾既已自認不諱則元展成自有應奏不奏之罪該撫若遵例委官保勘覆實何難照律辦理妥議具題改正并將上司各官辦理未協之處附疏聲請議處又該撫奏稱元展成雖自認諭令通融辦理但稱與

欽差總督商同諭辦即各員僉供亦有實係遵奉各大人示諭之語各犯供吐如繪但從前侍郎臣班第署督臣查郎阿曾否與元展成商同示諭各員通融彌補虛開虛抵之處相應奏請

勅令大學士臣查郎阿兵部尚書臣班第回奏之日

勅發部臣行知以便定擬具題等語查震災之後該府縣倘有乘災侵冒則應照乘水火盜賊虛捏文案申報瞞官希圖免罪者計贓以監守自盜論之律治罪嚴追若係因事出不測損失府縣實無虧空又無上下通同侵隱入己情弊更未便均坐爲虛開虛抵以故勘無辜再藩司爲通省錢穀總滙當時之府縣有無虧空督撫如何諭辦斷無不周知之理自乾隆三年震災之時以至於今甘省藩司皆係徐杞一人並無更換一問便可詳悉又何必輾轉咨詢徒延案牘至

欽差署督彼時目擊被災情形頻連無告迫不及待之狀即有商同諭辦情由亦惟該撫該藩方能查有確據豈得以事隔數年之久反覆諮詢成何信讞如果

欽差督撫有通同徇庇確情該撫自應據實參奏非事後詢問二人便可了事者也若無此等情節該撫應就現在確實情形詳晰審明結案又何待二人之空言方可定擬且元展成已經病故該撫所請查郎阿班第如果所言不符將元展

成交臣部就近質訊之處無庸議至該撫所稱
元展成供稱此是我三人會商奏過的實非各
員揑冒等語應俟
命下之日臣部行文大學士臣查郎阿尚書臣班第
將原奏稿移送臣部一併行文該撫查照辦理
爲此謹
奏請
旨
乾隆拾年貳月初貳日議政大臣內大臣刑部尚書兼內務府總管臣來保
經筵講官尚書臣汪由敦
正藍旗滿洲都統兼刑部左侍郎臣盛安
經筵講官左侍郎臣錢陳羣
右侍郎臣兆惠

副
揩

114. 刑部尚书来保奏复查参乾隆三年宁夏震灾地方官员虚开虚抵耗失银粮折

乾隆十年二月初二日（1745 年 3 月 4 日）

（台北·历史语言研究所·内阁大库档）

朱批：依议

114. Folded memorial to the throne, presented by Lai Bao, Minister of the Ministry of Punishment, replying the verification on the cook accounts of the local officials and loss of taxation in the Ningxia Earthquake, occurred in the 3rd year of Qianlong

Feb.2, the 10th year of Qianlong (Mar. 4, 1745)

(From the *Cabinet Archives*, kept in Institute of History and Philology, Academia Sinica, Taibei)

Emperor's comment in red: Act as the discussion.

議政大臣内大臣刑部尚書兼内務府總管加一級紀錄四次革職留任臣來保等謹

奏為請

旨事内閣抄出甘肅巡撫黃廷桂奏前事等因乾隆

九年十二月十二日奉

硃批該部議奏欽此欽遵抄出到部該臣等議得甘

肅巡撫黃廷桂奏稱竊臣查得寧夏地方於乾

隆三年十一月間陡遭地震蒙

皇上軫念灾黎

欽命兵部侍郎臣班第於前督臣查郎阿前撫元展

成加意撫恤經理妥協具摺入

奏惟因府庫縣倉盡皆塌陷耗失銀兩甚多除已
經奏明夏朔平新寳五縣耗失粮石外尚有耗
失粮一萬六千八百九十五石有零耗失銀一
萬四千八百二十四兩有零經元展成等商諭
擅於賑恤各行内將前項耗失銀兩虚開虚抵
經前督臣尹繼善據布政使徐杞詳請於東省
委員清查等情隨諭令張廷枚署理寧夏府知
知并新任知府牟瀜查出已故知府顧爾昌任
内虧缺銀二萬四千四百二十二兩零并寧夏
縣已故知縣沈頊年寧朔縣已故知縣辛禹籍

平羅縣叅革知縣馬瑗名下共虧空銀六千六十五两零又寧夏縣丁憂知縣武梓又署縣事平羅縣知縣何世寵并沈項年辛禹籍馬瑗名下共虧空粮二萬一千八百七十三石零經尹継善叅奏以寧夏遭罹震灾倉庫耗失原所不免自應于耗失案內一併奏報何得入於賑濟項下牽混掩飾會疏題叅并將不行揭報之叅革寧夏府臧珊叅革寧夏道阿炳安原任撫臣元展成列入附叅奉

旨飭審臣隨欽遵轉行審擬去後嗣據布政使徐杞
按察使鄂昌率同寧夏府知府楊灝會審得奉
叅已故寧夏府顧爾昌并寧夏寧朔平羅三縣
正署各令武梓何世寵辛禹籍沈項年馬瑗虧
空銀兩以及原叅無名之前任寧夏府臧珊同
原任新寶二令任達德朱元裕虛開 虛抵一
案如原叅顧爾昌虧空銀二萬四千四百二十
二兩零又續經該府縣查出靈州平羅二處解
府耗粮變價銀三百一十四兩一錢零據顧爾

昌嗣于顧芝供稱伊父錢粮並未經手一切借
欠悉係接任之臧守清查等情訊據前守臧珊
供稱叅奏顧爾昌之虧空及續查銀兩內除伊
河州任內應賠牛驢變價銀二千五百二十五
兩八錢零並非存貯府庫之項自應追補又開
欠項內有前任查督院捐賞被災小民房價諭
令先于府庫借動銀二千二百六兩已經歸還
外尚有府庫應存武職俸工各項銀二千一百
六十五兩零又應存靈中二州縣解交耗粮變
價銀三百一十四兩零又借欠項內有查明無

着銀二千七百五十一兩以上共銀九千九百六十一兩八錢零原係查明虧空有據之項自應分晰追賠其餘銀一萬四千七百七十四兩零并漏揭銀五十兩共銀一萬四千八百二十四兩零不特裂陷情真且經當日拿獲竊銀之鄭先伏等追出原銀二千四百餘兩是竊去亦有確據是以各憲諭令于賑恤各案内虛開銀一萬四千八百二十四兩零抵補府庫是寔如奉恭武梓何世寵辛禹籍馬瑗等名下共虧空粮一萬六千八百九十餘石又辛禹籍馬瑗沈

項年同未經奉叅之任達德朱元裕等名下共
虧空銀一萬四千八百二十四兩零僉供彼時
灾切餘生盡皆啼號經寧夏道鈕廷彩詳明示
諭每人先給口粮一斗充飢時因斗級書役多
皆死傷灾民急欲度命勢難待散隨各用衣褲
包袱約畧自行取去蒙前元巡撫諭令即照每
人一斗口粮造報以補各縣耗失倉粮之數又
諭令于煑粥項下夫工柴價項下客民田籍盤
費項下虛開各項銀粮以抵府庫耗失之銀等
情再三究詰堅稱寔係前元巡撫與各大人商

定示諭稟阻不允只得遵奉虛開虛抵通融彌補是寔此外又審得辛禹籍馬瑗沈項年各名下經故道阿炳安硬刪去寔用銀三千三百一兩零查無假捏應准開銷又馬瑗名下除有抵銀六百七十九兩三錢零止寔在虧空銀六百九十兩八錢零又沈項年名下除不應議賠認賠與應領及已交銀四百六十八兩四錢零外寔止虧空銀九百二十五兩四錢零霉爛穗色粮四千九百八十石零查該員尚有那墊各項應領銀兩應候核寔造銷後如不足數另行追

補其餘各項除虛開虛抵之外本身並無虧空

但各員僉供虛開粮一萬六千八百九十五石

零與虛抵銀一萬四千八百二十四兩零與元

前撫商同示諭遵辦爲辭是否寔情先後呈請

咨詢經臣兩次移咨直督轉飭詢取元展成確

供去後嗣准直督臣高斌咨覆取具供单内開

乾隆三年十一月間寧夏地方遭罹震災之際

房屋盡皆倒壞人民大半死傷災民嗷嗷待哺

隨據寧夏道鈕廷彩通詳示諭無論大小災民

每人先給一斗口粮以資餬口等因准行在案

後查署督到寧夏時該道并各縣稟稱出示之
後正在分散閒無奈災民啼號擁集至倉盈千
累萬書役手級多皆死傷又乏升斗災民急欲
度命勢難待散隨各用衣褲包袱自行取去以
延殘喘我同查署督細訪屬寔及
欽差大人到寧訪亦無異因此我三人商酌百姓於
顛沛之際遵示領粮餬口寔因分散不及飢不
能待故而自取苟延待賑雖約畧一斗之數然
確訪所取寔有多無少若不准各縣造銷亦屬
寃抑是以令其確查造銷此中毫無欺飾此是

我三人會商奏過的寔非各員捏冒並將煑粥
夫工柴價與客民田籍各衆多益寡通融辦理
在案至碩守虧空庫項查寧夏道鈕廷彩與該
府同城且甫經盤查出結如果碩守生前寔有
如許之虧空該道豈肯代爲出結況碩守合家
俱死卷案全無明係被災遺失或乘閙竊取原
擬恭出引海洋失風之例仰邀
皇恩豁免彼時我與揔督
欽差相商一府五縣庫項正多若再有缺少一槩照
例請免恐不肖官吏乘勢滋弊反爲多事且

聖主因此奇災賑恤已不下百萬豈可再瀆

天聽不料我離任後蒙尹總督查叅今各員供稱奉

各大人面諭等語這原係我三人見寧夏百姓

慘遭奇災頗守原無虧空又全家被難是以商

酌如此辦理的理合據實供明等情到臣隨將

原供轉飭審擬去後復據布政使徐杞按察使

鄂昌呈稱查虛開虛抵粮一萬六千八百九十

五石零與虛開虛抵銀一萬四千八百二十四

兩零雖元前撫自認諭辦諱但稱與

欽差總督商同諭辦即各員僉供亦有寔係遵奉

各大人示諭之語則又未便止據元前撫一人之供爲定議應請將當日果否商同諭辦之處咨詢明確方可校定但班

欽差查前督係現任中堂尚書外省不便咨詢可否

將現審供情奏明請

旨勅令回奏之處統候欽奪等情具詳到臣該臣查得前督臣尹繼善所叅府縣各官虧空銀粮一案現據布按兩司審明各犯供吐雖俱歷歷如繪但從前兵部侍郎臣班第署督臣查郎阿曾否與前撫臣元展成商同示諭各員通融彌補

虛開虛抵之處既不確切以致前案難于定擬

相應據情奏請

皇上勅令大學士臣查郎阿兵部尚書臣班第回奏

之日

勅發部臣行知到日以便定擬具題者也抑臣更有

請者查大學士臣查郎阿與部臣尚書班第回

奏情節或有不符之處尚須質訊前撫臣元展

成方可定案而元展成現在直省可否容臣將

現審供情備咨刑部以便就近質訊核議定案

之處臣未敢擅陳伏祈

皇上訓示遵行等因具
奏前來　查律載凡倉庫及積聚財物若卒遇雨
水衝激失火延燒盜賊刦奪事出不測而有損
失者委官保勘覆寔顯跡明白免罪不賠其監
臨主守官吏若將侵欺借貸那移之數乘其水
火盜賊虛捏文案及扣換交單籍冊申報瞞官
希圖倖免本罪者並計贓以監守自盜論等語
今據該撫黃廷桂奏稱乾隆三年十一月間寧
夏地方陡遭地震府庫縣倉盡皆塌陷耗失銀
兩甚多除經奏明外尚有耗失銀一萬四千八

百二十四两零不特裂陷情寔且當日拏獲窃賊追出原銀窃去亦有確據又耗失粮一萬六千八百九十五石零彼時灾民每人先給口粮一斗充飢時因斗級書役多皆死傷灾民急欲度命勢難待散各用衣褌包袱約畧自行取去行據前撫元展成供稱灾民啼號擁集至倉盈千累萬顛沛之際遵示領粮飢不能待自取為延待賑寔有多一斗之数若不准各縣造銷亦属寃抑知府顧爾昌合家俱死原無虧空等語是當日寧夏震灾原属事出不測耗失各項銀

粮正與律載卒遇水火盜賊事出不測而有損
失者保勘明白免罪不賠之例相符乃前撫元
展成不即奏明諭入于賑濟項下牽混掩飾既
已自認不諱則元展成自有應奏不奏之罪該
撫若遵例委官保勘覆寔何難照律辦理妥議
具題改正並將上司各官辦理未協之處附疏聲
請議處又該撫奏稱元展成雖自認諭令通融
辦理但稱與
欽差總督商同諭辦即各員僉供亦有寔係遵奉各
大人示諭之語各犯供吐 如繪但從前侍郎臣

班第署督臣查郎阿會否與元展成商同示諭
各員通融彌補虛開虛抵之處相應奏請
勅令大學士臣查郎阿兵部尚書臣班第回奏之日
勅發部臣行知以便定擬具題并語查震災之後該
府縣倘有乘災侵冒則應照乘水火盜賊虛揑
文案申報瞞官希圖免罪者計贓以監守自盜
論之律治罪嚴追若係因事出不測損失府縣
寔無虧空又無上下通同侵隐入已情弊更未
便均坐為虛開虛抵以故勘無辜再藩司為通
省錢穀總滙當時之府縣有無虧空督撫如何

諭辦斷無不周知之理自乾隆三年震災之時
以至于今甘省藩司皆係徐杞一人並無更換
一問便可詳悉又何必輾轉咨詢徒延案牘從
欽差署督彼時目擊被災情形顛連無告廹不及待
之狀即有商同諭辦情由亦惟該撫該藩方能查有
確據豈得以事隔数年之久反復諮詢成何信
讞如果
欽差督撫有通同徇庇確情該撫自應據寔叅奏非
事後詢問二人便可了事者也若無此等情節
該撫應就現在確寔情形詳晰審明結案又何

待二人之空言方可定擬且元展成已經病故

該撫所請查郎阿班第如果所言不符將元展

成交臣部就近質訊之處毋庸議至該撫所稱

元展成供稱此是我三人會商奏過的寔非各

員 捏冒等語應俟

命下之日臣部行文大學士臣查郎阿尚書臣班第

將原奏稿移送臣部一并行文該撫查照辦理

為此謹

奏請

旨等因乾隆十年二月初二日奏本日奉

硃批依議欽此

乾隆拾年貳月初貳日

尚書臣來保

尚書臣汪由敦

左侍郎臣盛安

左侍郎臣錢陳羣

右侍郎臣兆惠

115. 刑部议复甘肃巡抚黄廷桂奏宁夏震灾耗失银粮虚开虚抵事请敕令查郎阿等移送原奏稿

乾隆十年二月初二日（1745年3月4日）

（台北·历史语言研究所·内阁大库档）

朱批：依议

115. Memorial to the throne, presented by the Ministry of Punishment, replying that the memorial presented by Huang Tinggui, Minister of Gansu, on the Ningxia Earthquake disaster, is a fake report with cook accounts, leading loss of taxation, and asting His Majesty to instruct Zha Langa et al. to send the original memorial presented by Huang to the Ministry

Feb.2, the 10th year of Qianlong (Mar. 4, 1745)

(From the *Cabinet Archives*, kept in Institute of History and Philology, Academia Sinica, Taibei)

Emperor's comment in red: Act as the discussion.

刑部為請
旨事陝西清吏司案呈內閣抄出甘肅巡撫黃　奏前事
等因乾隆九年十二月十二日奉
硃批該部議奏欽此欽遵抄出到部該本部議得甘肅
巡撫黃廷桂奏稱竊臣查得寧夏地方於乾隆三
年十一月間陡遭地震蒙
皇上軫念災黎
欽命兵部侍郎臣班第於前督臣查郎阿前撫元展成
加意撫恤經理安協具摺入
奏惟因府庫縣倉盡皆塌陷耗失銀兩甚多除已經奏
明夏朔平新寶五縣耗失糧石外尚有耗失糧一
萬六千八百九十五石有零耗失銀一萬四千八百二十四

兩有零經元展成等商諭擅於賑恤各行內將前項
耗失銀兩虛開虛抵經前督臣尹繼善據布政使徐杞
詳請東省委員清查等情隨諭令張廷枚署理寧
夏府知府并新任知府牟融查出已故知府顧爾
昌任內虧缺銀二萬四千四百二十二兩零并寧夏縣已
故知縣沈瑱年寧朔縣已故知縣辛禹籍平羅縣參
革知縣馬瑗名下共虧空銀六千六十五兩零又寧夏
縣丁憂知縣武梓又署縣事平羅縣知縣何世寵并
沈瑱辛禹籍馬瑗名下共虧空糧二萬一千八百七
十三石零經尹繼善參奏以寧夏遭罹震災倉庫
耗失原所不免自應于耗失案內一并奏報何得入于
賑濟項下牽混掩飾會疏題參并將不行揭報之參

革寧夏府知府臧珊參革寧夏道阿炳安原任撫

臣元展成列入附參奏

旨飭審臣隨欽遵轉行審擬去後嗣據布政使徐杞按察使

鄂昌率同寧夏府知府楊灝會審得奉參已故寧

夏府顧爾昌并寧夏寧朔平羅三縣正署各令武梓

何世寵辛禹籍沈珥年馬瑗虧空銀兩以及原參無名之前

任寧夏府臧珊同原任新寶二令任達德朱元裕虛開

虛抵一案如原參顧爾昌虧空銀二萬四千四百二十二

兩零又續經該府縣查出靈州平羅二處解府耗糧

變價銀三百一十四兩一錢零據顧爾昌嗣子顧芝供稱

伊父錢糧並未經手一切借欠悉係接任之臧守清查等

情訊據前守臧珊供稱參奏顧爾昌之虧空及續查

銀兩内除伊河州任内應賠牛驢變價銀二千五百二十五
兩八錢零並非存貯府庫之項自應追補又闕欠項内有前
任查督院捐賞被災小民房價諭令先于府庫借動
銀二千二百六兩已經歸還外尚有府庫應存武職俸
工各項銀二千一百六十五兩零又應存靈中二州縣
解交耗糧變價銀三百一十四兩零又借欠項内有查明
無着銀二千七百五十一兩以上共銀九千九百六十一兩八
錢零原係查明虧空有據之項自應分晰追賠其
餘銀一萬四千七百七十四兩零并漏揭銀五十兩共銀一萬四
千八百二十四兩零不特裂衣陷情真且經當日拿獲窃銀
之鄭先伏等追出原銀二千四百餘兩是窃去亦有確
據是以各憲諭令于賑恤各案内虚開銀一萬四千

八百二十四兩零抵補府庫是實如奉參武梓何世寵辛禹籍馬瑗等名下共虧空粮一萬六千八百九十餘石又辛禹籍馬瑗沈瑱年同未經奉參之任達德朱元裕等名下共虧空銀一萬四千八百二十四兩零僉供彼時災切餘生盡皆啼號經寧夏道鈕廷彩詳明示諭每人先給口粮一斗充饑時因斗級書役多皆死傷災民急欵度命勢難待散隨各用衣褲包袱約略自行取去蒙前元巡撫諭令即照每人一斗口粮造報以補各縣耗失倉粮之數又諭令于煑粥項下夫工柴價項下客民田籍盤費項下虛開各項銀粮以抵府庫耗失之銀等情再三究詰堅稱實係前元巡撫與各大人商定示諭稟阻不允只得遵奉虛開虛抵通融彌補是

實此外又審得辛禹籍馬瑗沈項年各名下經故道阿
炳安硬刪去寔用銀三千三百一兩零查無假捏應准開銷
又馬瑗名下除有抵銀六百七十九兩三錢零止寔在虧空
銀六百九十兩八錢零又沈項年名下除不應議賠認賠
與應領及已交銀四百六十八兩四錢零外寔止虧空
銀九百二十五兩四錢零霉爛雜色粮四千九百八十石零
查該員尚有那墊各項應領銀兩應候核寔造銷後
如不足数另行追補其餘各項除虛開虛抵之外本身
並無虧空但各員僉供虛開粮一萬六千八百九十五石零與
虛抵銀一萬四千八百二十四兩零與元前撫高同示諭遵辦
為辭是否寔情先後呈請咨詢經臣兩次移咨直督
轉飭詢取元展成確供去後嗣准直督臣高斌咨

覆取具供單內開乾隆三年十一月間寧夏地方遭
罹震灾之際房屋盡皆倒壞人民大半死傷灾民嗷
嗷待哺隨據寧夏道鈕廷彩通詳示諭無論大小灾
民每人先給一斗口粮以資餬口等因准行在案後查
署督到寧夏時該道并各縣稟稱出示之後正在
分散間無奈灾民啼號擁集至倉盈千累萬書
役斗級多皆死傷又乏升斗灾民急欲度命勢難
待散隨各用衣褲包袱自行取去以延殘喘我同查
署督細訪屬寔及
欽差大人到寧訪亦無異因此我三人商酌百姓于顛沛之際
遵示領粮餬口寔因分散不及饑不能待故而自取
苟延待賑雖約畧一斗之数然確訪所取寔有多無

少若不准各縣造銷亦屬寬抑是以令其確查造銷此
中毫無欺飾此是我三人會商奏過的寔非各員担
冒並將煮粥工夫柴價與客民田籍各裒多益
寡通融辦理在案至顧守虧空庫項查寧夏道
鈕廷彩與該府同城且甫經盤查出結如果顧守生
前寔有如許之虧空該道豈肯代結況顧守合家
俱死卷案全無明係被災遺失或乘間竊取原
擬叅出引海洋失風之例仰邀
皇恩豁免彼時我與總督
欽差相商一府五縣庫項正多若再有缺少一槩照例請免
恐不肖官吏乘勢滋弊反為多事且
聖主因此奇災賑恤不下百萬豈可再瀆

天聽不料我離任後蒙尹總督查參今各員供稱係奉各
大人面諭等語這原係我三人見寧夏百姓慘遭奇
災顧守原無虧空又全家被難是以商酌如此辦理
的理合據寔供明等情到臣隨將原供轉飭審擬去
後復據布政使徐杞按察使鄂昌呈稱查虛開虛
抵粮一萬六千八百九十五石零與虛開虛抵銀一萬四千
八百二十四兩零雖元前撫自認諭辦不諱但稱與
欽差總督商同諭辦即同各員僉供亦有寔係遵奉各大
人示諭之語則又未便止據元前撫一人之供為定議應請
將當日果否商同諭辦之處咨詢明確方可核定但班
欽差查前督係現任中堂尚書外省不便咨詢可否將現
審供情奏明請

旨勅令回奏之處統候核奪等情具詳到臣該臣查得前

督臣尹繼善所參府縣各官虧空銀粮一案現據布

按兩司審明各犯供吐雖俱歷歷如繪但從前兵部

侍郎臣班第署督臣查郎阿曾否與前撫臣元展成

商同示諭各員通融彌補虛開虛抵之處既未確

切以致前案難于定擬相應據情奏請

皇上勅令大學士臣查郎阿兵部尚書臣班第回奏之日

勅發部臣行知到日以便定擬具題者也抑臣更有請者查大學士

臣查郎阿與部臣尚書班第回奏情節或有不符

之處尚須質訊前撫臣元展成方可定案而元展成

現在直省可否容臣將現審供情備咨刑部以便就

近質訊核議定案之處臣未敢擅便伏祈

皇上訓示遵行等因具
奏前來查律載凡倉庫及積聚財物若卒遇雨水
衝激失火延燒盜賊刦奪事出不測而有損失者委
官保勘覆寔顯跡明白免罪不賠其監臨主守
官吏若將侵欺借貸挪移之數乘其水火盜賊虛捏文
案及扣換交單籍冊申報瞞官希圖倖免本罪者並
計贓以監守自盜論等語今據該撫黃廷桂奏稱
乾隆三年十一月間寧夏地方陡遭地震府庫縣倉
盡皆塌陷耗失銀兩甚多除經奏明外尚有耗失銀
一萬四千八百二十四兩零不特裂陷情寔且當日拿
獲竊賊追出原銀竊去亦有確據又耗失糧一萬
六千八百九十五石零彼時災民每人先給口糧一斗

充饑時因斗級書役多皆死傷災民急欲度命
勢難待散各用衣褲包袱約畧自行取去行據
前撫元展成供稱災民啼號擁集至倉盈千累
萬顛沛之際遵示領粮飢不能待自取苟延待
賑寔有多一斗之數若不准各縣造銷亦屬冤抑知
府顧爾昌合家俱死原無虧空等語是當日寧
夏震災原屬事出不測耗失各項銀粮正與律
載卒遇水火盜賊事出不測而有損失者保勘明
白免罪不賠之例相符乃前撫元展成不即奏明諭
入於賑濟項下牽混掩飾既已自認不諱則元展成
自有應奏不奏之罪該撫若遵例委官保勘覆
寔何難照律辦理妥議具題改正並將上司各官辦理

未協之處附疏聲請議處又該撫奏稱元展成雖
自認諭令通融辦理但稱與
欽差總督商同諭辦即各員僉供亦有寔係遵奉各
大人示諭之語各犯供吐如繪但從前侍郎臣班第
署督臣查郎阿曾否與元展成商同示諭各員
通融彌補虛開虛抵之處相應奏請
勅令大學士臣查郎阿兵部尚書臣班第回奏之日
勅發部臣行知以便定擬具題等語查震災之後該
府縣倘有乘災侵冒則應照乘水火盜賊虛捏文
案申報瞞官希圖免罪者計贓以監守自盜論之
律治罪嚴追若係因事出不測損失府縣寔無
虧空又無上下通同侵隱入己情弊更未便均坐

為虛開虛抵以故勘無辜再藩司為通省錢穀
總滙當時之府縣有無虧空督撫如何諭辦斷無
不周知之理自乾隆三年震灾之時以至於今甘省
藩司皆係徐杞一人並無更換一問便可詳悉又何
必輾轉咨詢徒延案牘至
欽差署督彼時目擊被灾情形顛連無告迫不及待
之狀即有商同諭辦情由亦惟該撫該藩方能
查有確據豈得以事隔數年之久反復諮詢成
何信讞如果
欽差督撫有通同徇庇確情該撫自應據實參奏非
事後詢問二人便可了事者也若無此等情節該
撫應就現在確實情形詳悉聲明結案又何

待二人之空言方可定擬且元展成已經病故該

撫所請查郎阿班第如果所言不符將元展成交

臣部就近質訊之處毋庸議至該撫所稱元

展成供稱此是我三人會商奏過的寔非各員揑

冒等語應俟

命下之日臣部行文大學士臣查郎阿尚書臣班第將

原奏稿移送臣部一幷行文該撫查照辦理等

因乾隆十年二月初二日奏本日奉

硃批依議欽此相應移會

典籍廳煩為轉呈

大學士查　欽遵查照施行須至移會者

右移會

内閣典籍廳

乾隆十年二月

初二

日

116. 甘肃巡抚黄廷桂奏请蠲免宁夏灾民所借未完牛价银两折

乾隆十年七月初一日（1745 年 7 月 29 日）

（军机处录副奏折）

朱批：有旨谕部

116. Memorial to the throne, presented by Huang Tinggui, Minister of Gansu, asking a favour to exempt the loan left to be paid by the victims in Ningxia for buying cows

July 1, the 10th year of Qianlong (July 29, 1745)

(Duplicate of memorial to the throne kept in the Military Department)

Emperor's comment in red on the meimorial: I have sent an edict to the Ministry.

奏

黄廷桂　请蠲免牛价银两

七月初一日

甘肃巡抚臣黄廷桂谨

奏为恳

奏事窃查宁夏府属宁夏宁朔平罗三县乾隆三

年冬间陡遭地震牛只压伤甚多经

钦差侍郎臣班第等奏请查明无牛贫户每户借

给牛价银八两以资耕种所借银两分作四年带

徵还顷仰蒙

皇恩允准宁夏县共借过牛价银一万七千一百七十六两

宁朔县共借过牛价银一万五千七百二十八两平罗

县共借过牛价银一万二千六百八十四两以上银两宁

夏宁朔二县于乾隆五年起按限分徵平罗县因

乾隆五年夏禾被旱经准部覆展至六年夏

收后仍照原奏分作四年徵还等因在案臣到任

之后接各该有司屡次禀称限于民力艰难完欠臣

惟叠伤灾侵未敢冒昧
上请兹复据宁夏府知府杨灏禀称宁夏前遭地震
又值歉收民间衣食率多艰窘自乾隆七年以来
虽幸获屡丰然灾歉之余家鲜积蓄百姓每岁
收获所得一切仰事俯育正供私逋之外不敢办于此
已有入不敷出之虞是以夏朔平三邑除本年
额赋外尚有乾隆六七八三年未完地丁银两及乾
隆四五六七八等年未完籽种粮石均应带征还项
若再加此牛价借项一并交纳民力实有不能且查
前项原借牛价宁夏县已完银一万三千五百七
十六两二分尚未完银三千五百九十九两七分零
宁朔县已完银一万二千七百二十四两二分尚未完银
二千九百九十三两八分平罗县已完银六千六百五十
八两三分八厘三毫尚未完银六千二十五两六分零
七厘在小民感戴
天恩其牛价力能完者即已如数办交而此下剩尾欠实
属灾后穷黎养赡拮据不能全还之户惟尽力
措责而徒为追呼无益帑项等情由布政司徐杞
转详豁免到臣伏查宁郡地震荐业
圣主深仁悯念
特命大臣多方赈救动费帑金不下百万固已出灾
黎于水火之中而登之衽席矣然以次年牛具
购措艰难恐误春耕
赏借牛价俾得尽力南亩于颠沛之中宽其拮据之
洪慈原与寻常借项不同今自催征以来已历五六
载之久而原借之数仍有拖欠细察民隐实因
震后元气未能骤复一岁所入即有一岁所出兼
之节年额征旧欠籽种积逋合算累累势难并
输是以宁夏宁朔平罗三县百姓原借牛价
其能力还者感戴
天恩即已竭蹶办交共完银三万二千九百六十八两八分
有奇而此下剩尾欠共未完银一万二千六百一十
九两一分零实系灾后穷民日用拮据不能全完
之户可否恭恳
恩施将此下剩未完牛价加沛
恩偏准予豁免以纾民力
隆恩出自
上裁非臣所敢擅便相应恭折密
奏伏祈
皇上睿鉴施行谨
奏 乾隆十年七月初一日奏
硃批有旨谕部钦此

117. 甘肃布政使阿思哈奏报震后改设通渭县治过于偏僻请准仍移旧地折

乾隆十二年三月初七日（1747 年 4 月 16 日）

（奏折档）

朱批：交黄廷桂，听其议奏

117. Memorial to the throne, presented by Asiha, Minister of Gansu, reporting that the location of Tongwei County government is rather remote after the quake and asking a favour to permit to return to the original location

Mar. 7, the 12th year of Qianlong (Apr. 16, 1746)

(Memorial to the throne kept in the file)

Emperor's comment in red on the memorial: Hand the memorial over to Huang Tinggui and let him discuss and report to me.

奏

甘肅布政使奴才阿思哈跪

奏爲請將通渭縣治仍移舊地以順民情事竊照
鞏昌府屬之通渭縣幅幀七百餘里東連秦安
西界隴西南接伏羌北達靜寧爲鞏屬寬廣緊
要之區舊縣縣治適居四圍之中官民相安其
來已久因康熙五十七年忽遭地震城池倉庫
以及衙署祠廟壓毁無存彼時人民稀少基址
湮没修建維難知縣棲身無所購覓民房暫爲
棲止於雍正九年將通渭北鄙原隸靜寧州之
安定監市鎮改爲縣治偏處一隅地方狹隘其
城郭仍係舊堡低薄土墻未經修建且有坍損
諸事因陋就簡以爲一時權宜之計是新縣之

設原非因安定監地方形勢宜建縣治亦非因通縣民情願爲改移而設也是以舊縣士民仍俱各戀故土於未經移徙新縣之時各出己資在舊縣西門城外關廂地方捐買民房以爲知縣往來之所復據士民陸續捐設典史敎官住屋以及

文廟城隍各廟并祠宇壇墠俱各完整至乾隆四年又將舊縣城垣併力修築惟城門城樓尚未建造蓋緣舊治乃適中之地凡納糧詞訟買賣交易等事四處往來俱稱便易新城則僻處北隅離東西南三路居民窵遠諸事艱難且新縣之民有銀無糧舊縣各處之民銀糧兼納騾馱車載尤有不便故自改設新縣十六年來舊縣士民凡有納糧詞訟從未一至其地即書吏卷宗亦俱存貯舊縣地方不肯遷移以致歷任縣令

不得不曲順民情就地收糧往來聽訟一年之中居舊縣者十之七居新縣者十之三徒有改設之名轉多兼顧之慮一官兩縣奔走往來似於體制亦有未協況自地震以後迄今三十餘年蒙

皇上深仁厚澤休養生息戶口繁多田廬如舊現在所屬九里四所共二十二鎮大小村庄一千八百八十餘處新縣北隅里民不及三分之一未便以多就少以遠就近强民所難似應移歸舊縣城內以爲縣治地處適中官民兩便奴才與撫臣商量意見亦俱相合至各官衙署以及倉庫監獄俱應將從前所買關廂內房屋移建城內以爲衙署添偹工料甚屬有限現據士民在府呈請有各願捐資移建之意但須臨時再爲妥酌辦理其城垣已經修築完固惟城門城樓

未造約估需銀亦屬無幾且修估新城已於通省城工案內估報移彼就此增益無多容俟再令該府縣細加確估另行造報奴才為地方民情起見謹繕摺陳

奏伏乞

皇上訓示謹

奏

交部速々覽 具議奏

乾隆十二年三月　初七　日

118. 甘肃巡抚黄廷桂奏新渠宝丰二县废城经地震坍圮请改堡以利民居

乾隆十二年十一月二十四日（1747 年 12 月 25 日）

（台北故宫博物院 · 军机处档）

朱批：军机大臣议奏

118. Memorial to the throne, presented by Huang Tinggui, Minister of Gansu, reporting that the abandoned city wall of Xinqu and Baofeng County collapsed in the earthquake, and asking a favour to change the wall into a fortress for the benefit of the people

Nov.24 the 12th year of Qianlong (Dec. 25, 1747)

(From the *Archives of the Military Department*, kept in Taibei Palace Museum)

Emperor's comment in red: Ministers of the Military Department discuss and then report to me.

[illegible]

黃廷桂

請改新渠寶豐

廢城為堡

奏

办。

十一月十七日

甘肅巡撫臣黃廷桂謹
奏為請改新寶廢城為堡以益民居事竊臣據布
政司阿里哈署寧夏道楊灝詳稱查新渠寶豐
二縣廢城自地震之後城池坍裂人民流移縣治
裁廢遂將二縣[城]封閉無人居住近年以來修濬渠道
招民墾種寶豐地方陸續招集至三千餘戶計以萬
餘地闊民稠不異昔日生聚既眾商賈工作之人亦
皆接踵而至祇因廢城封閉俱在城外蓋房居住頗
覺不便若將寶豐廢城改為民堡棲民居住不惟
戶民糧草牲畜所有闌攔防衛而一切商賈工本[作]
得以聚集城市百貨有所貯藏設立市集亦復
便易且改設之縣丞本年文移駐寶豐現在請建衙
署若干城內駐劄體制更為相宜至新渠廢城在
寶豐西南夏平二縣之中若棲民蓋房移居則

户口骈集贸易之人自必趋赴地方可有起色今
查明宝丰城内周围四里四分新渠城周围四里城内
系有拼废鼓楼基址为界中分大街二道四隅各
分小街以通往来每隅丈地九分除原设文武衙
署及庙宇仓廒等项基例留备用外其余俾为民
基以每丈为铺面一间大街市面每户不过三间小
街住房每户不过五间该地回汉杂处从前以鼓
楼南界令回民居住鼓楼北界令汉民居住今应仍
循其旧凡愿移居盖房者先行筹量地方安分列
回汉挨次丈给但此项地基若例作官地赁民居住
恐致日后争占之端应请每基一间连进深酌令
出价三钱该管有司给与印照开明四至登记印
册准其盖房永远为业所收地价留备本处修补
城池渠道等项公事之用如有以震前原住房基藉

端爭控者渠不准理即以新渠廢城名為新渠堡
寶豐廢城名為寶豐堡等情到臣查新寶二城
前因地震縣裁無人居住封閉日久迄今年以來修渠
築埂陸續墾復已共招墾三千餘戶計口三萬餘自
應將二縣廢城仍令戶民居住以資防衛今據該
司道等查照新寶廢城各以坍廢敵樓為界循
照舊制樓南令回民居住樓北令漢民居住以免
雜處酌量人戶丈給間數每基一間議令出資三
錢給與印照永遠為業所收地價留備本處修
補城池渠道之需并請將改設之縣丞應需衙署
即于寶豐城內建造駐劄以資彈壓等情前來臣
覆核無異事關改城為堡相應繕摺恭
奏伏祈

皇上聖訓遵行謹

奏

乾隆十二年十月十七日奉

硃批軍機大臣議奏欽此

十月廿日

119. 甘肃巡抚黄廷桂等奏报平凉府属固原等处地震房倒人亡已饬文武官员赈恤折

乾隆十三年十月初十日（1748 年 11 月 30 日）

（奏折档）

朱批：知道了

119. Memorial to the throne, presented by Huang Tinggui et al., Governor of Gansu, reporting that an earthquake occurred in Guyuan etc. belonging to Pingliang Perfecture, in which people and domestic animals died owing to collapse of houses. Officials in the army and the government were sent for relief

Oct.10, the 13th year of Qianlong (Nov. 30, 1748)

(Memorial to the throne kept in the file)

Emperor's comment in red on the memorial: Known.

奏

甘肅巡撫臣黄廷桂
固原提督署甘肅巡撫臣瑚寶 謹

奏爲奏

聞事竊臣等據平涼府屬固原州知州貫聖檜稟稱

本年十月初一初二兩日地微震動塌損南關

外土城一處又據八營俚守備楊國勲稟稱十

月初一日子時初二日丑刻本營汛地白嘴子

黑城子一帶二十餘村莊地震共查得坍塌民

房土窰一百三十餘間因黑夜壓死男婦大小

共四十餘名口壓死牛驢二十餘隻各等情查

時届冬寒黄夜陡遭地震小民趨避不及以致

塌損房屋壓斃人口牲畜殊堪矜憫隨飛飭該

管文武各官立即前往地震各村莊携帶銀兩

逐一查勘將坍塌房間照例給銀速令補葺以
便棲止其壓斃人口賞給棺銀以資歛埋如被
傷之戶果有貧難缺乏口糧者即量加賑借毋
致失所至壓斃牲口亦照例撫賞所有據報固
原各村莊地震及臣等飭委文武星往撫恤緣
由相應恭摺奏
聞再查平凉府屬之靈臺靜寧平凉涇州等四處據
各該有司禀報俱於同日地微動即止民間房
含墻壁並無損壞安堵如舊合併
奏明伏祈
皇上睿鑒謹
奏
知道了
乾隆拾叁年拾月　　　　　　貳　　　　　　日

120. 甘肃巡抚黄廷桂奏报宝丰县震后招垦户数及开垦地亩数目折

乾隆十三年十月二十四日（1748 年 12 月 14 日）

（奏折档）

朱批：知道了

120. Memorial to the throne, presented by Huang Tinggui, Governor of Gansu, reporting the number of families recruited and number of mu (mu equivant to 1/15 hectare) of fields in the reclaimation in Baofeng county after the quake

Oct.24, the 13th year of Qianlong (Dec. 14, 1748)

(Memorial to the throne kept in the file)

Emperor's comment in red on the memorial: Known.

奏

甘肅巡撫臣黃廷桂謹

奏爲

奏明寶豐續招户數及屢豐情形仰慰

宸衷事竊查寶豐縣値地震河决之後人民移徙

田土抛荒棄置埂外臣到任以來督飭有司招

徠墾闢更因渠流不至田多苦旱飭委署寧夏

道楊灝修濬昌潤六墩等渠遠近田地悉沾水

利自乾隆七年起至乾隆十一年止共安插三

千五百二十八户墾地三千一百六十六頃餘

畝照水田六年陞科之例於乾隆癸酉年一體

起科俱經節次

題咨部覆准行在案惟是寶豐一帶除安插以上

墾戶之外尚有餘地未便曠廢臣於乾隆十二
十三兩年之中又飭令有司陸續招民一百六
十四戶墾地九十五頃餘畝此項墾戶俱係情
願自備牛力前來認墾無須代為籌措所墾地
畝亦照例六年入額徵輸現在行司另冊報部
存案再查該處渠水既已修濬兼之連歲以來
雨澤時降足敷輪澆疊獲有秋今歲更屬豐稔
墾民樂業新堡相接入烟日密地方實有起色
合併繕摺恭
奏仰慰
聖懷伏祈
知道了
皇上睿鑒謹
奏
乾隆拾叁年拾月 貳拾肆 日

121. 大学士来保等题请平罗县震后城工烧造砖瓦占用民田未完地价银按年催完本

乾隆十四年七月初十日（1749 年 8 月 22 日）

（内阁户科题本）

批红：依议

121. Memorial to the throne, presented by Lai Bao et al., official of the Minister of Official Personnel Affairs, reporting that, after the quake, bricks and tiles were needed for rehabilitation of city wall and government office buildings in Pingluo County belonging to Ningxia Perfecture and clay used for burning bricks and tiles was taken from the cultivated fields of the local people. The fund to be paid to the owners for their fields is requested to pay in years

July 10, the 14th year of Qianlong (Aug.22, 1749)

(Proposals of the Household Division of the Cabinet)

Emperor's comment in red on the memorial: Act as discussed.

題

經筵講官太子太傅議政大臣領侍衛內大臣武英殿大學士兼管吏部戶部事務內務府總管教習庶吉士臣來保等謹

題為查議修築城垣以重邊鎮事戶科抄出甘肅

巡撫鄂昌題前事內開乾隆拾肆年叁月初捌

日據甘肅布政使司布政使阿思哈呈乾隆拾

貳年拾貳月初肆日蒙前任甘肅黃部院案驗

乾隆拾貳年拾貳月初壹日准戶部咨陝西司

案呈本年玖月叁拾日准甘撫黃廷桂咨據布

政司呈稱查得平羅縣於乾隆叁年遭被震災

城垣衙署盡皆倒塌蒙辦理賑務各憲奏明照

舊建築奉

硃批依議欽此欽遵轉飭遵辦在案茲據署平羅縣

知縣董淑英詳報平邑建築城垣衙署等項燒

造磚瓦築打窑場因附近地方並無空閒官地

經前署縣何世龍在於戶民彭朝棟額田內開

用取土薰因平邑土性多沙深即見水不堪取

用以致佔用民間完糧上田壹百玖拾貳畝伍

分下田壹拾玖畝二共佔用民地貳百壹拾壹

畝伍分上田每畝照現行時價議給地價銀叁

兩共銀伍百柒拾柒兩伍錢下田每畝照現行

時價議給地價銀貳兩共銀叁拾捌兩二共應

給地價銀陸百壹拾伍兩伍錢隨經前任寧夏

道蔣嘉年批飭在於道庫城工項下請領給散

在案查所佔民田內已經戶民自備工本陸續

平治地壹百柒畝內上田捌拾捌畝下田壹拾

玖畝該原領地價銀叁百貳兩請照中衛縣估用民田復經平治繳還之例自乾隆拾貳年起分作伍年帶徵還項尚該實在廢棄不能平治上田壹百肆畝伍分該原領地價銀叁百壹拾叁兩伍錢雖係因公佔用但從前原辦之署縣何世龍既於城工冊內漏估而工竣造銷又未登明應照例在於何令名下追賠至於佔用地畝應徵錢糧除乾隆肆伍陸等年已經通行蠲免外所有已經平治地壹百柒畝自應於乾隆柒年起按數徵收但先因官用之後盡成廢地續經原戶自備工本陸續平治民力已艱應請於乾隆拾貳年起再行徵收其拾貳年以前未完民欠亦請照中衛縣平治地畝所懸錢糧着落原辦官補完之例令何令賠補至實在廢棄地壹百肆畝伍分查地既因公廢棄錢糧自應豁除但此案佔用地畝因歷年沙淤水積兼有平治地壹百餘畝難以查丈土方應請免其造報先行咨明以便造冊請免等情覆查平羅建築城垣築打窯場佔用民地從前該縣既未於城工冊內造入又不於發價之時詳請咨明而工竣造銷亦未聲登應將實在廢棄地壹百肆畝伍分給發地價銀叁百壹拾叁兩伍錢在於原辦知縣何世龍名下追賠又平治地壹百柒畝查係戶民自費工本陸續平治民力已艱應

請將原領地價銀叁百貳兩照依中衛縣繳還地價之例自乾隆拾貳年起分作伍年帶徵還項其應徵錢糧自乾隆拾貳年起再行徵收其拾貳年以前未完錢糧概於原辦官名下着落完補至於實在廢棄地壹百肆畝伍分查民田關係國賦地既廢棄則錢糧無出自應照例請除今將應追應免緣由先行咨明等因前來查平羅縣建築城垣燒造磚瓦築打窰場開用取土民地貳百壹拾壹畝伍分內除戶民自備工本平復地壹百柒畝原領地價銀叁百貳兩應如該撫所請照依中衛縣繳還地價之例自乾隆拾貳年起分作伍年帶徵還項仍俟徵完之日報部查核其應徵錢糧亦准其自拾貳年起照數徵收造入該年地丁奏銷案內聲明具題查核至實在廢棄地壹百肆畝伍分原領地價銀叁百壹拾叁兩伍錢該撫既稱從前原辦之署縣何世寵既未於城工冊內造入又不於發價之時詳請咨明而工竣造銷亦未聲登應將前項給過地價銀兩在於何世寵名下追賠其拾貳年以前未完錢糧亦於原辦官名下着落完補等語亦應如該撫所咨轉飭作速着落完報仍將前項廢棄地畝內有無尚堪墾復之處轉飭再行確勘同實在應除額糧地畝數目一併分斷

造具冊結具題可也等因准此行司蒙此又於
乾隆拾叁年拾壹月初柒日蒙前署甘肅巡撫
瑚部堂案驗乾隆拾叁年拾壹月初壹日准戶
部咨陝西司案呈本年玖月初捌日准甘撫黄
廷桂咨稱查得平羅縣乾隆肆年建築城垣衙
署等項燒造磚瓦窑場佔用民田奉部令將廢
棄地畝壹百肆畝伍分原領地價銀叁百壹拾
叁兩伍錢在於原辦官名下追賠其平治地壹
百柒畝未完乾隆拾貳年以前錢糧亦於原辦
官名下着落完補并將廢棄地內有無尚堪墾
復之處再行確勘同應除額糧地畝數目一併
分晰造具冊結請題等因行據該縣將廢棄地

畝應賠原領地價銀叁百壹拾叁兩伍錢先行
批解隨於本年閏柒月拾叁日照數查收貯庫
除平治地畝應完補乾隆拾貳年以前民欠錢
糧并應免廢棄地畝銀糧草束冊結以及有無
尚堪墾復之處現在行催俟至日另題外所有
收過該縣解交廢棄地價銀數日期相應咨明
等因前來應令該撫將前項追貯地價銀兩造
入撥冊報部撥用仍將應補拾貳年以前民欠
錢糧并應免廢棄地畝錢糧草束以及有無尚
堪墾復之處一併查明具題可也等因准此俱
行到司蒙此遵即備移寧夏道轉飭遵辦去後
茲准署寧夏道楊灝移據寧夏府知府朱佐湯

詳據平羅縣知縣何世麗詳稱查卑縣乾隆肆年修築城垣衙署需用燒造磚瓦共佔用民田貳百壹拾壹畝伍分內復經户民平治地壹百柒畝內上則全田捌拾捌畝每畝科糧壹斗貳升地畝銀壹釐柒斤穀草肆分陸釐叁毫下則易田壹拾玖畝每畝科糧陸升地畝銀壹釐自乾隆柒年起至拾壹年止共應徵糧伍拾捌石伍斗內除乾隆拾壹年叁分免壹糧叁石玖斗外止該民欠未完糧伍拾肆石陸斗應徵銀伍錢叁分伍釐內除拾壹年蠲免銀壹錢柒釐外止該民欠未完銀肆錢貳分捌釐應徵草貳百叁束柒分貳釐內除拾壹年叁分免壹草壹拾叁束伍分捌釐壹毫叁絲外止該民欠未完草壹百玖拾柒束壹分叁釐捌毫柒絲以上平治地畝額徵銀糧草束除奉文已於乾隆拾貳年入額徵收外所有未完拾貳年以前錢糧卑職俱已照數賠補訖至實在廢棄上田壹百肆畝伍分委係沙淤水浸磏鹹不毛並無再堪墾復之地每畝科糧壹斗貳升地畝銀壹釐柒斤穀草肆分陸釐叁毫自乾隆柒年起至拾貳年止共應免本色糧柒拾伍石貳斗肆升內除乾隆拾壹年叁分免壹糧肆石壹斗捌升外止該應免糧柒拾壹石陸升應免銀陸錢貳分柒釐內除拾壹年蠲免銀壹錢肆釐伍毫外止該應免銀

伍錢貳分貳釐伍毫應免柒斤數草貳百玖拾束叁分壹毫内除拾壹年叁分免壹草壹拾陸束壹分貳釐柒毫捌絲叁忽叁微叁纖外止該應免草貳百柒拾肆束壹分柒釐玖毫壹絲陸忽陸微柒纖以上廢棄地畝應免額徵錢糧並歷年民欠未完銀糧草束相應造具細數冊結同卑職究補過平治地畝民欠錢糧倉庫各収一併申賫至拾貳年以後應徵錢糧應請一併豁除再查平治地壹百柒畝原領地價銀叁百貳兩現在遵奉部示分作伍年帶徵廢棄地壹百肆畝伍分原領地價銀叁百壹拾叁兩伍錢業經卑職照數賠補解司訖合併聲明等情由

府道加結移送到司准此該布政使阿思哈查得平羅縣乾隆肆年建築城垣衙署燒造磚瓦築打窑場共佔用民田貳百壹拾壹畝伍分内復經平治地壹百柒畝原領地價銀叁百貳兩實在廢棄地壹百肆畝伍分原領地價銀叁百壹拾叁兩伍錢前奉部行令將平治地畝領過地價照依中衛縣佔用民田之例自乾隆拾貳年起分作伍年帶徵還項應徵錢糧亦自拾貳年起入額徵収其拾貳年以前未完民欠并廢棄地畝原領地價銀兩俱令於原辦官名下着落追賠仍將廢棄地畝有無尚堪墾復之處再加確勘同實在應除額糧地畝數目一併分晰

造具冊結具題等因嗣據該縣何世羅將廢棄
地畝原領地價銀叁百壹拾叁兩伍錢照數賠
補解司業經詳請咨部在案茲移准寧夏道揚
灝移據寧夏府知府朱佐湯詳據平羅縣知縣
何世羅查明前項平治地壹百柒畝除乾隆肆
伍陸等年應徵銀糧草束已奉通行蠲免外自
乾隆柒年起至拾壹年止共該額徵糧伍拾捌
石伍斗地畝銀伍錢叁分伍釐柒斤穀草貳百
叁束柒分貳釐內除乾隆拾壹年叁分免壹糧
叁石玖斗全免銀壹錢柒釐叁分免壹草壹拾
叁束伍分捌釐壹毫叁絲外實該民欠未完糧
伍拾肆石陸斗地畝銀肆錢貳分捌釐柒斤重

草壹百玖拾束壹分叁釐捌毫柒絲俱經該縣
何世羅照數完補訖至實在廢棄地壹百肆畝
伍分經該縣何世羅復加確勘委係沙淤水浸
磧鹹不毛難以墾復自乾隆柒年起至拾貳年
止共該額徵糧柒拾伍石貳斗肆升地畝銀陸
錢貳分柒釐柒斤穀草貳百玖拾束叁分壹毫
內除乾隆拾壹年叁分免壹糧肆石壹斗捌升
全免銀壹錢肆釐伍毫叁分免壹草壹拾陸束
壹分貳釐柒毫捌絲叁忽叁微叁纖外實該應
免民欠未完糧柒拾壹石陸升地畝銀伍錢貳
分貳釐伍毫柒斤草貳百柒拾肆束壹分柒釐
叁毫壹絲陸忽陸微柒纖至拾貳年以後應徵

銀糧草束并請一例豁除等情分晰造具冊結
并完補過平治地畝民欠錢糧倉庫各收由府
道加結移送前來本司覆查無異相應詳賫合
候具
題再查前項平治地畝原領地價銀叁百貳兩現
在分作伍年帶徵還項俟徵完日另詳報部其
觧交廢棄地價銀叁百壹拾叁兩伍錢已於乾
隆拾肆年春撥冊内造報在案至移送道結内
印信因署寧夏道楊灝派往西安辦理軍需該
府朱佐湯代移是以俱用府印再此案以乾隆
拾叁年拾壹月初壹日准咨起扣限肆月造報
除去年節封印日期應扣至本年肆月初壹日

爲滿今於限内造報並未遲逾合併聲明等情
呈詳到臣該臣查得平羅縣乾隆肆年建築城
垣衙署燒造磚瓦築打窰場共佔用民田貳百
壹拾壹畝伍分内復經平治地壹百柒畝原領
地價銀叁百貳兩實在廢棄地壹百肆畝伍分
原領地價銀叁百壹拾叁兩伍錢前准部咨令
將平治地畝領過地價照依中衛縣佔用民田
之例自乾隆拾貳年起分作伍年帶徵還項應
徵錢糧亦自拾貳年起入額徵收其拾貳年以
前未完民欠并廢棄地畝原領地價銀兩俱於
原辦官名下着落追賠仍將廢棄地畝有無尚
堪墾復之處再加確勘同實在應除額糧地畝

數目一併分晰造具冊結具題等因當即行司轉飭遵照去後茲據布政使阿思哈詳稱查平羅縣磚瓦窰場佔用民田內平治地壹百柒畝除乾隆肆伍陸等年應徵銀糧草束已奉通行蠲免外其自乾隆柒年起至拾壹年止共該額徵本色糧伍拾捌石伍斗地畝銀伍錢叁分零柒斤重穀草貳百叁束零內除乾隆拾壹年叁分免壹糧叁石玖斗全免銀壹錢零免壹草壹拾叁束零外實該民欠未完糧伍拾肆石陸斗銀肆錢貳分零草壹百玖拾束零俱經平羅縣知縣何世寵照數完補訖至實在廢棄地壹百肆畝伍分經該知縣何世寵復加確勘委係沙淤水浸磧鹹不毛之地難以墾復自乾隆柒年起至拾貳年止共該額徵本色糧柒拾伍石貳斗肆升地畝銀陸錢貳分零柒斤重穀草貳百玖拾束零內除乾隆拾壹年叁分免壹糧肆石壹斗捌升全免銀壹錢零免壹草壹拾陸束零外實該應免民欠未完糧柒拾壹石陸升銀伍錢貳分零草貳百柒拾肆束零至拾貳年以後應徵銀糧草束并請一例豁除等情取具冊結由該管道府加具印結同完補過平治地畝民欠錢糧倉收庫收一併呈齎請
題前來臣覆核無異除平治地畝原領地價現在分年帶徵俟徵收完日另報并現賣地畝冊同

各結收分送部科外相應會同陝甘督臣尹繼
善合詞具
題伏祈
皇上睿鑒
勅部核覆施行再查該縣賠完廢棄地價銀叁百壹
拾叁兩伍錢已於乾隆拾肆年春撥冊內造報
在案至寧夏道楊灝差赴西安協辦軍需飭委
該府朱佐湯代折代行是以道結內代鈐府印
合併陳明謹
題請
旨乾隆拾肆年肆月初玖日題伍月初玖日奉
旨該部議奏欽此欽遵於本日抄出到部

該臣等查得甘肅巡撫鄂昌疏稱平羅縣乾隆
肆年建築城垣衙署燒造磚瓦築打窑場共佔
用民田貳百壹拾壹畝伍分內復經平治地壹
百柒畝原領地價銀叁百貳兩實在廢棄地壹
百肆畝伍分原領地價銀叁百壹拾叁兩伍錢
前准部咨令將平治地畝領過地價照依中衛
縣佔用民田之例自乾隆拾貳年起分作伍年
帶徵還項應徵錢糧亦自拾貳年起入額徵收
其拾貳年以前未完民欠并廢棄地畝原領地
價銀兩俱於原辦官名下着落追賠仍將廢棄
地畝有無尚堪墾復之處再加確勘同實在應

除額糧地畝數目一併分晰造具册結具題等因當即行司轉飭道照去後兹據布政使阿思哈詳稱查平羅縣磚瓦窑場佔用民田内平治地壹百柒畝除乾隆肆伍陸等年應徵銀糧草束已奉通行蠲免外其自乾隆柒年起至拾壹年止共該額徵本色糧伍拾捌石伍斗地畝銀伍錢叁分零柒斤重穀草貳百叁束零内除乾隆拾壹年叁分免壹糧叁石玖斗全免銀壹錢零免壹草壹拾叁束零外實該民欠未完糧伍拾肆石陸斗銀肆錢貳分零草壹百玖拾束零俱經平羅縣知縣何世麗照數完補訖至實在廢棄地壹百肆畝伍分經該知縣何世麗復加確勘委係沙淤水浸礁鹹不毛之地難以墾復自乾隆柒年起至拾貳年止共該額徵本色糧柒拾伍石貳斗肆升地畝銀陸錢貳分零柒斤重穀草貳百玖拾束零内除乾隆拾壹年叁分免壹糧肆石壹斗捌升全免銀壹錢零免壹草壹拾陸束零外實該應免民欠未完糧柒拾壹石陸升銀伍錢貳分零草貳百柒拾肆束零至拾貳年以後應徵銀糧草束并請一例豁除等情取具册結由該管道府加具印結同完補過平治地畝民欠錢糧倉收庫收一併請題臣覆核無異除平治地畝原領地價現在分年帶徵俟徵收完日另報并册結倉收分送部科外再

該縣賠完廢棄地價銀叁百壹拾叁兩伍錢巳
於乾隆拾肆年春撥冊內造報在案合併聲明
相應會同陜甘督臣尹繼善合詞具題等因前
來　查平羅縣乾隆叁年遭被震災城垣衙
署倒塌先於乾隆肆年正月內經大學士等奏
明准其照舊建築在案今該撫鄂昌疏稱平羅
縣佔用民田內平治地壹百柒畝除乾隆肆伍
陸等年應徵銀糧草束通行蠲免外其乾隆柒
年起至拾壹年止共該本色糧伍拾捌石伍斗
銀伍錢叁分零柒斤重穀草貳百叁束零內除
乾隆拾壹年叁分免壹糧叁石玖斗全免銀壹
錢零免壹草壹拾叁束零實該民欠未完糧伍
拾肆石陸斗銀肆錢貳分零草壹百玖拾束零
經平羅縣知縣何世龍照數完補實在廢棄地
壹百肆畝伍分復加確勘委係難以墾復自乾
隆柒年起至拾貳年止共該額徵本色糧柒拾
伍石貳斗肆升銀陸錢貳分零柒斤重穀草貳
百玖拾束零內除乾隆拾壹年叁分免壹糧肆
石壹斗捌升全免銀壹錢零免壹草壹拾陸束
零實該應免民欠未完糧柒拾壹石陸升銀伍
錢貳分零草貳百柒拾肆束零至拾貳年以後
應徵銀糧草束請一例豁除并聲明該縣賠完
廢棄地價銀兩造入乾隆拾肆年春撥在案等
語　查平羅縣建築城垣衙署燒造磚瓦佔

用民田共貳百壹拾壹畝伍分共用地價銀陸百壹拾伍兩伍錢據該撫題報內有戶民平治田地議令於乾隆拾貳年爲始照例起課原給田價分作伍年令戶民完納各年應徵未完錢糧并原給廢棄田畝價銀已經承辦之員賠補何獨廢棄田畝并未完錢糧即應豁免且同一佔用民田自應一體平治因何尚有不能墾復之處其中顯有捏飾未便遽議豁免至已完地價銀兩查與拾肆年春撥冊造銀數相符應毋庸議仍令該撫鄂昌將前項佔用民田仍照舊額徵收其節年未完錢糧統於各該年地丁奏銷駁款登答案內分晰已未完數目造報查核

未完地價銀兩轉飭按年催追完報可也臣等

未敢擅便謹

題請

旨

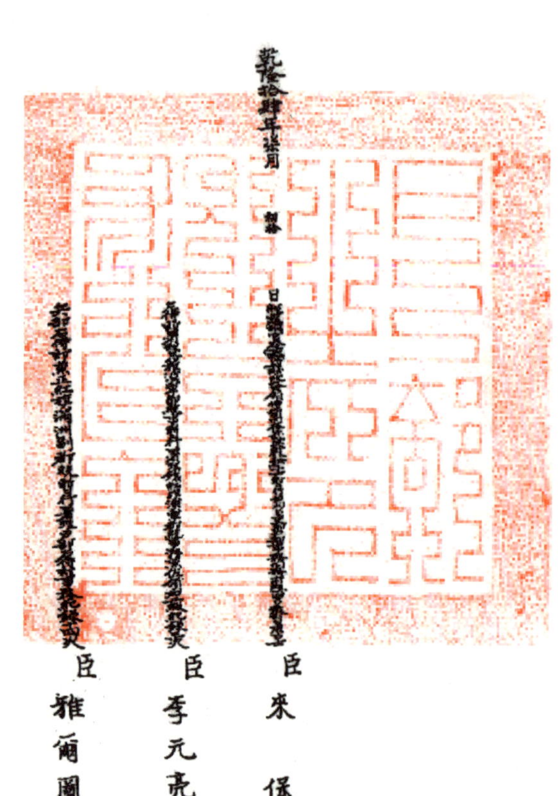

臣來保

臣李元亮

臣雅爾圖

工部右侍郎兼管户部右侍郎事务纪录四次臣嵇璜

陕西清吏司郎中臣常瑛

陕西清吏司郎中臣萧诚

山东清吏司郎中兼办陕西清吏司事臣良卿

陕西清吏司郎中臣高玺

福建清吏司员外郎兼办陕西清吏司事臣傅泽布

陕西清吏司员外郎臣傅尔敏

陕西清吏司员外郎臣瑚世泰

陕西清吏司主事臣戚赫

陕西清吏司主事臣李城

陕西清吏司额外主事上学习行走臣刘湘

122. 甘肃巡抚鄂昌题请核销固原州震后所用赈恤银两本

乾隆十四年十月初七日（1749 年 11 月 16 日）

（内阁户科题本）

批红：该部察核具奏

122. Memorial to the throne, presented by E Chang, Minister of Gansu, asking a favour to cancel the amount used in the relief after the shock in Guyuan State by verification

Oct. 7, the 14th year of Qianlong (Nov.16, 1749)

(Proposals of the Household Division of the Cabinet)

Emperor's comment in red on the memorial: The Ministry discusses the memorial and sends a memorial to me.

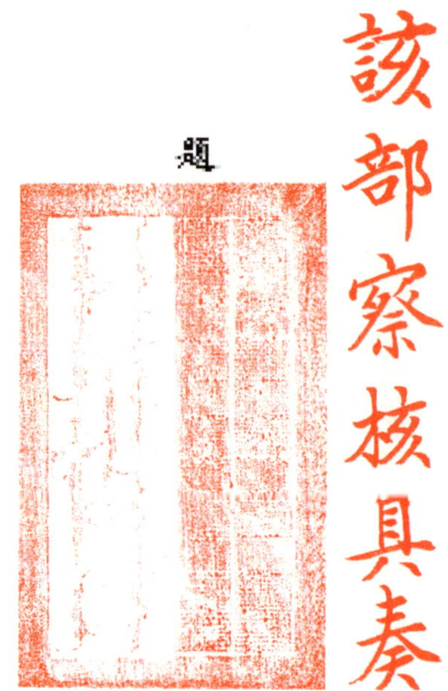

巡撫甘肅等處地方贊理軍務兼理茶馬都察院右副都御史臣鄂昌謹

題爲行知事據甘肅布政使司布政使張若震呈

乾隆拾肆年正月拾貳日蒙陞任署甘肅巡撫

瑚部院憲牌查照固原州乾隆拾叁年拾月初

壹初貳兩日地震壹案情形業經前任甘肅巡

撫黃部院主稿會同本署院聯銜具

奏今於拾叁年拾貳月初伍日接前院來札內開

此案奏摺奉

硃批知道了欽此欽遵札移前來准此擬合抄錄原

奏行知爲此仰司官吏查照奏摺奉

硃批內事理欽遵知照施行計黏抄原奏一紙爲奏

聞事竊臣等據平凉府屬固原州知州賈聖擒稟稱

本年拾月初壹初貳兩日地微震動塌損南關

外土城壹處又據八營堡守備揚國勳稟稱拾

月初壹日子時初貳日丑刻本營汛地白嘴子

黑城子一帶貳拾餘村莊地震共查得坍塌民

房土窯壹百叁拾餘間因黑夜壓死男婦大小

共肆拾餘名口壓死牛驢貳拾餘隻各等情查

時屆冬寒寅夜陡遭地震小民趨避不及以致

坍損房屋壓斃人口牲畜殊堪矜憫臣隨飭該

管文武各官立即前往地震各村莊攜帶銀兩

逐一查勘將坍塌房間照例給銀速令補葺以

便棲止其壓斃人口賞給棺銀以資殮埋如被

傷之戶果有貧難缺乏口糧者即量加賑借毋

致失所至壓斃牲口亦照例撫賞所有據報固
原各村莊地震及臣等飭委文武星往撫恤緣
由相應恭摺奏
聞再查平凉府屬之靈臺靜寧平凉涇州等肆處據
各該有司稟報俱於同日地微動卽止民間房
舍牆壁並無損壞安堵如舊合併
奏明伏祈
皇上睿鑒謹
奏奉
硃批知道了欽此等因到司蒙此遵經前司備移平
慶道轉飭欽遵知照幷令將賑恤過地震民人
棺木等項銀糧造具冊結呈齎請銷及屢催去
後今准平慶道章元佐移據平凉府知府程求
言詳據固原州知州賈聖擒將該州乾隆拾叁
年地震案內散賑過壓斃民人牲畜及震塌房
屋窯間棺木各項銀糧造具花名細數冊結幷
委員隆德縣知縣鄒本立監賑印結由道府各
加具印結齎報到司准此該布政使張若震查
得固原州地方於乾隆拾叁年拾月初壹貳兩
日地微震動壓斃人畜房廬前經固原州知州
賈聖擒八營守備楊國勳稟蒙前黃撫憲會摺
具
奏恭奉
硃批行司欽遵辦理在案先據該州將賑過銀糧造

冊具結請銷因冊內並未遵照部式開造且賑過災民户口銀糧數目每多舛錯節經駁查更正今據該州將賑過災民户口銀糧更正造具冊結由該道府各加具印結請銷前來查冊開地震之白嘴子等壹拾捌處被震民人捌拾柒户共壓斃男婦大小肆拾伍名口內大口貳拾玖口每口給棺木銀貳兩共銀伍拾捌兩小口壹拾陸口每口給棺木銀柒錢伍分共銀壹拾貳兩壓斃牲畜之家貳拾伍户每户給銀伍錢共銀壹拾貳兩伍錢搖塌房屋捌拾間每間給銀壹兩共銀捌拾兩土窯伍拾肆間每間給銀壹兩共銀伍拾肆兩以上共賑過銀貳百壹拾陸兩伍錢在於司庫領回散給又見存民人共大小貳百玖拾捌口每口無論大小各給糧叁斗共賑過倉斗糧捌拾玖石肆斗在於該州倉貯乾隆柒年採買小麥糧內支給本司覆查該州冊造賑過地震壓斃民人棺木搖塌房屋窯座及見存大小人口各項銀糧均與乾隆叁年寧夏地震賑恤之例相符至該州賑過牲畜銀兩亦與甘屬歷年偏災案內蒙前劉撫憲
奏准每户賑恤銀伍錢之例相符所有賑過銀貳百壹拾陸兩伍錢應請在於司庫備貯銀叁拾萬兩內作正開銷糧捌拾玖石肆斗亦請在於該州倉貯乾隆柒年採買糧內作正准銷相應

同齎到冊結理合呈齎合候具
題再查該州塌損城垣除另案請修外至此案例
應以該州於乾隆拾叁年拾壹月貳拾伍日散
竣之日扣限肆箇月造報除去年節封印日期
應扣至乾隆拾肆年肆月貳拾伍日爲滿該州
於正限內齎到因冊造舛錯節經駁令更正遲
延實屬有因合併聲明等情呈詳到臣該臣查
得固原州地方於乾隆拾叁年拾月初壹初貳
兩日地微震動壓斃人畜倒損房窯及照例撫
恤各緣由經前撫臣黃廷桂會摺具
奏恭奉
硃批知道了欽遵在案當卽行司辦理去後茲據布

政使張若震詳稱查固原州知州賈聖檜冊開
地震之白嘴子等壹拾捌處被震民人捌拾柒
户共壓斃男婦大小肆拾伍名口內大口貳拾
玖口每口給棺木銀貳兩共銀伍拾捌兩小口
壹拾陸口每口給棺木銀柒錢伍分共銀壹拾
貳兩壓斃牲畜之家計貳拾伍户每户給銀伍
錢共銀壹拾貳兩伍錢搖塌房屋捌拾間每間
給銀壹兩共銀捌拾兩土窯伍拾肆間每間給
銀壹兩共銀伍拾肆兩以上共賑過銀貳百壹
拾陸兩伍錢在於司庫領回散給又見存民人
共大小貳百玖拾捌口每口無論大小各給糧
叁斗共賑過倉斗糧捌拾玖石肆斗在於該州

倉貯乾隆柒年採買小麥糧內支給訖覆查賑

過壓斃民人棺木搖塌房窯及見存大小人口

各項銀糧均與乾隆叁年寧夏地震賑恤之例

相符至該州賑過牲畜銀兩亦并與甘屬歷年

偏災案內

奏准每户賑恤銀伍錢之例相符所有賑過銀貳

百壹拾陸兩伍錢應請在於司庫備貯銀叁拾

萬兩內作正開銷糧捌拾玖石肆斗亦即在於

該州倉貯乾隆柒年採買糧內准銷并聲明固

原州塌損城垣另案請修等情取具細數冊結

同監賑官印結一併呈送詳請

題銷前來臣覆核無異除冊結分送部科外相應

會同陝甘督臣尹繼善合詞具

題伏祈

皇上睿鑒勅部核覆施行謹題請

旨

乾隆拾肆年拾月初柒日巡撫甘肅等處地方贊理軍務兼理茶馬都察院右副都御史臣鄂昌

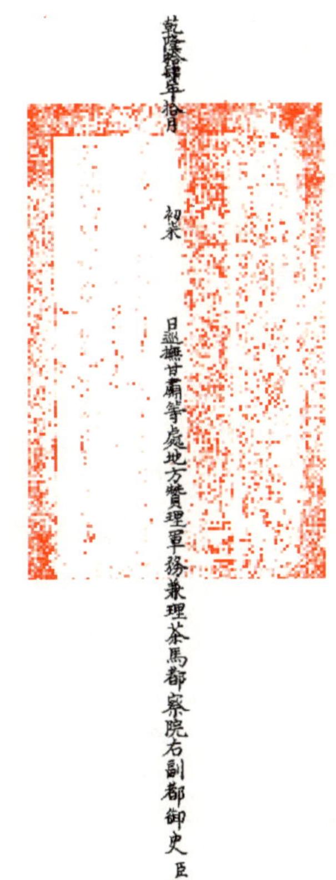

巡撫甘肅等處地方贊理軍務兼理茶馬都察院右副都御史臣鄂昌謹
題爲行知事該臣查得固原州地方於乾隆拾叁
年拾月初壹初貳兩日地震壓斃人畜倒損房
窯及照例撫恤各緣由經前撫臣黃廷桂會摺
具
奏恭奉
硃批知道了欽遵在案茲據布政使張若震詳稱查
固原州知州賈聖擔冊開地震之白嘴子等處
被震民人捌拾柒戶共壓斃男婦大小肆拾伍
名口內大口貳拾玖口每口給棺木銀貳兩共
銀伍拾捌兩小口壹拾陸口每口給棺木銀柒
錢伍分共銀壹拾貳兩壓斃牲畜之家計貳拾
伍戶每戶給銀伍錢共銀壹拾貳兩伍錢搖塌
房屋捌拾間每間給銀壹兩共銀捌拾兩土窯
伍拾肆間每間給銀壹兩共銀伍拾肆兩以上
共賑過銀貳百壹拾陸兩伍錢又見存民人共
大小貳百玖拾捌口每口給糧叁斗共賑過倉
斗糧捌拾玖石肆斗覆查賑過各項銀糧均與
乾隆叁年寧夏地震并歷年偏災案內賑恤之
例相符所有賑過銀貳百壹拾陸兩伍錢應請
在於司庫備貯銀內作正開銷糧捌拾玖石肆
斗亦即在於該州倉貯糧內准銷等情取具冊
結呈送詳請
題銷前來臣覆核無異除冊結分送部科外相應
會同陝甘督臣尹繼善謹題請
旨

123. 甘肃巡抚鄂昌题报详核固原赈灾粮银并无虚冒本

乾隆十五年六月初四日（1750 年 7 月 7 日）

（内阁户科题本）

批红：该部察核具奏

123. Memorial to the throne, presented by E Chang, Minister of Gansu, reporting that no false account for the grains and the relief fund in Guyuan was found after detailed verification

June 4, the 15th year of Qianlong (July 7, 1750)

(Proposals of the Household Division of the Cabinet)

Emperor's comment in red on the memorial: The Ministry verifies and reports to me.

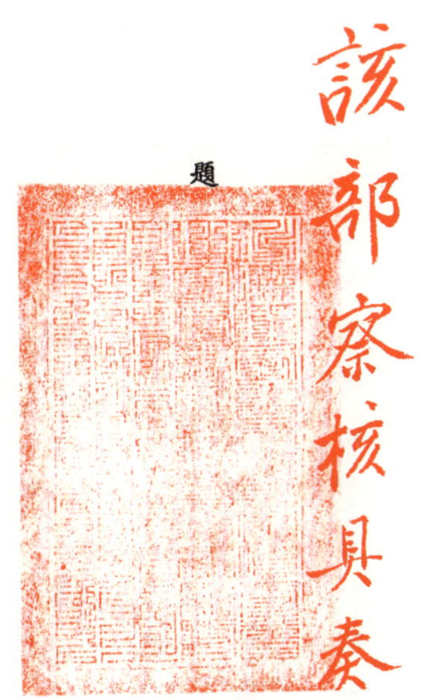

巡撫甘肅等處地方贊理軍務兼理茶馬兵部右侍郎兼都察院右副都御史臣鄂昌謹

題為行知事據甘肅布政使司布政使張若震呈乾隆拾伍年正月貳拾壹日蒙巡撫甘肅鄂部院案驗乾隆拾伍年正月拾叁日准戶部咨陝西司案呈戶科抄出甘肅巡撫鄂昌題前事等因乾隆拾肆年拾月初柒日題拾壹月初柒日

奉

旨該部察核具奏欽此欽遵於本日抄出到部該臣等查得甘肅巡撫鄂昌疏稱固原州地方於乾隆拾叁年拾月初壹初貳兩日地微震動壓斃人畜倒損房窯及照例撫恤各緣由經前撫臣黃廷桂會摺具奏奉

硃批知道了欽遵在案當即行司辦理去後茲據布政使張若震詳稱查固原州地震之白嘴子等壹拾捌處被震民人捌拾柒戶共壓斃男婦大小肆拾伍名口內大口貳拾玖口每口給棺木銀貳兩共銀伍拾捌兩小口壹拾陸口每口給棺木銀柒錢伍分共銀壹拾貳兩壓斃牲畜之家計貳拾伍戶每戶給銀伍錢共銀壹拾貳兩伍錢損塌房屋捌拾間每間給銀壹兩共銀捌拾兩土窯伍拾肆間每間給銀壹兩共銀伍拾肆兩以上共賑過銀貳百壹拾陸兩伍錢在於司庫領回散給又見存民人共大小貳百玖拾捌口每口無論大小各給糧叁斗共賑過倉斗

糧捌拾玖石肆斗在於該州倉貯乾隆柒年採
買小麥糧內支給訖覆查賑過壓斃民人棺木
搖塌房窯及見存大小人口各項銀糧均與乾
隆叁年寧夏地震賑恤之例相符至該州賑過
牲畜銀兩亦與甘屬歷年偏災案內每户賑恤
銀伍錢之例相符所有賑過銀兩應請在於司
庫備貯銀叁拾萬兩內作正開銷糧亦即在於
該州倉貯乾隆柒年採買糧內准銷并聲明固
原州塌損城垣另案請修等情取具細數冊結
同監賑官印結一併呈送題銷等情臣覆核無
異除冊結分送部科外相應會同陝甘督臣尹
繼善合詞具題等因前來查甘省乾隆叁年地

震經
欽差大臣兵部侍郎班第等奏明酌定壓斃人口每
大口給棺木銀貳兩小口柒錢伍分搖塌房屋
土窯每間給銀壹兩見存民人無論大小每口
賑糧叁倉斗奏明辦理在案又節年偏災案內
淹斃牲畜每户給銀伍錢據該撫於題報情形
案內請明動給准銷亦在案今該撫鄂昌疏稱
固原州地震之白嘴子等壹拾捌處被震民人
壓斃大口貳拾玖口每口給棺木銀貳兩小口
壹拾陸口每口給棺木銀柒錢伍分壓斃牲畜
貳拾伍户每户給銀伍錢搖倒房屋捌拾間每
間給銀壹兩土窯伍拾肆間每間給銀壹兩共

賑過銀貳百壹拾陸兩伍錢在於司庫備貯銀叁拾萬兩內作正開銷又見存民人共貳百玖拾捌口每口無論大小各給糧叁斗共賑過倉斗糧捌拾玖石肆斗在於該州乾隆柒年採買小麥內支給取具監賑官印結請銷并聲明固原州塌損城垣另案請修等語查甘省節年賑恤動用銀兩俱係請明動給今固原州乾隆拾叁年地震用過銀貳百壹拾陸兩伍錢糧捌拾玖石肆斗該撫雖稱經歷任甘撫黃廷桂奏明辦理之項但從前並無原奏抄錄送部亦未將所動銀糧各數報明臣部無憑查核未便遽議准銷應令該撫鄂昌將前項賑過銀糧各數查明是否實給并從前因何不將原奏抄錄送部據實詳查分晰取具無浮印結保題到日再議并將塌損城垣應作何請修之處報明工部定議可也等因於乾隆拾肆年拾貳月拾肆日題本月拾陸日奉

旨依議欽此爲此合咨前去欽遵施行等因准此行司蒙此遵即備移平慶道轉飭遵照仍令將固原州地震賑給過前項銀糧遵照部示查明是否實給取具無浮印結齎核仍將塌損城垣應作何請修之處一併妥議詳報及屢催去後今准平慶道章元佐移據平凉府程求言詳據固原州知州賈聖檜詳稱遵查卑州乾隆拾叁年

地震塌損城垣自應議請修整但查前奉
諭旨年來蠲免正供幷賑恤偏災軍務經費亦屬浩
繁地方一切工程俟壹貳年後再請修整等因欽
遵在案今卑職自應欽遵
諭旨將該年地震塌損城垣俟甘省經費有餘之日
另請估修其地震白嘴子等壹拾捌處壓斃人
口牲畜賑過銀貳百壹拾陸兩伍錢係在司庫
領獲按戶散給又見存民人共大小貳百玖拾
捌口賑過倉斗糧捌拾玖石肆斗係請明在卑
州倉貯乾隆柒年採買糧內按戶賑給以上賑
過銀糧俱係會同委員照例實給並無浮冒理
合據實出具印結呈請核轉等情由府加結到
道本道覆核無異相應加結轉請等情到司准
此除該州倒塌城垣應照所議欽遵
諭旨俟甘省經費有餘之日另請估修外該甘肅布
政使張若震查得固原州乾隆拾叁年地震倒
塌房屋壓斃人口牲畜賑過銀糧壹案先據該
州造具奏銷冊結前來當經本司裝敘原奏呈
請具
題奉大部行查從前並未將原奏抄送亦未將所
賑銀糧款項報明其賑過銀糧各數是否實給
無憑查核等因隨即行令確查取結齎報去後
今准該道移據平京府詳據固原州將乾隆拾
叁年地震賑過銀糧查明俱係實給並無浮冒

取具印結前來本司覆查固原州地震之白嘴
子等壹拾捌處被震民人捌拾柒户共壓斃男
婦大小肆拾伍名口內大口貳拾玖口每口給
棺木銀貳兩共給銀伍拾捌兩小口壹拾陸口
每口給棺木銀柒錢伍分共銀壹拾貳兩壓斃
牲畜之家貳拾伍户每户給銀伍錢共銀壹拾
貳兩伍錢搖塌房屋捌拾間每間給銀壹兩共
銀捌拾兩土窯伍拾肆間每間給銀壹兩共給
銀伍拾肆兩以上共賑過銀貳百壹拾陸兩伍
錢又見存民人共大小貳百玖拾捌口每口無
論大小各給糧叁倉斗共賑過倉斗糧捌拾玖
石肆斗逐加詳查以上賑過各項銀糧俱係遵

照乾隆叁年寧夏地震並歷年偏災案內前劄
撫憲
奏准之例會同委員隆德縣按户賑給實用實銷
並無虛冒情弊應請將該州賑過前項銀兩在
於原動司庫備貯銀叁拾萬兩內作正開銷賑
過前項糧石在於原動該州倉貯乾隆柒年採
買糧內作正開銷等情准據該道府具結查報
前來本司覆核無異相應加結合候保
題至奉部示從前既未將該州所賑銀糧款項報
明亦未將原奏抄送等因自應遵奉部示將從
前漏未抄錄原奏之阿陞司職名開揭請參但
事在乾隆拾肆年肆月初玖日

恩詔以前懇請豁免至此案例限以乾隆拾伍年正月拾叁日准咨之日起扣限肆箇月除去封印日期應扣至本年伍月貳拾日爲滿今於限内呈齎並未遲逾理合一併聲明等情呈詳到臣

該臣查得固原州乾隆拾叁年地震壓斃人畜倒塌房窯賑過銀糧前經臣具

題請銷嗣准部覆以從前並無原奏抄錄送部亦未將所動銀糧各數報明無憑查核未便准銷令將前項賑過銀糧各數查明是否實給并從前因何不將原奏抄錄送部據實詳查分晰取結保題到日再議等因當經行司遵照去後茲據布政使張若震詳稱查固原州地震之白嘴子等壹拾捌處被震民人捌拾柒户共壓斃男婦大小肆拾伍名口内大口貳拾玖口每口給棺木銀貳兩共給銀伍拾捌兩小口壹拾陸口每口給棺木銀柒錢伍分共給銀壹拾貳兩壓斃牲畜之家貳拾伍户每户給銀伍錢共給銀壹拾貳兩伍錢搖塌房屋捌拾間每間給銀壹兩共給銀捌拾兩土窯伍拾肆間每間給銀壹兩共給銀伍拾肆兩以上共賑過銀貳百壹拾陸兩伍錢又見存民人共大小貳百玖拾捌口每口無論大小各給糧叁倉斗共賑過倉斗糧捌拾玖石肆斗迨加詳查賑過各項銀糧俱係遵照乾隆叁年寧夏地震並歷年偏災案内

奏准之例按户賑給實用實銷並無虛冒情弊應

請將前項賑過銀兩在於原動司庫備貯銀叁

拾萬兩內作正開銷賑過前項糧石在於原動

該州倉貯乾隆柒年採買糧內作正開銷等情

取具印結加具司結一併呈送詳請

題銷前來臣覆核無異除原結分送部科外相應

加具印結會同陝甘督臣尹繼善合詞保

題伏祈

皇上睿鑒勅部核覆施行再照從前漏未抄錄原奏

請咨之陛司阿思哈職名自應開揭請參但事

在乾隆拾肆年肆月初玖日

恩詔以前應請邀免合併聲明謹題請

旨

乾隆拾伍年陸月　初肆　日巡撫甘肅等處地方贊理軍務兼理茶馬兵部右侍郎兼都察院右副都御史臣鄂昌

巡撫甘肅等處地方贊理軍務兼理茶馬兵部右侍郎兼都察院右副都御史臣鄂昌謹
題爲行知事該臣查得固原州乾隆拾叁年地震
壓斃人畜倒塌房窯賑過銀糧前經臣具
題請銷准部覆令據實詳查分晰取結保題到日
再議等因行據布政使張若震詳稱查固原州
地震之句嘴子等處被震民人捌拾柒户共壓
斃男婦大小肆拾伍名口內大口貳拾玖口每
口給棺木銀貳兩共給銀伍拾捌兩小口壹拾
陸口每口給棺木銀柒錢伍分共給銀壹拾貳
兩壓斃牲畜之家貳拾伍户每户給銀伍錢共
給銀壹拾貳兩伍錢搖塌房屋捌拾間每間給
銀壹兩共給銀捌拾兩土窯伍拾肆間每間給
銀壹兩共給銀伍拾肆兩以上共賑過銀貳百
壹拾陸兩伍錢又見存民人共大小貳百玖拾
捌口每口給糧叁斗共賑過倉斗糧捌拾玖石
肆斗逐加詳查賑過各項銀糧俱係照例賑給
實用實銷並無虛冒情弊應請將賑過銀兩在
於原動司庫備貯銀內作正開銷賑過糧石在
於原動該州倉貯糧內作正開銷等情取具印
結加具司結呈送請
題前來臣覆核無異除原結分送部科外相應加
具印結會同陜甘督臣尹繼善謹題請
旨

124. 甘肃巡抚鄂昌题请核销震后赈务用过银两并追缴册报不符银数本

乾隆十五年七月二十八日（1750 年 8 月 29 日）

（内阁户科题本）

批红：该部察核具奏

124. Memorial to the throne, presented by E Chang, Minister of Gansu, asking a favour to cancel the relief fund after verification and take back of the amount of money, not in accordance with the verified account in the name of the responsible official

July 28, the 15th year of Qianlong (Aug.29, 1750)

(Proposals of the Household Division of the Cabinet)

Emperor's comment in red on the memorial: The Ministry verifies and reports to me.

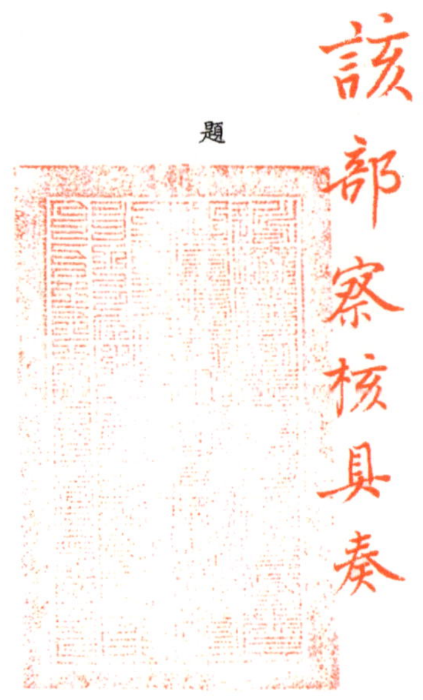

巡撫甘肅等處地方贊理軍務兼理茶馬兵部右侍郎兼都察院右副都御史臣鄂昌謹

題爲欽奉
上諭事據甘肅布政使司布政使張若震呈乾隆拾
貳年柒月拾柒日業陞任巡撫甘肅黃部院案
驗乾隆拾貳年柒月拾貳日准戶部咨陝西司
案呈戶科抄出甘肅巡撫黃廷桂將乾隆叁年
寧夏地震辦理賑務用過銀糧等項造具冊結
題銷乾隆拾壹年拾貳月初肆日題乾隆拾貳
年貳月初柒日奉
旨該部察核具奏欽此欽遵於本月初捌日抄出到
部戶部隨將用關製造運糧船隻工料銀兩移
查工部去後今於本年叁月拾陸日准工部查
明咨覆過部該臣等會查得甘肅巡撫黃廷桂
將乾隆叁年寧夏地震辦理賑務用過銀糧等
項造具冊結會同前任督臣慶復具題前來查
乾隆叁年拾貳月初玖日奉
上諭據寧夏將軍阿魯等奏稱寧夏地方於拾壹月
貳拾肆日戌時地動滿城官兵房屋盡皆塌坍等
語朕心深爲軫念所有城內官兵人等作何加恩
賑恤之處著該將軍作速查明一面奏聞一面辦
理其各處被災兵民人等著該地方官即行查明
一體賑恤邊地寒冬務令安妥毋致一人失所欽
此又乾隆叁年拾貳月拾叁日奉
上諭前據寧夏將軍阿魯奏報寧夏地方於拾壹月

貳拾肆日戌時地動朕心軫念已降旨令將軍督
撫等加意撫綏安插毋使兵民失所今據阿魯續
奏是日地動甚重官署民房傾圮兵民被傷身斃
者甚多文武官弁亦有傷損者朕心甚爲慘切惟
有敬凜
天變深自修省著兵部侍郎班第馳驛前去即於明
日起程動撥蘭州藩庫銀貳拾萬兩會同將軍阿
魯弁地方文武大員查明被災人等逐户賑濟急
爲安頓無使流離困苦其被壓身故之官弁著照
巡洋被風身故之例加恩賜賞恤典其動用銀兩
該部另行撥補再寧夏附近之州縣被災者著班
第會同地方文武大員一體查賑毋得遺漏欽此

嗣據
欽差兵部侍郎班第會同將軍督撫阿魯等酌議寧
夏見辦賑務事宜繕摺具奏奉
硃批所奏俱屬妥協此非尋常賑恤可比須亟力爲
之務期稍救災黎以補我君臣之過耳欽此欽遵
在案今據該撫黄廷桂將乾隆叁年寧夏地震
辦理賑務用過銀糧等項造具冊結題銷查冊
開舊管無新收銀壹百貳萬伍千柒百柒拾肆
兩捌錢零倉斗糧壹拾壹萬陸千壹百玖拾陸
石零料貳百貳拾柒石捌斗柒觔重草壹萬壹
千貳百柒束皮衣棉衣夾單衣貳千玖百捌件
羊壹百伍拾隻口袋壹拾玖萬叁千玖拾伍條

內除相符准銷銀叁拾柒萬伍千貳百捌拾陸兩肆錢伍分零糧柒萬叁千玖百肆拾柒石玖斗柒升壹合零料貳百貳拾柒石捌斗草壹萬壹千貳百柒束皮衣棉衣夾單衣貳千玖百捌件羊壹百伍拾隻口袋壹拾伍萬伍千叁拾伍條駁查銀叁拾伍萬肆千叁百陸拾叁兩伍錢柒分零糧壹拾壹石壹斗口袋叁萬陸千條另案歸結銀柒千玖百貳拾肆兩貳錢實在餘貳拾捌萬捌千貳百兩伍錢玖分零糧肆萬貳千貳百叁拾陸石玖斗玖升玖合零口袋貳千陸拾條所有動用存剩款項數目開列於後一一寧夏寧朔平羅叁縣散賑乏食災民肆千壹百捌

拾柒名無論大小每名先給口糧壹倉斗共需倉斗糧肆百壹拾捌石柒斗查原奏夏朔平新寶伍縣生存人口地震之後乏食不及待賑無論大小每口先給壹倉斗口糧今止據夏朔平叁縣將實賑過口糧造冊請銷其新渠寶豐貳縣並未散賑業經題參審明在案毋庸造冊請銷又寧夏寧朔新渠叁縣煑粥供食災民貳萬玖千捌百捌口自乾隆叁年拾貳月初陸日起至肆年正月初伍日止共需倉斗粟米陸拾玖石玖斗捌升伍合查原奏夏朔平新寶伍縣生存人口地震鍋竈燬壞急切不能炊爨設廠煑粥賑濟今止據夏朔叁縣將實用過糧石造

冊請銷其平羅寶豐貳縣竝未煑粥業經題參審明在案毋庸造冊請銷又夏朔平新寶靈中衛州縣初賑被災戶民幷兵丁家屬以及府城客民新寶貳縣聞賑歸來災民共貳拾柒萬肆千貳百肆拾陸口無論大小每口給糧叁倉斗銀糧兼賑每糧壹石照部價折銀壹兩共需本色倉斗糧貳萬玖千捌百叁拾柒石肆斗銀伍萬貳千肆百叁拾陸兩肆錢又夏朔平寶等縣賑恤被災各營兵丁叁千捌百叁拾捌名每名口給糧叁倉斗銀糧兼散共需本色糧陸百柒石貳斗銀伍百肆拾肆兩貳錢等語查乾隆肆年叁月內

欽差兵部侍郎班第等奏報夏朔平新寶伍縣地震之後生存大小人口貳拾壹萬捌百捌拾壹口之食不及待賑無論大小每口先給口糧壹倉斗共糧貳萬壹千捌拾捌石壹斗又鍋竈墜壞急切不能炊爨設廠煑粥賑濟用過米貳千伍百壹拾壹石壹斗伍升又夏朔平新寶靈中衛州縣酌議初賑不論大小人口共貳拾柒萬伍拾叁口每口給糧叁倉斗共需糧肆萬伍百柒石玖斗伍升需銀肆萬伍百柒兩玖錢伍分等因在案嗣據原任甘撫元展成咨報新寶貳縣因震災而兼被水災急不待賑逃往他方勢難阻留是以不在原奏應賑口數之內今旣歸來

自應一例賑恤經户部議令將補賑銀糧統入賑恤案內一併題銷等因亦在案今前項賑過災民銀糧并羨粥糧石既據該撫造具實賑户口冊結請銷户部按冊核算數目相符所有賑過本邑糧叁萬叁百貳拾陸石捌升伍合零糧折銀伍萬貳千肆百叁拾陸兩肆錢零均應准其開銷至被災兵丁欽遵

上諭兵民一體賑恤其賑過本邑糧陸百柒石貳斗糧折銀伍百肆拾肆兩貳錢亦應准其開銷再據該撫於冊內聲明前項被災賑過户口銀糧與原奏數目不符之處係前任寧夏縣知縣武梓等因地震廒座倒塌糧石露出災民乘機取

食耗失不免是以虛開抵補業經在於題參事案內審明災民取食情實已准作該員等耗失并抵補已故知府顧爾昌虧空等語查乾隆拾壹年叁月內刑部題覆前任寧夏縣知縣武梓等於賑恤案內虛開糧壹萬陸千捌百玖拾伍石貳斗零審明災民取食情實准作該員等耗失知照户部在案至虛開抵補虧空糧陸千貳百壹拾伍石零題參事案內並無此項糧數應令該撫黃廷桂查明報部一夏朔平新寶靈中柒州縣加賑生存災民大口日給京升糧捌合叁勺小口肆合壹勺伍抄倘有願領折色者每糧壹京石折給銀柒錢實加賑災民伍箇月口

糧大口壹拾捌萬肆千柒百貳拾陸口小口柒
萬叁千壹百肆拾捌口又加賑叁箇月口糧大
口貳百叁拾肆口小口壹百陸口又加賑兩箇
月口糧大口貳百伍拾玖口小口玖拾肆口又
加賑壹箇月口糧大口貳拾壹口小口伍口又
加賑闔賑歸來災民伍箇月口糧大口肆千玖
拾口小口壹千玖百陸拾捌口加賑叁箇月口
糧大口壹千貳百柒拾捌口小口柒百肆拾肆
口以上共計大口壹拾玖萬陸百捌口小口柒
萬。陸千陸拾伍口除小建不賑外共賑過京斗
合倉斗本色糧肆萬貳千玖百貳拾玖石肆斗
捌升陸合零糧折銀壹拾伍萬叁千肆拾貳兩

捌錢壹分貳釐柒毫零查前項災民係奏明加
賑伍箇月內有領過兩月叁月壹月加賑口糧
後次散賑不到并病故死亡以及搬移他往者
照數扣除是以與原奏不符又闔賑歸來災民
因地震之後俱各他往址未請賑未得入奏嗣
闔賑典陸續歸來業經咨部允准照例一體賑
恤等語查原奏內開被災生存人口加賑伍箇
月大口日給京斗糧捌合叁勺小口肆合壹勺
伍杪除靈中貳州縣被災較輕并外府客民及
兵丁家屬均毋庸加賑外其夏朔平新寶伍縣
共計大口壹拾玖萬壹千壹百伍拾陸口小口
陸萬玖千柒百玖拾柒口共該糧貳拾捌萬。壹

千肆百叁拾柒石捌斗伍升貳合伍勺如有情
願領銀者每京石折銀柒錢又新寶貳縣從前
俱係招集靈州中衛等處民户分田開墾今地
震水溢伊等勢難存住其有願回原籍并己經
自行回籍者亦令原籍地方官查明一體賑恤
等因在案嗣據原任甘撫元展成咨報寧屬地
震災民逃往他方勢難阻留今既歸來自應一
例賑恤經户部議令將賑過銀糧統入賑恤案
內一併題銷等因亦在案今前項加賑災民銀
糧既據該撫分別大小户口以及按賑月分造
具冊結請銷臣部按冊核算數目相符所有賑
過本色糧肆萬貳千玖百貳拾玖石肆斗捌升

陸合零糧折銀壹拾伍萬叁千肆拾貳兩捌錢
壹分貳釐柒毫零均應准其開銷至冊造户口
銀糧并加賑月分與原奏數目不符之處又據
該撫分晰聲明應毋庸議一夏朔平新寶靈中
柒州縣被災兵民大小人口共貳拾柒萬捌百
肆拾壹口每貳口給房壹間叁口給房貳間伍
口給房叁間多者按口遞增共給房壹拾肆萬
捌千肆拾肆間每間給銀貳兩共銀貳拾玖萬
陸千捌拾捌兩又靈中貳州縣被災稍輕之處
倒房貳千貳百伍拾捌間每間給銀壹兩共銀
貳千貳百伍拾捌兩又夏朔貳縣賑給被災並
無家口隻身兵丁壹千伍百肆拾名每名給房

壹間共房壹千伍百肆拾間每間給銀貳兩共銀叁千捌拾兩查隻身兵丁房價銀兩自應一體賑給又固原鹽茶廳固原州鎮原縣搖塌民房共叁百叁拾貳間土窯伍間每間給銀壹兩共銀叁百叁拾柒兩等語查原奏內開被災見在人口無論大小有兩口者給房壹間叁口給房貳間伍口給房叁間多者照此遞增每間給價銀貳兩令其自行搭蓋查夏朔平新寶伍縣計被災兵民共大小人口貳拾陸萬伍千叁百肆拾柒口共該房壹拾肆萬柒千肆百捌拾貳間每間給銀貳兩該房價銀貳拾玖萬肆千玖百陸拾肆兩其靈州中衛共倒房貳千貳百伍拾捌間因被災稍輕每間給銀壹兩共給銀貳千貳百伍拾捌兩又固原廳州鎮原縣亦間有搖倒房屋土窯照依靈州中衛之例一體撫綏等因在案今靈州中衛并固原廳州鎮原縣倒塌民房土窯賑給銀兩與原奏均屬相符既據該撫造具冊結請銷所有用過銀貳千伍百玖拾伍兩應准開銷又隻身兵丁每名給房壹間之處該撫既稱前項兵丁並無家屬房價銀兩自應一體賑給戶部查與被災兵民一體賑恤之

諭旨亦屬相符所有用過銀叁千捌拾兩亦應准其開銷至夏朔等州縣賑給被災兵民大小人口

房屋銀兩與原奏數目均屬不符其不符緣由疏冊並未聲明無憑查核所有用過銀貳拾玖萬陸千捌拾捌兩未便遽准開銷應令該撫黄廷桂詳細確查逐一分晰聲明具題到日再議
一寧夏府散給看守倉庫城池官兵内協領肆員每員賞銀伍拾兩佐領陸員每員賞銀肆拾兩章京拾壹員每員賞銀叁拾兩驍騎校陸員每員賞銀貳拾兩領催前鋒披甲壹千壹百捌拾壹名每名賞銀壹拾兩共銀壹萬貳千柒百兩又夏朔平新寶靈中米州縣並無器具災民肆萬玖千伍百肆拾肆户每户給器具銀壹兩共銀肆萬玖千伍百肆拾肆兩又寧朔寶豐貳縣並無器具被災兵丁肆百壹拾壹名每名賑給器具銀壹兩共銀肆百壹拾壹兩又駐寧滿兵並無器具貳千壹百陸拾叁户每户賑給器具銀壹兩共銀貳千壹百陸拾叁兩等語查原奏内開八旂看守倉庫城池官兵壹千貳百捌員名共應賞銀壹萬貳千柒百兩又被災滿漢兵民伍萬餘户日用器具損燬俱盡無力置買每户賞銀壹兩俾其另製等因在案今前項賞給八旂看守倉庫城池官兵并滿漢兵民器具銀兩既據該撫造具冊結請銷臣部按冊核算數目均屬相符所有用過銀陸萬肆千捌百壹拾捌兩應准開銷一夏朔平新寶靈中米州縣

賬給壓斃有主埋葬大口貳萬肆千壹百壹拾玖口小口壹萬貳千玖百口每大口給銀貳兩小口米錢伍分共銀伍萬柒千玖百壹拾叁兩又夏朔平靳寶伍縣掩埋壓斃無主大口壹千貳百肆拾口小口玖拾肆口照有主之例每大口給銀貳兩小口米錢伍分共銀貳千伍百伍拾兩伍錢又寧夏府賑給壓斃駐寧滿洲官兵內佐領叁員每員䘏賞銀貳百貳拾伍兩驍騎校壹員䘏賞銀壹百貳拾伍兩領催拾名前鋒玖名每名賞䘏銀壹百兩馬甲玖拾貳名每名賞䘏銀米拾伍兩步甲伍拾肆名每名賞䘏銀貳拾伍兩共銀壹萬玖百伍拾兩又壓斃知府壹員䘏賞銀貳百貳拾伍兩千總壹員䘏賞銀壹百貳拾伍兩把總壹員䘏賞銀伍拾兩馬兵壹百伍拾陸名每名賞䘏銀叁拾伍兩步守兵壹百伍拾叁名每名賞䘏銀貳拾伍兩共銀玖千陸百捌拾伍兩又鹽茶廳壓死民人大口拾貳口固原州壓死大口伍口小口叁口鎮原縣壓死大口貳口小口壹口每大口給銀貳兩小口米錢伍分共銀肆拾壹兩又固原廳州鎮原縣生存男婦大小共貳百捌拾肆口每口給糧叁倉斗共糧捌拾伍石貳斗再查有上壓斃災民較原奏少大口貳拾肆口係寧朔縣重開之數今照數刪除下剩銀肆拾捌兩解還府庫至

卹賞緑旂官兵内馬兵壹名步守兵陸名竝無
親屬請領已將存剩銀壹百捌拾伍兩繳還原
項等語查原奏内開被壓身故有主大口貳萬
肆千壹百肆拾叁口小口壹萬貳千玖百口無
主大口壹千貳百肆拾口小口玖拾肆口每大
口給埋葬銀貳兩小口柒錢伍分共銀陸萬伍
百壹拾壹兩伍錢又八旂壓斃官兵壹百陸拾
玖員名共卹賞銀壹萬玖百伍拾兩壓斃知府
并千把總及緑旂馬步兵共叁百壹拾玖員名
共卹賞銀玖千捌百柒拾兩又鹽茶廳固原州
鎮原縣壓死男婦人口并生存家口照例一體
撫䘏等因在案今前項壓斃有主無主埋葬并
滿漢官兵卹賞銀兩以及生存家口糧石俱係
奏明賞給之項既據該撫造具冊結請銷臣部
按冊核算數目相符所有領過銀捌萬壹千壹
百叁拾玖兩伍錢糧捌拾伍石貳斗均應准其
開銷至有主壓斃災民口數與原奏數目不符
之處該撫既稱係重開之數已照數刪除下剩
銀兩解還府庫應毋庸議其卹賞緑旂官兵内
馬兵壹名步守兵陸名又據該撫查明各兵竝
無親屬請領存剩銀兩既經繳還原項亦毋庸
議一夏朔貳縣雇夫刨挖城門街道衙署等項
自乾隆叁年拾貳月初貳日起至貳拾玖日止
共壹萬肆千工每工給銀捌分又乾隆肆年正

月初壹日起至叁月拾壹日止共叁萬叁千叁
百玖拾工每工給銀陸分共用銀叁千壹百貳
拾叁兩肆錢又建蓋
欽差大人陸部郎科道府公館玖處共計肆拾座共
蓋板房壹百貳拾間席棚拾叁座貳拾陸間又
製造監獄木籠肆座計捌間置買席片鐵釘科
匠夫工價共用銀伍百柒拾陸兩伍錢又西路
廳採買苫蓋糧堆大席貳百塊每塊價銀叁錢
肆分苫蓋糧船小席柒百伍拾塊每塊價銀壹
錢柒分共用銀壹百玖拾伍兩伍錢又靈州寧
夏縣修造臨河堡大太平船貳隻哨船貳隻共
用銀肆百柒拾叁兩陸錢壹分又夏朔平叁縣

倉廒倒塌製辦裝糧席囤等項共用銀肆千肆
百肆拾兩貳錢玖分零內背盤篩颺米石人夫
壹萬肆千柒百伍拾貳工每工給銀陸分共銀
捌百捌拾伍兩壹錢零製辦席囤等項銀叁千
伍百伍拾伍兩壹錢玖分零等語查原奏內開
夏朔貳縣雇覓夫役刨挖街道屍軀年內每名
日給工價銀捌分正月以後每名日給工價銀
陸分等因在案嗣據原任甘撫元展成咨報寧
屬地震倉廒傾倒糧石肆散耗失甚多不便露
天堆積請置備席囤上用蘆席苫蓋經户部議
令將置買蘆席麻觔完日造報工部核銷科知
照工部亦在案今前項雇覓背盤篩颺米石人

夫工價銀兩飭據該撫造具冊結請銷户部按
冊核算數目相符所有用過銀捌百捌拾伍兩
壹錢零應准開銷至刨挖城門街道衙署用過
銀兩工部查冊開刨挖城門清理街道衙署並
未將刨挖清理各處所之高寬厚丈尺逐款開
明應令該撫將刨挖清理各處所高寬厚丈尺
轉飭逐款查明另造清冊幷取具所用夫工並
無浮冒捏飾確實印結題銷其建蓋公館監獄
木籠等項從前曾否奏明建蓋之處疏内又未
聲明且查冊開檁木桁條方木椽子門窗檻框
並未將各長徑寬厚丈尺逐一開載所用一切
板片又未將各應用處所高寬丈尺開造成砌

圍牆用甎亦不開明寬厚丈尺匠工俱係籠統
造報難以查核工部不便遽准應令該撫查明
如係從前奏明之案即照依駁款另造安冊取
具所用物料價值並無浮冒捏飾勘結題銷幷
將原奏抄錄送部如從前並未奏明迄今始行
造冊報銷事隔年久無憑查考所有用過前項
銀兩不便准其開銷應令該撫毋庸造冊報銷
其苫蓋糧堆糧船修造船隻共用過銀陸百陸
拾玖兩壹錢壹分與例無浮應准開銷至夏朔
平登縣製備裝糧席囤所用蘆席麻觔夫工等
項見據該撫將用過銀兩另行造冊咨銷經工
部會同户部查辦應於彼案内辦理歸結一夏

朔貳縣接運武古貳縣運寧京斗糧叄萬陸百
貳拾伍石捌斗柒升壹合捌勺又寶豐縣運貯
平羅縣京斗糧玖千貳百貳拾柒石壹斗肆升
貳合捌勺零各計程途遠近不等照依河西運
送軍糧之例每京石每百里給脚價銀貳錢又
靈州中衛固原廳州撥運寧郡倉斗糧貳萬肆
千陸百玖拾陸石各計程途遠近不等照依運
送賑糧之例每倉石每百里給脚價銀壹錢以
上共用脚價銀壹萬貳千捌百叄拾壹兩肆錢
陸分陸釐貳毫零又平羅縣縫補裝糧口袋貳
千壹百叄拾伍條用過白布貳拾叄疋每疋價
銀陸錢麻線叄觔每觔價銀壹錢肆分裁縫捌
拾叄工每工價銀陸分索口繩壹千捌百條每
條價銀捌毫細載大麻繩肆拾伍觔每觔價銀
捌分又修理駝隻鞍架用過柳椽壹百貳拾肆
根每根價銀肆分木匠伍拾貳工每工給銀陸
分以上修補口袋纤駝隻鞍架共銀叄拾貳兩
叄錢貳分又供支八斿纤寧夏鎮運糧駝伍百
柒拾叄隻正月初柒日起自寶豐運貯平羅京
斗糧陸千叄百伍拾柒石壹斗肆升貳合捌勺
零至貳拾伍日回營止每隻日支倉升料貳升
叄升柒觔草壹束貳束不等共支倉升料貳百
貳拾柒石捌斗零採買柒觔草壹萬壹千貳百
柒束每束時價銀自壹分伍釐至壹分捌釐不

等共用銀壹百柒拾捌兩捌錢伍分壹釐查前項駝隻自正月初柒日運糧起每駝日支料貳倉升草壹束又自正月拾伍日起因駝隻日逐馱運糧石不無疲乏每隻加料壹升日支料叁倉升草壹束其回營駝隻每日止支空草貳束又押駝兵丁壹拾貳名每名日支盤費銀壹錢自正月初捌日起至貳拾柒日止又押運糧石把總肆員每員日給盤費銀貳錢貳分跟役捌名每名日給盤費銀肆分計壹拾伍日以上官役兵丁盤費共銀肆拾貳兩又寧夏府散給委辦賑務原任西和縣李壽彬等拾壹員每員日給盤費銀貳錢貳分各支日期不等共銀肆百

貳拾伍兩肆錢捌分等語查乾隆肆年貳月內據陝督查郎阿等奏稱寧夏地震需糧甚急撥運涼州府屬之武威古浪貳縣糧石來寧協濟查涼州上年收成歉薄見在東作將興應照河西軍需運糧之例每京石每百里給脚價銀貳錢等因又寶豐見有倉糧俱運至平羅以資賑恤但民間牲畜損斃大半雇覓維艱查有滿城并領標官駝約計陸百隻前往馱運料草按日支給等因又據原任甘撫元展成題撥靈州中衛并固原廳州倉貯糧石運寧散給其脚價銀兩照例每倉石每百里給銀壹錢等因各在案今前項運糧脚價既據該撫開明程途里數造

具冊結請銷户部按冊核算數目相符所有用過銀壹萬貳千捌百叁拾壹兩肆錢陸分陸釐貳毫零應准開銷又每駝壹隻日支倉升料貳升叁升柒觔重草壹束貳束不等與在槽餧養之例無浮其支過料貳百貳拾柒石捌斗草壹萬壹千貳百柒束亦應准其開銷至平羅縣修補口袋需用白布並未開明丈尺并麻線麻繩修理駝隻鞍架柳椽以及採買草束價值均屬浮多又散賑官員盤費從前並未報部押糧把總肆員盤費銀兩雖據該撫援照辦差千把之例支給但辦差千把等官日給盤費銀貳錢貳分並未另給跟役今冊造跟役捌名每名日給盤費銀肆分押駝兵丁拾貳名每名日給盤費銀壹錢係照何例辦理且駝隻既於正月貳拾伍日回營兵丁盤費因何支至貳拾柒日疏冊均未聲明户部無憑核議所有用過銀陸百柒拾捌兩陸錢伍分壹釐未便遽准開銷應令該撫逐一查明據實核減報部到日再議一西路廳打造船壹百隻每隻物料工價銀壹拾肆兩肆錢柒分玖釐伍毫零共銀壹千肆百肆拾柒兩玖錢伍分貳釐叁毫零已經工部允銷在案又雇覓民船并官船接運涼州府屬運寧京斗糧肆萬捌百捌拾伍石每船壹隻裝糧肆伍拾石各計程途遠近不等其官船雇覓船工水手

每糧壹石給工食銀自捌釐貳毫至陸分貳釐不等民船每糧壹石給水脚銀自陸分至柒分伍釐不等共用銀貳千貳拾玖兩伍錢肆分壹釐零又前項糧內截留中衛縣京斗糧壹萬伍石伍斗折倉斗糧柒千叁石伍斗中衛縣雇車接運至倉計程捌里照每倉石每百里給脚價壹錢之例核算共給脚價銀伍拾陸兩貳分捌釐再前項船隻運糧事竣變價銀壹百壹兩叁錢伍分亦經工部允准在案變價銀兩批解藩庫等語查原奏内開撥運涼州府屬之武古貳縣倉糧運寧協濟雇覓民船幷添造官船以資裝載較之雇覓車贏從陸路馱運者猶可節運費而省民力等因在案今前項船隻運糧脚價既據該撫開明程途里數造具冊結請銷户部按冊核算官船運糧壹京石給工食銀自捌釐貳毫至陸分貳釐民船運糧壹京石給水脚銀自陸分至柒分伍釐不等較之陸路運糧脚價有減無浮又中衛縣雇車運糧每倉石每百里給脚價銀壹錢與甘省運糧准銷脚價之例相符所有用過銀貳千捌拾伍兩伍錢陸分玖釐零均應准其開銷至運糧船隻户部移查工部回稱製造船壹百隻用過工料銀兩業經核銷在案所有用過銀壹千肆百肆拾柒兩玖錢伍分貳釐叁毫零亦應准其開銷其船隻變價銀

壹百壹兩叁錢伍分前經工部准其變價歸還原動賑恤項下知照户部在案今此項銀兩曾否歸還原項未據聲明應令該撫查明報部一中衛縣武生俞汝亮捐助衣服貳千玖百捌件內皮衣伍百貳拾貳件棉衣壹千壹百陸拾貳件夾衣柒百叁拾叁件單衣肆百玖拾壹件散給夏朔平新寶伍縣無衣窮民貳千玖百捌名每名給衣壹件又捐賑羊壹百伍拾隻犒賞寧夏鎮各路協防兵丁壹千叁百名均匀分給等語查乾隆肆年拾月內據原任甘撫元展成咨報原任湖廣提督俞益謨之子俞汝亮捐助羊壹百伍拾隻每隻估銀玖錢皮棉夾單衣貳千玖百捌件每件估銀柒錢制錢貳千串估銀貳千兩又捐助銀壹千兩共該銀伍千壹百柒拾兩陸錢等因在案今前項散給窮民衣服并犒賞協防兵丁羊隻既據該撫造具災民兵丁花名田結請銷臣部按冊核算數目相符所有捐助衣貳千玖百捌件羊壹百伍拾隻均應准其開銷至捐助銀錢已據該撫在於新收項下造報在案應毋庸議一直隸肅州修補夾布口袋叁萬條每條用線工價銀捌釐共用銀貳百肆拾兩又肅州并高臺縣遞運涼州夾布口袋叁萬條又平涼府屬鹽茶廳州縣運寧夾布口袋壹萬柒拾捌條共計重叁萬玖百伍拾捌觔零

每壹百叁拾觔合米壹京石計算每百里給脚
價銀壹錢伍分各計程途遠近不等共用銀壹
百叁拾捌兩陸錢伍分伍釐柒毫零又平凉府
屬細袋麻繩貳百根每根價銀玖釐共銀壹兩
捌錢等語查乾隆肆年叁月內據原任甘撫元
展成咨報凉屬運寧糧石將甘肅運寧口袋截
留凉州裝運其運送口袋脚價均請照依單需
運送單裝之例每壹百叁拾觔合米壹京石計
算每百里給脚價銀壹錢伍分至修補口袋工
價亦應照單需案內修補之例酌量支給等因
在案今肅州并高臺縣遞還凉州夾布口袋并
固原等廳州縣運寧口袋脚價及修補口袋線

工既據該撫造具冊結請銷臣部按冊核算數
目相符所有用過銀叁百捌拾兩肆錢伍分伍
釐應准開銷一環縣賑給壓斃災民埋葬銀壹
拾貳兩房價銀叁兩口糧壹拾壹石壹斗又夏
朔貳縣解還凉州完好夾布口袋叁萬陸千條
又狄道州運寧口袋脚價銀肆兩陸錢甘州府
屬補修口袋線工銀伍拾肆兩貳錢壹分陸釐
零運寧截留凉州裝糧口袋細繩并脚價銀貳
拾伍兩捌錢貳分零張掖縣接運肅州口袋雇
覓民車脚價銀伍拾捌兩陸錢玖分叁毫零山
丹縣雇覓民車脚價銀叁拾陸兩貳錢貳分肆
釐玖毫零寧州運至寧夏糧石并修補口袋脚

價共銀壹萬貳千柒百貳拾貳兩肆錢玖分壹釐叁毫零涼州府屬還寧修補口袋纤脚價共銀捌百肆拾捌兩玖錢陸分玖釐陸毫零永鎮貳縣協濟車輛遞運武古貳縣還寧糧石脚價銀叁萬壹千玖百玖拾兩柒錢肆分貳釐肆毫零平古貳縣遞運協濟寧夏賑糧脚價銀壹萬壹千捌百肆拾兩壹錢陸分柒釐貳毫零等語查原奏內開慶陽府屬環縣之虎家灣等處亦間有搖倒房屋土窯并間有壓死男婦人口者照靈中之例一體撫綏等因在案今環縣賑給壓斃災民埋葬銀兩並未分别大小口數房價口糧銀數亦未造具花名户口其狄道等州縣運送糧石口袋脚價及修補口袋線工細繩麻觔價銀均未造具細冊送部户部無憑查核所有用過銀伍萬柒千伍百玖拾陸兩玖錢貳分零未便遽准開銷應令該撫逐一確查分晰聲明據實造冊具題到日再議一實在銀共貳拾捌萬捌千貳百兩伍錢玖分柒釐壹毫零內寧夏府庫下剩銀貳拾柒萬玖千肆百陸拾壹兩壹錢肆分捌釐零內一於查驗單裝器械等事案內寧夏鎮標製辦單裝奉部准銷銀壹萬伍千兩一於查明渠道震裂等事案內修理叁渠老埂奉部准銷銀伍萬柒千叁百肆拾肆兩捌分叁釐捌毫一於酌修新寶渠道等事案內修

理惠農渠口奉部准銷銀柒萬玖百柒拾柒兩
玖錢捌分捌釐叁毫一於借領兵餉銀兩事案
内寧夏鎮標并協路各營搭蓋窩棚奉
旨豁免銀壹萬玖百壹拾壹兩一於撫籓之災黎等
事案内夏朔平叁縣借給窮民牛具奉
旨豁免銀壹萬貳千伍百壹拾叁兩陸錢叁分肆釐
一於題參事案内寧夏病故知縣沈頊年虧空
賑恤下剩及叁渠埂物料共銀陸百貳拾壹
兩伍錢柒分貳釐陸毫零應於伊子沈光宇名
下著追完報一於題參事案内平羅縣調任伏
羌縣參革病故知縣馬瓊虧空賑恤下剩及郡
建倉廒共銀壹千叁百柒拾兩伍分捌釐柒毫
零應於伊妻翁氏名下著追完報一於揭報虧
空倉庫錢糧事案内中衛縣計參知縣姚廷柱
虧空賑恤下剩銀陸百伍拾肆兩伍錢捌分捌
釐零完交接任休致錢應榮墊辦城工動用應
俟城工造冊請咨部覆到日另案歸結一於各
案内墊發平羅縣被水被旱災民口糧折價夏
平貳縣新招户民牛具平羅縣借給窮民口糧
折價夏平貳縣建蓋倉廒以及墊支廒口車價
等項共銀肆萬捌千柒百肆拾肆兩捌錢伍分
肆釐肆毫零應俟各彼案請撥有款及民借帶
徵完解至日再爲解撥歸結外止該下剩銀陸
萬壹千叁百貳拾叁兩叁錢陸分捌釐零内已

解司庫銀壹萬陸千陸百捌拾伍兩陸分玖釐
捌毫零存貯府庫未解銀肆萬肆千陸百叁拾
捌兩貳錢玖分捌釐壹毫零見在催解又凉州
府屬下剩銀捌千柒百叁拾伍兩玖錢叁釐貳
毫照數解還司庫訖又靜寧州下剩銀叁兩伍
錢肆分伍釐玖毫零見在催解等語查乾隆玖
年叁月内欽奉
諭旨乾隆叁年寧夏地震被災鎮標及外路協防兵
丁在於寧夏府庫共借支銀壹萬叁千伍百伍拾
玖兩除扣完司庫銀貳千陸百肆拾捌兩外著將
未完銀壹萬玖百壹拾壹兩悉行豁免欽此又乾
隆拾年柒月内欽奉

諭旨甘省寧夏寧朔平羅叁縣於乾隆叁年地震之
後借給牛價銀兩尚有未完萬餘著該部查明加
恩豁免欽此户部行文陝督甘撫去後嗣據該撫
黄廷桂查明未完銀壹萬貳千伍百壹拾叁兩
陸錢叁分肆釐欽奉
上諭加恩豁免具摺奏
聞奉
硃批知道了欽此欽遵報部在案今寧夏鎮標所協
防兵丁以及夏朔平叁縣民借未完共銀貳萬
叁千肆百貳拾肆兩陸錢叁分肆釐臣部查與
欽奉
恩旨豁免銀數相符又製辦草裝并修理叁渠老埂

惠農渠口共用銀壹拾肆萬叁千叁百貳拾貳
兩柒分貳釐壹毫零與工部題銷陸續知照戶
部銀數亦屬相符均毋庸議至沈項年虧空銀
陸百貳拾壹兩伍錢柒分貳釐陸毫零馬璞虧
空銀壹千叁百柒拾兩伍分捌釐柒毫零速飭
在於各該員虧空案內催追完報又姚廷柱虧
空銀陸百伍拾肆兩伍錢捌分捌釐零該撫既
稱完交接任錢應禁墊辦城工動用應俟城工
銀兩准銷之日歸還原項報部其各案墊發墊
支拜新招戶民牛具口糧折價等項共銀肆萬
捌千柒百肆拾肆兩捌錢伍分肆釐肆毫零應
令該撫俟各該案請撥有款及民借帶徵完日

解撥歸結仍開明年月案次分晰銀兩細數報
部查核至解司銀貳萬伍千肆百貳拾兩玖錢
柒分叁釐零造入何年何季撥用之處未據聲
明其未解銀肆萬肆千陸百肆拾壹兩捌錢肆
分肆釐零作速催解司庫一併報部查核一實
在口袋共壹拾伍萬柒千玖拾伍條內寧夏寧
朔中衛叁縣變價夾布口袋壹拾壹萬玖千捌
百叁拾叁條單布口袋叁萬伍千肆拾叁條麻
布口袋壹百伍拾玖條叁共口袋壹拾伍萬伍
千叁拾伍條每條變銀壹分伍釐以至肆分不
等共變銀肆千叁百玖拾陸兩陸錢肆分內解
過司庫銀肆千叁百肆拾肆兩捌分寧夏縣未

解銀伍拾貳兩伍錢陸分係前令沈項年將夾布口袋報變單布口袋不敷銀數見在著落伊子沈光宇名下追解還項中衛縣存貯夾布口袋貳千陸拾條查中衛縣存貯口袋見在收貯聽候備用又夏朔中叁縣存貯倉斗糧肆萬貳千貳百叁拾陸石玖斗玖升玖合叁勺零查夏朔中叁縣存貯糧石據寧夏府詳稱俱已另案動用各隨本案内造報等語查前項口袋變價先據該撫陸續咨報共解司銀肆千叁百肆拾肆兩捌分内除造入乾隆玖拾兩年春撥冊内銀貳千陸百肆拾伍兩肆錢捌分伍釐零外其餘銀壹千陸百玖拾捌兩伍錢玖分伍釐造入何年何季撥冊入夏朔中叁縣存貯倉斗糧肆萬貳千貳百叁拾陸石玖斗玖升玖合叁勺零係何案内動用之處均未聲明應令該撫逐一查明報部并將中衛縣存貯夾布口袋貳千陸拾條轉飭加謹收貯其寧夏縣未解銀伍拾貳兩伍錢陸分速飭追解還項報部查核一該撫總冊開造賑恤寧夏地震災民共收銀壹百肆拾柒萬叁千兩内除支發採買糧石并建築城工等項共銀肆拾肆萬柒千貳百貳拾伍兩壹錢柒分叁釐零各歸本案造銷外止收銀壹百貳萬伍千柒百柒拾肆兩捌錢貳分陸釐零等語查前項收支存剩銀壹百貳萬伍千柒百柒

拾肆兩捌錢貳分陸釐零已於前款分別查核
外仍令該撫將採買糧石并建築城工用過銀
肆拾肆萬柒千貳百貳拾伍兩壹錢柒分叁釐
零各歸本案造具冊結題銷至此案造銷遲延
之處據該撫疏稱前經請明俟原任寧夏縣武
梓等虧空審擬明確再行造銷今已審題應將
賑恤過銀糧等項造冊題銷等語應毋庸議等
因乾隆拾貳年陸月初肆日題本月初柒日奉
旨依議欽此爲此合咨前去遵照施行等因准此行
司蒙此又於乾隆拾伍年叁月拾伍日蒙巡撫
甘肅鄂部院案驗乾隆拾伍年叁月拾壹日准
戶部咨陜西司案呈本年正月貳拾壹日准甘

撫鄂昌咨據布政司呈稱前奉部咨令將寧夏
乾隆叁年地震賑恤案内登答田籍速飭另造
妥確具題查核等因隨經行據寧夏府將所屬
各縣乾隆叁年地震賑恤登答各款冊結造齎
前來當經本司同蘭慶甘凉各冊結彙詳請題
蒙憲臺以冊登款項仍有未協又張山永叁縣
冊造運窐口袋動兩數目與肅高貳州縣原運
動兩數目亦屬不符駁更除將冊結飭發各屬
遵照指駁情節逐一查明更造俟至日另詳請
題外所有冊結於限内齎到駁更緣由先請咨
部等情相應咨明等因前來應令該撫將前項
駁更冊結速飭更造妥確具題查核可也等因

准此俱行到司蒙此遵即備檄蘭慶甘涼寧伍
府轉飭所屬作速查明登造及屢催去後茲據
蘭慶甘涼寧伍府將奉部咨查各款行據所屬
各州縣逐一查明分晰造具登答冊結呈齎前
來據此除奉部行令查明報部各款另詳呈請
咨部外該布政使張若震查得寧夏乾隆叁年
地震賑恤過兵民銀糧奏銷案內一奉部咨夏
朔等縣賑給被災兵民大小人口房屋銀兩與
原奏數目均屬不符所有用過銀貳拾玖萬陸
千捌拾捌兩未便遽准開銷應令詳細確查逐
一分晰聲明具題一款遵查寧夏寧朔平羅新
渠寶豐各縣賑給被災兵民大小人口房價銀

兩與原
奏數目不符之處行據各縣登稱賑恤房價款內
此原
奏少戶民貳千捌百柒拾貳口少賑房叁千玖百
壹拾捌間其減少之處係具
奏之後災民內有出外投親以及病故改嫁并客
民不願居住自行回籍者是以刪除未散又地
震之後災民無處棲止有移住他處者嗣後聞
賑歸來戶民大小口捌千叁百陸拾陸口請明
照例一體賑恤共該賑房肆千肆百捌拾間是
以與原
奏不符今各縣俱與冊內分晰登明其用過房價

銀貳拾玖萬陸千捌拾捌兩應請准銷又奉部行查刨挖城門街道衙署並未將刨挖清理各處所之高寬厚丈尺逐款開明應令逐款查明另造清冊取具所用夫工並無浮冒捏飾切結題銷一款據稱寧夏地震之後衙署廟宇房舍盡皆倒塌瓴瓦土木混雜堆積道路門限皆爲壅塞不通災民棲止行走俱在土堆房屋之上勢不得不爲清理彼時倉皇急遽奉諭刨挖勢不能如土方之可以計丈計尺核算今事隔數年經手員役半多物故悉照當日夫價底冊造報奉駁丈尺實難懸揣捏造所有用過銀叁千壹百貳拾叁兩肆錢俱係實用實銷應請准銷

又奉部行查建蓋公館監獄木籠等項從前曾否奏明建蓋之處疏內並未聲明且查冊開樑木桁條等項並未將各長寬厚丈尺逐一開載所用木片又未將應用處所高寬丈尺開造成砌圍牆用瓴亦未開明寬厚丈尺匠工俱係籠統造報難以查核不便遽准應令查明如係奏明之案即照依駁款另造妥冊取具所用物料價值無浮切結題銷併抄原奏送部如未奏明造今始行造報事隔年久無憑查核前項銀兩不便准銷應令毋庸造冊報銷一款行據寧夏府冊登地震之後夏朔貳縣建蓋公館板房席棚監獄木籠等項用過銀伍百柒拾陸兩伍錢

緣乾隆叁年地震之後官衙民舍一切俱無彼
時督撫兩憲及
欽差大人俱駐寧城辦理賑務正當嚴寒之時萬難
露處詳明前任元撫憲批准搭蓋草房席棚復
又諭令添建板房製辦木籠俱係蒙諭辦理實
緣震災之後正在撫恤災黎倉皇急切之際未
及預請具
奏造後賑務完竣造報奏銷股項繁多正在清查
呈請補
奏旋即題參寧夏縣前任沈頊年虧空審明添建
板房項下准其造銷銀貳百叁拾肆兩貳錢是
此項銀兩當日賑恤本案未及具
奏後於參案內已經咨
題有案幷寧朔縣添建板房席棚等項用過銀叁
百肆拾貳兩叁錢事同一例均係實用實銷並
非揑冒應請准銷又奉部行查環縣賑給壓斃
災民埋葬銀兩並未分別大小口數房價口糧
銀數亦未造具花名戶口又狄道等州縣運送
糧石口袋脚價幷夏朔貳縣解送凉州完好口
袋及修補口袋線工綑繩麻觔價銀均未造具
細冊無憑查核所有用過銀伍萬柒千伍百玖
拾陸兩玖錢貳分零未便遽准開銷應令逐一
確查分晰聲明造冊具題到日再議一款查環
縣賑給壓斃災民埋葬銀兩大小口數房價口

糧銀數幷狄道等州縣運送糧石口袋脚價等項俱行據各屬分晰造具細數冊籍呈齎祈請大部查核所有前項用過銀伍萬柒千伍百陸拾肆兩玖錢貳釐貳毫叁絲陸忽倉斗口糧壹拾壹石壹斗應請准銷再查部咨內開共用銀伍萬柒千伍百玖拾陸兩玖錢貳分零今冊登共用過銀伍萬柒千伍百陸拾肆兩玖錢貳釐貳毫叁絲陸忽其數目不符之處查肅州幷高臺縣運寧口袋叁萬條內叁千陸百條每條計重壹觔又貳萬陸千肆百條每條計重壹拾貳兩動支脚價前奉部議准銷在案其接遞轉運之張山貳縣前冊造每條俱重壹觔永昌縣前冊造每條俱重壹拾肆兩今查明飭令更正是以數目不符共該下剩銀叁拾貳兩壹分玖釐陸毫貳絲柒忽玖微內張掖縣前任知縣李廷桂名下應追銀壹拾柒兩伍錢壹分伍釐陸毫伍絲山丹縣前任知縣史載魁名下應追銀玖兩玖錢壹毫伍絲永昌縣前任知縣鄭鐸名下應追銀肆兩陸錢叁釐捌毫貳絲柒忽玖微該員等俱已久經回籍李廷桂係陝西延安府甘泉縣人史載魁係江南鎮江府溧陽縣人鄭鐸係山西蒲州府萬泉縣人應請大部行令各該員原籍著追完報仍請大部在於前造冊內更正以上奉部行查各款既據各屬逐細查明登

覆造具冊結呈賚前來本司覆核無異相應同
本司應登款項一併造冊呈齎合候具
題
至此案以乾隆拾伍年叁月拾壹日續准部咨
起例限肆箇月應扣至本年柒月拾壹日爲滿
今於限內登報並未遲逾再此案有因冊造外
錯駁更者有數目相符存候彙轉者是以年月
銜姓先後不能畫一合併聲明等情呈詳到臣
該 臣查得乾隆叁年寧夏地震辦理賑務用過
銀糧等項經前撫臣黄廷桂具
題
請銷嗣准部覆除允銷各款外餘令逐一確查
分晰聲明據實造冊具題到日再議等因當經
行司遵照去後茲據布政使張若震詳稱除奉
部行令查明報部各款另詳請咨外一奉部行
查夏朔等縣被災兵民大小人口房屋銀兩與
原奏數目不符應令詳細確查分晰聲明具題
一款查寧夏寧朔平羅新渠寶豐伍縣賑給被
災兵民大小人口房價銀兩與原
奏數目不符之處係賑恤房價款內比原
奏少户民貳千捌百柒拾貳口少賑房叁千玖百
壹拾捌間其減少之處係具
奏之後災民內有出外投親以及病故改嫁并客
民不願居住自行回籍者均經刪除未散又地
震之後災民無處棲止有移住他處者嗣後聞
賑歸來户民大小口捌千叁百陸拾陸口請明

照例一體賑恤共該賑房肆千肆百捌拾間是
以與原
奏不符今俱於冊內分晰登明其用過房價銀貳
拾玖萬陸千捌拾捌兩應請准銷又奉部行查
刨挖城門街道衙署並未將刨挖清理各處所
之高寬厚丈尺逐款開明應令查明另造清冊
題銷一款查寧夏地震之後衙署廟宇房舍盡
行倒塌瓦土木混雜堆積道路門限皆為壅
塞不通災民棲止行走俱在土堆房屋之上勢
不得不爲清理彼時倉皇急遽勢不能如土方
之可以計丈計尺核算今事隔數年經手員役
半多物故悉照當日夫價底冊造報奉駮丈尺
實難懸揣捏造所有用過銀叁千壹百貳拾叁
兩肆錢俱係實用應請准銷又奉部行查建蓋
公館監獄木籠等項冊內俱係籠統造報難以
查核應令查明另造妥冊并抄原奏送部一款
查地震之後官衙民舍一切俱無彼時督撫及
欽差俱駐寧城辦理賑務正當嚴寒之時萬難露處
詳明前撫元展成批准搭蓋草房席棚添建板
房幷製辦監獄木籠俱係蒙諭辦理實緣震災
之後正在撫恤災黎倉皇急切之際未及預請
具
奏迨後震務完竣造報奏銷股項繁多正在清查
另請補

奏旋卽

題咨前任寧夏縣知縣沈瑱年虧空審明添建板房項下准其造銷銀貳百叁拾肆兩貳錢是此項銀兩當日賑恤本案未及具

奏後於咨案內已經咨

題有案幷寧朔縣添建板房席棚等項用過銀叁百肆拾貳兩叁錢事同一例均係實用實銷並無揑冒應請准銷又奉部行查環縣賑給壓斃災民埋葬銀兩並未分別大小口數房價口糧銀數亦未造具花名幷狄道等州縣運送糧石口袋腳價及修補線工繩麻價銀均未造具細冊無憑查核應令分晰造冊具題一款查環縣賑給壓斃災民埋葬銀兩大小口數房價口糧銀數幷狄道等州縣運送糧石口袋腳價等項行據各屬分晰造具細數清冊覈核所有用過銀伍萬柒千伍百陸拾肆兩玖錢零倉斗口糧壹拾壹石壹斗應請准銷至部咨內開共用銀伍萬柒千伍百玖拾陸兩玖錢貳分零今冊登共用過銀伍萬柒千伍百陸拾肆兩玖錢貳釐零其數目不符之處係肅州幷高臺縣運寧口袋叁萬條內叁千陸百條每條計重壹觔又貳萬陸千肆百條每條計重壹拾貳兩動支腳價前奉部議准銷在案其接遞轉運之張山貳縣前冊造每條俱重壹觔永昌縣前冊造每條俱

重壹拾肆兩今查明飭令更正是以數目不符
共該下剩銀叁拾貳兩壹分零內張掖縣前任
知縣李廷桂名下應追銀壹拾柒兩伍錢壹分
伍釐零山丹縣前任知縣史載魁名下應追銀
玖兩玖錢壹毫零永昌縣前任知縣鄭鐸名下
應追銀肆兩陸錢叁釐零該員等久經回籍李
廷桂係陝西延安府甘泉縣人史載魁係江南
鎮江府溧陽縣人鄭鐸係山西蒲州府萬泉縣
人應請行令各該員原籍著追完報仍請在於
前造冊內更正等情取具各細數冊結造具司
總冊一併呈送請
題前來臣覆核無異除冊結分送部科外相應會
同陝甘督臣尹繼善合詞具
題伏祈
皇上睿鑒勅部核覆施行再查此案有因冊造舛錯
駁更者有數目相符存候彙轉者是以年月銜
姓先後不能畫一合併陳明謹題請
旨

乾隆拾伍年柒月貳拾捌日巡撫甘肅等處地方贊理軍務兼理茶馬兵部右侍郎兼都察院右副都御史臣鄂昌

巡撫甘肅等處地方贊理軍務兼理茶馬兵部右侍郎兼都察院右副都御史臣鄂昌謹

題為欽奉

上諭事該臣查得乾隆叁年寧夏地震辦理賑務用

過銀糧等項經前撫臣黃廷桂具

題請銷嗣准部覆除允銷各款外餘令確查分晰

造冊具題到日再議等因行據布政使張若震

詳稱一查夏朔平新寶伍縣賑給兵民房價與

原

奏不符係賑恤款內比原

奏少户民貳千捌百柒拾貳口少賑房叁千玖百

壹拾捌間其減少之處係災民內有出外病故

及客民回籍者删除未散又嗣後開賑歸來户

民捌千叁百陸拾陸口照例賑恤共房肆千肆

百捌拾間是以不符其用過房價銀貳拾玖萬

陸千捌拾捌兩應請准銷又查創撥城門衙道

衙署地震之後衙署廟宇房舍盡行倒塌壅塞

不道勢不得不為清理彼時倉皇急處不能計

丈尺核算今事隔數年實難程造所有用過銀

叁千壹百貳拾叁兩肆錢應請准銷又查建蓋

公館等項地震之後衙舍俱無彼時督撫

欽差駐寧辦賑萬難露處詳明搭蓋席棚添建板房

正在倉皇之際未請具

奏迨後恭沈須年餘空審明准銷銀貳百叁拾肆

兩貳錢并寧朔縣添建板房等項用過銀叁百

肆拾貳兩叁錢事同一例應請准銷又查環縣

賑給埋葬房價口糧銀數餅狀道等州縣口袋

御價等項行據各需分斛造冊賚核所有用過

銀伍萬柒千伍百陸拾肆兩零口糧壹拾壹石

壹斗應請准銷至部咨內開共用銀伍萬柒千

伍百玖拾陸兩零零令冊叁共用銀伍萬柒千伍

百陸拾肆兩零其不符之處係查明飭令更正

共該下剩銀叁拾貳兩零內黃廷桂名下應追

銀壹拾柒兩零史截魁名下應追銀玖兩零鄭

繹名下應追銀肆兩零該員等又經回籍應請

行令各原籍著追仍在前冊內更正等情取具

冊結道具司冊一解呈送請

題前來臣覆核無異除冊結分送部科外相應會

同陝甘督臣尹繼善謹題請

旨

125. 甘肃巡抚杨应琚题报乾隆三年平罗等县地震赈恤用银并无浮冒加具保结本

乾隆十七年正月二十五日
（1752 年 3 月 10 日）
（台北 · 历史语言研究所 · 内阁大库档）

朱批：该部察核具奏

125. Memorial to the throne, presented by Yang Yingju, Minister of Gansu, on the relief fund offered in the Pingluo etc. Earthquake, occurred in the 3rd year of Qianlong, with no false account, and releasing a guarantee

Jan.25, the 17th year of Qianlong (Mar. 10, 1752)

(From the *Cabinet Archives*, kept in Institute of History and Philology, Academia Sinica, Taibei)

Emperor's comment in red: Report to me by the Ministry after check and verification.

十七年三月初八日下户

該部察核具奏

題

巡撫甘肅等處地方贊理軍務兼理茶馬都察院右副都御史臣楊應琚謹

題為欽奉

上諭事據甘肅布政使司布政使吳士端呈乾隆拾陸年貳月貳拾捌日蒙前任巡撫甘肅鄂部院案驗乾隆拾陸年貳月貳拾貳日准户部咨陝西司案呈先准甘撫鄂昌將乾隆叁年分寧夏地震賑恤案內駁查各款造冊咨送前來經本部將冊造沈項年馬瑗虧空銀兩移查刑工貳部去後今於乾隆拾伍年拾壹月貳拾肆等日准刑工貳部咨覆前來查冊開一運糧舡隻變

價銀壹百壹兩叁錢伍分先經本部以此項銀兩曾否歸還原項行令查明報部去後今冊稱查舡隻變價銀壹百壹兩叁錢伍分於乾隆拾年捌月內解司收入原動賑恤項下報部在案等語查前項舡隻變價銀壹百壹兩叁錢伍分與從前該撫咨報原案銀數相符應毋庸議一寧夏縣病故知縣沈項年虧空銀陸百貳拾壹兩伍錢零平羅縣調任伏羌縣病故知縣馬璲虧空銀壹千叁百柒拾兩伍分零先經本部行令速飭在於各該員虧空案內催追完報去後

今冊稱寧夏縣病故知縣沈項年平羅縣調任伏羌縣病故知縣馬璞虧空銀兩見在各員虧空案內催追移咨刑部覆稱沈項年墊建倉廒銀兩已奉工部咨准開銷但並無陸百貳拾壹兩伍錢零之數至馬璞名下應追銀壹千叁百柒拾兩伍分零內有建蓋倉廒那用銀陸百柒拾玖兩貳錢零該撫題請在於原墊賑恤銀內開銷經本部行文工部查辦在案其餘銀兩該撫尚未咨報完項等因又准工部覆稱馬璞名下那用建倉銀兩未據該撫報銷無憑查覆等

語查沈項年虧空銀兩刑部既稱並無陸百貳
拾壹兩伍錢零之數應令該撫查明報部至馬
璞虧空銀壹千叁百柒拾兩伍分零內有建蓋
倉廒那用銀陸百柒拾玖兩貳錢零工部既稱
該撫尚未報銷應令該撫作速造報工部核銷
之日報部查核其餘銀兩速飭在於該員虧空
案內催追完報一中衛縣被參知縣姚廷桂虧
空城工銀陸百伍拾肆兩零既稱完交接任錢
應築墊辦城工動用先經本部行令俟城工銀
兩准銷之日歸還原項報部去後今冊稱中衛

縣知縣姚廷桂虧空墊辦城工銀兩應俟城工
銀兩准銷之日歸還原項報部等語應仍令該
撫將前項銀兩俟城工銀兩准銷之日歸還原
項報部一各項墊發墊支幷新招户民牛具口
糧折價等項共銀肆萬捌千柒百肆拾肆兩捌
錢伍分零先經本部行令俟各彼案請撥有款
及民借帶徵完日解交歸結仍開明年月案次
分晰銀兩細數報部查核至解司銀貳萬伍千
肆百貳拾兩玖錢柒分叁釐零造入何年何季
撥冊其未解銀肆萬肆千陸百肆拾壹兩捌錢

肆分肆釐零作速催解司庫一併報部查核去
後今冊稱前項墊發墊支并新招户民牛具口
糧折價等項共銀肆萬捌千柒百肆拾肆兩捌
錢伍分零内夏朔平叁縣徵完牛具解還司庫
銀伍千玖百柒拾陸兩伍錢陸分柒釐叁毫零
造入乾隆拾叁年春秋撥冊内訖其餘銀肆萬
貳千柒百陸拾捌兩貳錢捌分貳釐柒毫零見
在各彼案請撥有款及民借帶徵完解歸結至
解司銀貳萬伍千肆百貳拾兩玖錢柒分叁釐
零已造入乾隆伍陸柒捌玖拾拾貳等年各春

秋撥冊內訖其未解銀肆萬肆千陸百肆拾壹兩捌錢肆分肆釐壹毫零內靜寧州解銀叁兩伍錢肆分伍釐玖毫零造入乾隆拾貳年秋撥冊內訖又寧夏府解司銀肆萬肆千陸百叁拾捌兩貳錢玖分捌釐壹毫零造入乾隆拾叁年春秋貳撥冊內訖等語查前項墊發墊支并新招户民牛具口糧折價共銀肆萬貳千柒百陸拾捌兩貳錢捌分貳釐柒毫零應令該撫俟各彼案請撥有款及民借帶徵完日報部查核其解司銀貳萬伍千肆百貳拾兩玖錢柒分叁釐

零内除解司銀貳萬肆千肆百玖兩壹錢陸毫
零與乾隆伍陸柒捌玖拾拾貳等年各春秋撥
冊銀數相符又寧夏府并夏朔平靜等州縣共
解司銀伍萬陸百壹拾捌兩肆錢壹分壹釐肆
毫零核對乾隆拾貳拾叁等年春秋撥冊銀數
亦屬相符均毋庸議至張掖縣解司銀壹千壹
拾壹兩捌錢柒分貳釐肆毫零該撫雖稱造入
乾隆玖年秋撥冊内但查該年撥冊並無前項
銀兩應令該撫查明報部一夏朔平叁縣口袋
變價解司銀肆千叁百肆拾肆兩捌分先經本

部以造入何年何季撥用并夏朔中叁縣存貯倉斗糧肆萬貳千貳百叁拾陸石玖斗玖升玖合叁勺零係何案内動用之處均未聲明行令逐一查明報部去後今册稱夏朔平叁縣口袋變價解司庫銀肆千叁百肆拾肆兩捌分俱造入乾隆玖拾兩年春秋貳撥册内訖至夏朔中叁縣存貯倉斗糧肆萬貳千貳百叁拾陸石玖斗玖升玖合叁勺零已據寧夏府另册登覆等語查夏朔平叁縣口袋變價解司銀肆千叁百肆拾肆兩捌分核對乾隆玖拾兩年春秋撥册

銀數相符應毋庸議至夏朔中叁縣存貯糧石應於後款查核一寧夏縣未解銀伍拾貳兩伍錢零先經本部行令速飭追解還項報部查核去後今冊稱寧夏縣未解口袋變價不敷銀伍拾貳兩伍錢陸分照數解司收入賑恤項下造入乾隆拾貳年秋撥訖等語查寧夏縣口袋變價不敷銀伍拾貳兩伍錢零該撫雖稱造入乾隆拾貳年秋撥冊內但查該年撥冊並無前項銀數應令該撫查明報部一寧夏府乾隆叁年地震辦理賑務案內虛開抵補已故知府顧爾

昌虧空糧陸千貳百壹拾伍石零先經本部以題參事案内並無此項糧數行令查明報部去後今冊稱乾隆叁年地震賑恤案内删除新渠縣災民口糧壹千伍百伍拾柒石叁斗賫粥糧叁百陸拾陸石壹斗貳升寶豐縣口糧叁千肆百壹拾肆石陸斗賫粥糧肆百伍拾捌石陸斗平羅縣賫粥糧肆百壹拾捌石肆斗以上共删除虛開抵補已故顧府虧空糧陸千貳百壹拾伍石貳升作採買開銷價値在夏朔新寶平伍縣賫粥夫工等項共銀壹萬肆千捌百貳拾肆

兩肆錢零之內審明題結於乾隆拾壹年在於
題叅事案內洛部在案等語查前項糧石既據
該撫查明折算價值在夫工等銀壹萬肆千捌
百貳拾肆兩肆錢零之內審明題結查與從前
刑部知照原案銀數相符應毋庸議一平羅縣
修補口袋需用白布並未開明丈尺并麻綫麻
繩修理駝隻鞍架柳椽以及採買草束價值均
屬浮多又散賑官員盤費并押糧把總肆員盤
費銀兩雖據援照辦差千把之例支給但辦差
千把等官日支盤費銀貳錢貳分並未另給跟

役今給跟役捌名每名日支盤費銀肆分押駝兵丁壹拾貳名每名日支盤費銀壹錢係照何例辦理且駝隻於正月貳拾伍日回營兵丁盤費因何支至貳拾柒日均未聲明無憑查核所有用過銀陸百柒拾捌兩零未便開銷行令查明核減報部去後今冊稱平羅縣調任病故知縣馬璲任內轉運寶豐糧石所需口袋一時置備不齊借用民間毛口袋貳千壹百叁拾伍條係用舊殘損隨時修補每條用布貳叁肆伍寸不等共用布柒拾叁丈陸尺每叁丈貳尺合布

壹疋共用布貳拾叁疋每疋銀陸錢共銀壹拾叁兩捌錢至麻線麻繩柳椽俱從別處馱販來平異災之後市集俱無物價昂貴勢所必然因需用緊急據實覓買應用並無浮多再穀草一項平寶貳邑大災之後民間搭蓋窩鋪需用甚多每束給銀壹分伍釐至壹分捌釐均未浮多又縫聯口袋用麻線叁觔每觔銀壹錢肆分共銀肆錢貳分紮口繩壹千捌百條每條銀捌毫共銀壹兩肆錢肆分細載大繩肆拾伍觔每觔銀捌分共銀叁兩陸錢柳椽壹百貳拾肆根每

根銀肆分共銀肆兩玖錢陸分柒觔穀草柒千
陸百貳拾伍束每束價銀壹分伍釐共銀壹百
壹拾肆兩叁錢柒分伍釐裁縫捌拾叁工每工
銀陸分共銀肆兩玖錢捌分木匠伍拾貳工每
工銀陸分共銀叁兩壹錢貳分又採買柒觔穀
草叁千伍百捌拾貳束每束銀壹分捌釐共銀
陸拾肆兩肆錢柒分陸釐俱係據實採買之項
並無浮冒情弊委難核減出具並無浮冒印結
應請准銷又夏朔新寶平伍縣辦理賑恤事務
各員赴寧除見任者不支盤費外其餘効力及

候補之員若不支給盤費實難枵腹辦差隨照
依辦差千把之例每員日支盤費銀貳錢貳分
係各員按日應需之項且大災之後非別項辦
差可以緩待所有支過盤費銀肆百貳拾伍兩
肆錢捌分應請核銷又查寶豐糧石地震之後
露積層冰撥夏朔貳縣牛車肆百玖拾柒輛派
委把總肆員管押每員日支盤費銀貳錢貳分
因車輛甚多該弁等若不隨帶跟役前後稽察
實難是以每員帶跟役貳名共跟役捌名每名
支盤費銀肆分嗣因凘凬春融恐冰消浸泡堪

虞牛車行走遲緩又派撥駝隻晝夜轉運撥固
原兵丁牽拉另派寧鎮目兵壹拾貳名管押糧
石每名日給盤費銀壹錢彼時以倉糧爲重且
倉卒大災並無成例可援俱按地方情形酌量
辦理實非揑冒所有支過駝運押糧目兵盤費
銀貳拾肆兩轉運押糧把總盤費銀壹拾叁兩
貳錢跟役盤費銀肆兩捌錢應請核銷至駝隻
於貳拾伍日回營兵丁盤費支至貳拾柒日因
駝隻將糧運完固原兵丁於貳拾伍日牽回本
營寧鎮目兵等候交收糧石於貳拾柒日始行

回營是以先後不同等語查平羅縣修補口袋需用白布雖據該撫開明丈尺并聲明麻線麻繩修理駝隻鞍架柳椽以及採買草束價值并散賑官員跟役押駝兵丁盤費係大災之後各項採買價值並無浮多亦無成例可援取具並無浮冒印結送部但事關請銷錢糧未便據咨遽議應令該撫再行詳細確查據實核減如果實無浮冒另行造具冊結加結保題到日再議

一夏朔中叁縣存貯倉斗糧肆萬貳千貳百叁拾陸石玖斗玖升玖合叁勺零先經本部以係

何案內動用之處行令查明報部去後今冊稱夏朔中叁縣存貯撥運倉斗糧肆萬貳千貳百叁拾陸石玖斗玖升玖合叁勺零內寧夏縣存貯撥運倉斗糧貳萬貳百叁拾貳石肆斗壹升捌合貳勺零內估支駐寧滿兵乾隆肆年分糧米千肆百伍拾陸石伍斗肆升又乾隆伍年借給水旱災民籽種糧貳千捌百肆石陸斗陸升陸合又乾隆伍年平羅縣賑糧貳千肆拾叁石米斗肆合又估支寧夏鎮標右營乾隆玖年分兵糧壹千叁百陸拾貳石貳斗伍合陸勺零又

估支鎮標前營乾隆玖年分兵糧壹千叁百肆拾石玖斗貳升陸合伍勺零又估支鎮標後營乾隆玖年分兵糧壹千叁百肆拾石又估支寧夏城守營乾隆玖年分兵糧伍百石又估支寧夏鎮標左營乾隆拾年分兵糧柒百柒拾玖石玖斗伍升陸勺零又估支鎮標右營乾隆拾年分兵糧壹千肆百叁拾捌石陸斗陸升陸合陸勺零又估支寧夏城守營乾隆拾年分兵糧陸百叁拾貳石陸斗又乾隆伍年借給口糧籽種糧叁百叁拾石陸斗陸升叁合柒勺零見在催

巡撫甘肅等處地方贊理軍務兼理茶馬都察院右副都御史臣楊應琚謹

題爲欽奉

上諭事據甘肅布政使司布政使吴士端呈乾隆拾陸年貳月貳拾捌日蒙前任巡撫甘肅鄂部院案驗乾隆拾陸年貳月貳拾貳日准户部咨陝西司案呈先准甘撫鄂昌將乾隆叁年分寧夏地震賑恤案内駁查各款造冊咨送前來經本部將冊造沈項年馬瑗虧空銀兩移查刑工貳部去後今於乾隆拾伍年拾壹月貳拾肆等日准刑工貳部咨覆前來查冊開一運糧舡隻變

百柒拾伍石貳斗又估支寧夏鎮屬玉泉營乾隆拾壹年分兵糧叁百陸拾玖石貳斗肆升捌合壹勺零又前任病故知縣辛禹籍虧空撥運倉斗糧壹千貳百玖拾貳石柒斗貳升陸合柒勺應於該員虧空案内詳請歸結又中衛縣存貯撥運倉斗糧柒千叁石捌斗伍升内乾隆伍年賑濟窮民口糧壹千玖百肆拾陸石柒斗伍升肆合壹勺零又乾隆伍年出借籽種糧肆千柒百柒拾玖石柒斗叁升伍勺零又乾隆陸年賑濟窮民口糧壹百柒拾柒石陸斗肆升捌合

肆勺零被淼知縣姚廷柱虧空撥運倉斗糧玖拾玖石叁斗陸升陸合捌勺零應於虧空案內勸追歸結另報實在糧叁斗伍升又節年徵完民借籽種還倉糧壹千叁百貳拾貳石肆斗柒升捌合伍勺零貳共糧壹千叁百貳拾貳石捌斗貳升捌合伍勺零實貯在倉其民欠未完乾隆伍年出借糧石見在催徵等語查夏朔中叁縣存貯倉斗糧肆萬貳千貳百叁拾陸石玖斗玖升玖合叁勺零雖據該撫聲明估撥兵糧借給災民籽種賑給口糧以及各員虧空共糧肆

萬柒百壹拾壹石陸斗柒升伍合捌勺零但並
未開明報部年月案次無憑查核應令該撫逐
一查明報部查核并嚮民借籽種口糧未還糧
陸千伍百玖拾貳石伍斗捌升壹合柒勺零各
員虧空糧壹千叁百玖拾貳石玖升叁合伍勺
零各歸本案催追完報其實存糧壹千伍百貳
拾伍石叁斗貳升叁合伍勺轉飭加謹收貯俟
有動用報部查核可也等因准此行司蒙此又
於乾隆拾陸年捌月初叁日蒙前撫鄂部院案
驗乾隆拾陸年柒月貳拾柒日准户部咨陝西

司案呈本年陸月初柒日准甘撫鄂昌咨據布政司呈稱查得寧夏乾隆叁年地震賑恤案内奉部駁查各款并修補口袋各項用過銀兩令再詳細確查據實核減如果實無浮冒另行造具冊結加結保題到日再議等因當即備行寧夏府轉飭遵辦在案今據該府詳據各該縣登覆前來查該縣等並未將奉查各款造具登答清冊齎報其夏朔新寶等縣支過辦賑官員盤費銀肆百貳拾餘兩亦未造具無浮冊結呈齎均難率轉除再令確查造具冊結登覆至日分

別另請咨題外相應詳明合候咨部等情相應

咨明等因前來應令該撫轉飭將前項修補口

袋并各項用過銀兩作速確查核減造具冊結

分別咨題報部毋任再延可也等因准此行司

蒙此又於乾隆拾陸年拾貳月拾叁日蒙巡撫

甘肅楊都院案驗乾隆拾陸年拾貳月初玖日

准戶部咨陝西司案呈本年拾月拾伍日准甘

撫楊應琚咨據布政司呈稱乾隆叁年寧夏地

震賑恤案內奉部駁查各款并修補口袋各項

用過銀兩令再詳細確查據實核減如果實無

浮昌另行造具冊結分別咨題壹案前因該縣
等未將奉查各款造具登答清冊齎報其夏朔
新寶等縣支過辦賑官員盤費銀兩亦未造具
無浮冊結呈齎均難率轉當經陞司駁令查造
去後至今仍未造齎查此案原限肆箇月扣至
本年閏伍月貳拾貳日為滿前經限滿請明於
本年閏伍月貳拾叁日接扣起肆箇月之限應
扣至玖月貳拾叁日為滿今已滿限既未造齎
則查造遲延之咎不能為初叅署寧夏縣知縣
舒鴻儒寧朔縣知縣魯克寬署平羅縣知縣宋

惟敄寬假所有職名相應詳揭請參等情相應
咨參等因前來應將原咨移送吏部查議俟議
結之日將原咨送回本部存查外仍令該撫將
前項駁查各款轉飭遵照本部原行作速詳細
確查分別咨題報部毋任遲延可也等因准此
俱行到司蒙此隨即備移寧夏道轉飭查明遵
辦去後茲准寧夏道移據寧夏府申據所屬夏
朔中平等縣將奉部咨查各款逐一查明分晰
造具冊結由府道加結移送前來准此除奉部
行查報部各款另詳請咨外該布政使吴士端

查得寧夏乾隆叁年地震賑恤案內平羅縣修
補口袋各項并夏朔等縣散賑官員跟役押駝
兵丁支過盤費用過銀兩奉部令再詳細確查
據實核減如果實無浮冒另行造具冊結加結
保題到日再議等因茲行據平羅縣冊造平羅
調任病故知縣馬璦任內轉運寶豐糧石借用
民間舊破毛口袋貳千壹百叁拾伍條隨時修
補應用每條需用白布貳叁肆伍寸不等共用
布柒拾叁丈陸尺每叁丈貳尺合布壹疋共用
布貳拾叁疋每疋價銀陸錢共用銀壹拾叁兩

捌錢又縫聯口袋用過麻線叁觔每觔價銀壹
錢肆分共用銀肆錢貳分需用裁縫捌拾叁工
每工價銀陸分共用銀肆兩玖錢捌分需用紮
口繩壹千捌百條每條價銀捌毫共用銀壹兩
肆錢肆分需用細載大麻繩肆拾伍觔每觔價
銀捌分共用銀叁兩陸錢修理駝隻鞍架需用
椰椽壹百貳拾肆根每根價銀肆分共用銀肆
兩玖錢陸分需用木匠伍拾貳工每工給銀陸
分共用銀叁兩壹錢貳分採買柒觔重穀草柒
千陸百貳拾伍束每束價銀壹分伍釐共用銀

壹百壹拾肆兩叁錢柒分伍釐又草叁千伍百捌拾貳束每束價銀壹分捌釐共用銀陸拾肆兩肆錢柒分陸釐又押運糧石把總肆員每員日支盤費銀貳錢貳分計壹拾伍日共支銀壹拾叁兩貳錢跟役捌名每名日支盤費銀肆分計壹拾伍日共支銀肆兩捌錢押馱兵丁壹拾貳名每名日支盤費銀壹錢計貳拾日共支銀貳拾肆兩以上各款共用銀貳百伍拾叁兩壹錢柒分壹釐又寧夏府冊報夏朔平叁縣委散賑恤効力官員照依辦差千把之例每員日支

盤費銀貳錢貳分各支起止日期不等共支過盤費銀肆百貳拾伍兩肆錢捌分以上修補口袋及支給辦賑官員跟役盤費等項通共用銀陸百柒拾捌兩陸錢伍分壹釐據冊登實緣遭被地震大災之後諸物昂貴照彼時情形權宜辦理至支給各官役兵丁盤費銀兩亦俱照各該員辦理賑務日期支給均係實用實銷並無浮冒無從核減等情既據造冊出具無浮印結由道加結移送前來相應加具印結一併呈齎合候加結具

題再查此案以乾隆拾陸年貳月貳拾貳日准咨
起原限肆箇月扣至閏伍月貳拾貳日爲滿嗣
經請明接扣肆箇月之限至玖月貳拾叁日爲
滿因逾限未到業將各該縣查造遲延職名揭
報在案今以前揭遲延於玖月貳拾肆日接扣
起肆箇月之限除去年節封印日期應扣至乾
隆拾柒年貳月貳拾肆日爲滿合併聲明等情
呈詳到臣該臣查得寧夏地方先於乾隆叁年
地震其賑恤案内有平羅縣修補口袋各項并
夏朔等縣散賑官員跟役押馲兵丁支過盤費

銀兩前准部咨行令詳細確查據實核減如果
實無浮冒另行造具冊結加結保題到日再議
等因當即行司轉飭查造去後茲據布政使吳
士端詳稱查平羅縣調任病故知縣馬璞任内
轉運寳豐糧石借用民間舊破毛口袋貳千壹
百叁拾伍條隨時修補應用共用布柒拾叁丈
零合貳拾叁疋每疋價銀陸錢共用銀壹拾叁
兩捌錢又縫聯口袋用過麻線叁觔每觔價銀
壹錢肆分共用銀肆錢貳分需用裁縫捌拾叁
工每工價銀陸分共用銀肆兩玖錢捌分需用

紮口繩壹千捌百條每條價銀捌毫共用銀壹兩肆錢肆分需用細載大麻繩肆拾伍觔每觔價銀捌分共用銀叁兩陸錢修理駝隻鞍架需用柳椽壹百貳拾肆根每根價銀肆分共用銀肆兩玖錢陸分需用木匠伍拾貳工每工給銀陸分共用銀叁兩壹錢貳分採買柒觔重穀草柒千陸百貳拾伍束每束價銀壹分伍釐共用銀壹百壹拾肆兩叁錢柒分伍釐又草叁千伍百捌拾貳束每束價銀壹分捌釐共用銀陸拾肆兩肆錢柒分陸釐又押運糧石把總肆員每

員日支盤費銀貳錢貳分計壹拾伍日共支銀
壹拾叁兩貳錢跟役捌名每名日支盤費銀肆
分計壹拾伍日共支銀肆兩捌錢押駝兵丁壹
拾貳名每名日支盤費銀壹錢計貳拾日共支
銀貳拾肆兩以上各款共用銀貳百伍拾叁兩
壹錢柒分零又夏朔平叁縣委散賑恤効力官
員照依辦差千把之例每員日支盤費銀貳錢
貳分各支起止日期不等共支過盤費銀肆百
貳拾伍兩肆錢捌分以上修補口袋及支給辦
賑官員跟役盤費等項通共用銀陸百柒拾捌

兩陸鐵零實緣地震之後諸物昂貴照彼時情

形權宜辦理至支給各官役兵丁盤費銀兩亦

俱照各該員辦理賑務日期支給均係實用實

銷並無浮冒無從核減等情取具冊結由司道

加結一併呈送請

題前來臣覆核無異除加具保結同賚到各冊結

分送部科外相應會同陝甘督臣黃廷桂合詞

具

題伏祈

皇上睿鑒勅部核覆施行謹題請

旨

乾隆拾柒年正月貳拾伍日巡撫甘肅等處地方贊理軍務兼理茶馬都察院右副都御史臣楊應琚

巡撫甘肅等處地方贊理軍務兼理茶馬都察院右副都御史臣楊應琚謹

題爲欽奉

上諭事該臣查得寧夏乾隆叁年地震賑恤案內平羅縣修補口袋各項秤夏朔等縣散賑官員跟役押駝兵丁支過盤費銀兩前准部咨令確查核減如果實無浮冒另行造具冊結加結保題到日再議等因行據布政使吳士端詳稱查平羅縣調任病故知縣馬瑗任內轉運寶豐糧石借用民間舊破毛口袋貳千壹百叁拾伍條隨時修補用布貳拾叁疋共銀壹拾叁兩捌錢又縫聯口袋麻繩叁觔共銀肆錢貳分裁縫工價共銀肆兩玖錢捌分紮口繩壹千捌百條共銀壹兩肆錢肆分大麻繩肆拾伍觔共銀叁兩陸錢修理駝隻鞍架用椰椽壹百貳拾肆根共銀肆兩玖錢陸分木匠伍拾貳工共銀叁兩壹錢

貳分採買穀草柒千陸百貳拾伍束共銀壹百
壹拾肆兩叁錢柒分伍釐又草叁千伍百捌拾
貳束共銀陸拾肆兩肆錢柒分陸釐又押運糧
石把總肆員支盤費銀壹拾叁兩貳錢跟役捌
名銀肆兩捌錢兵丁壹拾貳名銀貳拾肆兩以
上共用銀貳百伍拾叁兩壹錢零又夏朔平叁
縣委散賑恤効力官員照例共支盤費銀肆百
貳拾伍兩肆錢捌分以上修補口袋支給盤費
等項通共用銀陸百柒拾捌兩零均係實用實
銷並無浮冒無從核減等情取具冊結由司道
加結呈送請
題
前來臣覆核無異除加具保結同齎到各冊結
分送部科外相應會同陝甘督臣黃廷桂謹題
請
旨

126. 户部议复陕甘总督永常奏平罗垦熟废地额征粟米拨补宁夏兵粮应如所请题本（原件系汉满文合璧）

乾隆十九年闰四月初九日（1754 年 5 月 30 日）

（台北 · 历史语言研究所 · 内阁大库档）

126. Memorial to the throne, presented by the Ministry of Household, reporting that after discussion, it should beallowed to allocate corns grown in the reclaimed area to compensate the lack of grains for the soldiers in Pingluo, Ningxia, as Yong Chang, Governor General of Shaaxi and Gansu, asked (in both Han and Manchu nationality Language)

Apr.9(intercalary month), the 19th year of Qianlong (May. 30, 1754)

(From the *Cabinet Archives*, kept in Institute of History and Philology, Academia Sinica, Taibei)

為遵

旨議奏事臣等查得寧夏駐防滿兵歲需額支一半本色粟米向

係在于寧朔中平新寶等六縣地丁項下征收粟米內估支迨

因乾隆三年震災案內將新渠宝豐二縣議裁其中可耕之

地名民墾種完粮改隸寧朔平羅二縣管轄征收續于乾隆

四年據原任甘撫元展成以新寶二縣既經裁汰滿洲官兵歲

需粟米七千六百八十餘石無項可估應請仍照舊例折銀一兩
採買供支經臣部覆准在案今該督永常奏称新寶二
縣荒廢地畝歸併平羅縣以来陸續召墾熟地六千餘頃
每歲額征粟米已有六千餘石現在開貯並無估支霉變
堪虞且將来建倉需費如以此項粟米仍為滿營兵糈以
復舊款尚不敷粟米一千六百餘石暫于平羅等三縣另款
征放餘存款内通融撥補等語臣等伏查此項兵糈原
係估撥地丁項下本色粟米因新寶二縣議裁缺額不敷
米七千六百八十餘石無項可動是以每年動支庫帑採買
供支今歸併荒廢地畝既已陸續墾熟每歲額征粟米
六千餘石自應仍復舊款應如該督所請將前項征收
粟米儘數估撥寧夏兵粮其不敷米一千六百餘石暫于平羅
等三縣餘存粮石内通融撥補統俟荒地墾復征收足額
之日一併歸于平羅縣辦理可也

稽
戶
完

戶部為移會事陝西司案呈本部議覆陝甘總
督永常奏乾隆三年震災案內新寶二縣奉裁
廢地已歸平羅縣墾熟征有粮石仍為寧夏滿
营兵糈一摺于乾隆十九年閏四月初六日奏本日奉
旨依議欽此相應抄録粘单移會稽察房可也

須至移會者

計粘单壹紙

右移會

稽察房

乾隆十九年閏四月初九日

127. 工部尚书来保等奏遵旨核实宁夏旧城修建赏赐兵民银两夫匠工银数目折

乾隆四年三月二十六日（1739 年 5 月 3 日）
（奏折档）

127. Memorial to the throne, presented by Lai Bao (Minister of the Ministry of Works) et al., reporting the matter of obeying the imperial decree to verify the amount of silver awarded to soldiers and civilians for repairing and rebuilding the old city of Ningxia.

Mar. 26, the 4th year of Emperor Qianlong of Qing Dynasty (May 3, 1739)

(Memorial to the throne kept in the file)

工部等部議政大臣工部尚書兼內務府總管降肆級留任臣來保等謹
奏爲恭請
聖鑒事內閣抄出川陝總督鄂彌達等奏前事內開
竊臣鄂彌達於叁月初陸日抵寧夏所有一切
賑務經大學士臣查郎阿等恪遵
聖訓次第辦理其各項工程現在估修據總理城工
原任涼莊道阿炳安稟稱寧夏舊城身高叁丈
陸尺根寬貳丈城高而薄不甚堅厚今應照滿
城之式城根寬以貳丈伍尺城身連垛共高叁
丈較舊城厚實堅固但坍塌之舊基高低不一
城濠填塞幾平離城基數丈之外四面皆水於
濠以外試加刨看甫及壹貳尺即濕而有水其

舊城根有陷下數尺及壹貳丈者仍於舊址建
城必須刨挖另爲平築不惟工倍費繁且舊址
與舊城濠之土俱不敷用如在濠以外越水取
土又遠涉不易應於舊址以內收進貳拾丈建
城則不須刨挖舊基工省而堅等語臣等公同
商酌應如所請於舊址以內收進貳拾丈其高
厚照滿城之式建築所留空地貳拾丈取其土
以築城實屬妥便其內有民地另撥官地以補
之如願領價者即償其價值免其額糧再查倒
塌房屋蒙
皇上天恩賞給房價每間給銀貳兩足敷工料莫不
歡欣感戴現在陸續建造露處者俱有棲身之
所惟是地震之後大槩日用器具損燬俱盡而
器具又日用所必需臣等仰體
皇上子惠元元之至意查滿漢兵民共伍萬餘戶恐
遭此大災之後無力置買可否每戶再賞銀壹
兩俾其另製出自
聖恩再查城工所用夫匠有係寧夏應募者有係別
屬調僱者俱照緩急工程例匠役每工給銀柒
分夫役每工給銀陸分已俱從寬核但目下甫
經興工糧價即已漸長將來工程浩大夫役雲
集食指甚繁糧價勢必昂貴臣等酌議每工搭
給糧捌合照部價於匠役應領工銀內除算如
願全領銀者亦聽其便則匠役不致買食艱難

市價亦不致騰貴似均有益臣等與大學士臣

查郎阿一一商酌俱意見相同謹會摺恭

奏伏乞

皇上訓示遵行謹

奏乾隆肆年叁月拾捌日奉

硃批該部速議具奏欽此欽遵抄出到部

該臣等會議得川陝總督鄂彌達等

奏稱竊臣鄂彌達於叁月初陸日抵寧夏所有一切賑務經大學士臣查郎阿等恪遵

聖訓次第辦理其各項工程現在估修據總理城工原任涼莊道阿炳安稟稱寧夏舊城身高叁丈陸尺根寬貳丈城高而薄不甚堅厚今應照滿城之式城根寬以貳丈伍尺城身連垛共高叁丈較舊城厚實堅固但坍塌之舊基高低不一城濠坑塞雖平離城基數丈之外四面皆水於濠以外議加刨看甫及壹貳尺即濕而有水其舊城根有陷下數尺及壹貳丈者仍於舊址建城必須刨挖另為平築不惟工倍費繁且舊址與舊城濠之土俱不敷用如在濠以外越水取土人遠涉不易應於舊址以內收進貳拾丈建城則不須刨挖舊基工省而堅等語臣等公同商酌應如所請於舊址以內收進貳拾丈其高厚照滿城之式建築所留空地貳拾丈取其土

以築城實屬妥便等語　查寧夏城垣先據
兵部右侍郎班第等
奏請仍循舊址削除平坦重新建築等因經大學
士會同工部議准在案今該督鄂彌達等既經
查明寧夏舊城身高而薄不甚堅厚其坍塌之
舊基高低不一四面皆水另寫刨挖平築工倍
費繁且在濠外越水取土又遠涉不易請於舊
址以內收進貳拾丈其高厚照滿城之式建築
應如該督等所
奏將寧夏城垣准照滿城高厚之式於舊址內收
進貳拾丈建築至
奏稱內有民地另撥官地以補之如願領價者即
償其價值免其額糧再查倒塌房屋蒙
皇上天恩賞給房價每間給銀貳兩足數工料莫不
歡欣感戴現在陸續建造露處者俱有棲身之
所惟是地震之後大夥日用器具損燬俱盡而
器具又日用所必需臣等仰體
皇上子惠元元之至意查滿漢兵民共伍萬餘戶恐
遭此大災之後無力置買可否每戶再賞銀壹
兩俾其另製出自
聖恩等語　查建築城垣應用民地行令該督撫
查明官地空閒之處照數撥補如願領價者即
行給價免其額糧仍造冊送部查核至寧夏地
方既經地動其滿漢兵民日用器具多有損燬

自應量爲賑恤以資購辦應如所請寧夏被災
滿漢兵民每戶賞給銀壹兩令該督鄂彌達等
在於
題撥銀內照數動支俟支放完竣核實造冊報銷
再
奏稱查城工所用夫匠有係寧屬應募者有係別
屬調催者俱照緩急工程例匠役每工給銀柒
分夫役每工給銀陸分已俱從寬裕但目下甫
經興工糧價即已漸長將來工程浩大夫役雲
集食指甚繁糧價勢必昂貴臣等酌議每工搭
給糧捌合照部價於匠役應領工銀內除算如
願全領銀者亦聽其便等語 查寧夏緩急
工程定例內開匠役每工急工銀陸分夫役每
工急工銀伍分先經九卿議准頒行在案今該
督鄂彌達等所稱照緩急工程例匠役每工給
銀柒分夫役每工給銀陸分俱與定例較多應
令該督等查明照例給發至所稱目下興工糧
價漸長將來工程浩大糧價勢必昂貴議請每
工搭給糧捌合之處自屬妥協應如該督等所
請除願全領工銀者聽其自便外如願領糧准
其每工以糧捌合搭支仍於應給工價銀內照
數扣除俟工竣之日一并核實造冊
題銷俟
命下之日工部行文該督撫一體遵照可也再此案

係工部主稿合并聲明臣等未敢擅便謹

奏請

旨

乾隆肆年叁月　　日議政大臣刑部尚書兼內務府總管降肆級留任臣來保

經筵講官兵部右侍郎仍兼管[illegible]臣班第

右侍郎臣阿克敦

右侍郎降壹級留任臣韓光基

議政大臣領侍衛內大臣[illegible]臣訥親

經筵講官尚書臣陳惠華

左侍郎管理三庫事務臣申珠渾

左侍郎臣陳世倌

右侍郎臣留保

右侍郎臣王鈞

128. 留任工部尚书哈达哈奏宁夏府城外南北关厢重建所用银两数目核查折

乾隆十二年六月初七日（1747 年 7 月 14 日）
（奏折档）

128. Memorial to the throne, presented by Ha Daha (Minister Remained in Office of the Ministry of Works), reporting the matter of verifying the amount of silver used for rebuilding the south and north new city buildings outside the capital city of Ningxia Province.

June 7, the 12th year of Emperor Qianlong of Qing Dynasty (July 14, 1747)

(Memorial to the throne kept in the file)

議政大臣署領侍衛內大臣革職留任工部尚書鑲紅旗滿洲都統信勇公加貳級紀錄陸次臣哈達哈等謹
題爲查議修築城垣以重邊鎮事工科抄出甘肅
巡撫黄廷桂等題前事內開乾隆拾貳年正月
貳拾玖日據甘肅布政使司布政使阿思哈呈
乾隆捌年伍月初陸日蒙巡撫甘肅黄部院案
驗乾隆捌年伍月初叁日准工部咨營繕司案
呈工科抄出本部題前事內開該臣等議得甘
肅巡撫黄廷桂疏稱寧夏府城原係邊疆重地
居民稠密商賈輻輳舊治府城之外又有南北
二關廂週違築有城垣外面俱係磚砌自乾隆
叁年地震倒塌坍塌從前修築府城漏未估建
兹據布政使革職留任徐杷詳准寧夏道蔣嘉

年移稱查寧郡舊制城門之外原有建築南北
關廂與城垣一體護容居民俱獲安枕自地震
倒塌之後奉文修築郡城未經一并估建原屬
遺漏屢據關民紛紛籲請自應仍復舊制以資
捍衛至護城壕一道亦因地震搖平未估疏濬
仍應照舊開挖以防水患而護城垣今查南北
關廂城樓兩座南關廂改築土城一座北關廂
改築土城一座吊橋三座進水出水石閘二座
刨挖護城壕一道共估需銀叁萬玖千壹百貳
拾玖兩貳錢零俟允准建濬之日就於原撥城
工下剩銀內動支工竣據實造冊確勘取結請
銷等情造具估冊前來臣覆核無異除原冊送

部外相應會同督臣馬爾泰合詞具題等因前
來查寧夏地方於乾隆叁年地震倒塌城垣衙
署等項先經該撫元展成題請將寧夏府城垣
衙署河橋廟宇監倉等項共估需銀叁拾捌萬
玖千捌百捌兩零在於部撥寧夏工程銀內動
支興修等因經臣部覆准在案今該撫黃廷桂
疏稱寧郡舊制城門之外原有建築南北二關
廂自地震倒塌之後修築郡城未經一并估建
應仍復舊制以資捍衛至護城壕一道亦因地
震搖平未估疏濬仍應照舊開挖以防水患而
護城垣今南北關廂城樓土城吊橋石閘城壕
應需各項物料工價共估需銀叁萬玖千壹百

貳拾玖兩貳錢零請於原撥城工下剩銀內動支建濬等語應如該撫所題將前項關廂城樓土城城壕橋閘等項准其建造開挖共估需工料銀叁萬玖千壹百貳拾玖兩貳錢零准其在於部撥寧夏城工餘剩銀內動用仍令該撫酌定限期轉飭作速建造撙節辦理俟工竣之日將用過工料銀兩照例備造細冊并將需用一切物料價值委員查勘取具並無浮冒捏飾印結題銷并知照戶部可也乾隆捌年肆月貳拾捌日題本月叁拾日奉

旨依議欽此相應移咨前去遵照施行等因准此行司蒙此又於乾隆拾壹年拾月貳拾日蒙本部

院案驗同前事乾隆拾壹年拾月拾伍日准工部咨營繕司案呈工科抄出本部等部題前事內開該臣等會查得甘肅巡撫黃廷桂疏稱寧夏郡城建修南北關廂城垣一案經臣題奉部覆准其動項興修行司轉飭遵照去後茲據布政使阿思哈詳稱寧郡原估南北關廂土城二座城樓二座吊橋三座進水出水石閘二座刨挖護城壕一道共估銀叁萬玖千壹百貳拾玖兩零內除建修吊橋石閘及刨挖城壕原估銀壹萬陸百捌拾伍兩零應俟工竣之日另冊請銷外止該原估銀貳萬捌千肆百肆拾叁兩零內除開工清出舊土牛并地腳堅實堪以留用

及米價平賤每匠夫壹名照原估減去銀壹分
共刪減銀捌千叁百捌兩玖錢零止該淨原估
銀貳萬壹百叁拾肆兩伍錢零內建修南北關
廂土城城樓製買器具通共用過銀壹萬捌千
捌百玖拾捌兩零共計節省銀壹千貳百叁拾
陸兩零內寧朔縣節省銀柒百捌拾伍兩零內
除支給督工員弁盤費銀貳拾肆兩肆錢零尚
該節省銀柒百陸拾兩零現在解交道庫還項
寧夏縣節省銀肆百伍拾兩零內除支給督工
員弁盤費銀肆拾貳兩零尚該節省銀肆百捌
兩零已照數解交道庫還項訖以上南北二關
廂土城城樓共實用過銀壹萬捌千玖百陸拾

伍兩零應請在於寧夏道庫城工下剩銀內作
正開銷等情造冊具結一并呈賫前來臣覆核
無異除原冊結分送部科外相應會同督臣慶
復合詞具題等因前來查寧夏郡城建修南北
關廂城垣用過工料銀兩工部查冊開所用一
切物料等項多係籠統造報難以查核且冊內
挖補處所並未照例鈐蓋印信其所送委員查
勘結內又無工料價值並無浮冒字樣事關錢
糧不便遽准相應將所用物料並未分晰各處
所逐一開單行令該撫轉飭詳細查明逐一分
晰另造妥冊并將用過一切物料價值取具委
員查勘並無浮冒捏飾印結題銷其節省銀內

支給督工員并盤費銀兩查乾隆柒年貳月內據甘撫黄廷桂以寧夏修築城垣衙署等項赴工辦差員弁請照凉莊城工之例佐雜千把每員日給盤費銀貳錢貳分在於工程節省銀內動支等因經户部覆准在案今據該撫冊造督工縣丞外委千總二員支過盤費銀共陸拾玖兩壹錢户部按照各該員起止月日核算數目相符應准其在於工程節省銀內作正開銷至夏朔二縣解貯寧夏道庫節省銀壹千壹百陸拾捌兩零應令該撫黄廷桂轉飭起解司庫報部查核其所修橋閘及刨挖城壕等項應令該撫轉飭作速趕辦完竣造具冊結題銷可也乾隆拾壹年玖月初陸日題本月初捌日奉

旨依議欽此相應移咨前去遵照施行計粘單壹紙

計開一城造券洞門臺馬道等處用石處所並不將各高寬丈尺開明一門券背後月牙墻等處用磚處所又未開明高厚丈尺一築打灰土素土亦有未開明深厚尺寸之處一南關廟等一本冊內冊首遺漏數頁一切丈尺做法並未造報無憑查核等因俱行到司蒙此查此案奉行之時徐前司及本司節經備移寧夏道轉飭作速建造工竣將用過工料銀兩照例備造細冊并委員查勘出具並無浮冒捏飾印結一并賫報去後今准寧夏道馬靈阿移據寧夏府知

府楊灝詳據寧夏縣知縣靳夢麟寧朔縣知縣董淑英申稱遵將卑縣等奉文承辦修建北關門外吊橋一座北關東梢門外吊橋一座南關西梢門外吊橋一座南薰門外吊橋兩邊接南關跨河土牛下建出水進水石閘二座并刨挖護城壕一道原估共需工料銀壹萬陸百捌拾伍兩陸錢玖分柒釐玖毫今實用過銀捌千玖百捌拾陸兩捌錢叁分伍釐叁毫尚該節省銀壹千陸百玖拾捌兩捌錢陸分貳釐陸毫內原估工價詳明減去壹分工價銀壹千陸百肆拾兩玖錢叁釐修建出水進水石閘二座節省銀伍拾柒兩玖錢伍分玖釐陸毫理合造具實用細數冊籍出具印結呈賚除一面經賚委員水利廳憲出結轉報外理合申賚核轉請銷再查此案請領過工料銀壹萬陸百捌拾伍兩陸錢玖分柒釐玖毫除用過外下剩節省銀壹千陸百玖拾捌兩捌錢陸分貳釐陸毫現在另文批解合并聲明等情到府據此查寧夏寧朔二縣承修挑挖城壕建修吊橋石閘等工原估共需工料銀壹萬陸百捌拾伍兩陸錢玖分柒釐玖毫實用過銀捌千玖百捌拾陸兩捌錢叁分伍釐叁毫外節省銀壹千陸百玖拾捌兩捌錢陸分貳釐陸毫造具實用冊結詳賚前來卑府覆核無異相應加具印結同委員水利廳查勘無

浮印結理合一并呈賚查核轉移至節省銀兩
現在行催另文批解合并聲明等情據此既據
該府查明加具印結取具委勘官無浮印結轉
賚前來本道覆核無異相應轉移等情到司准
此除建修南北關廂用過工料價值業已備移
轉飭遵照部駁款項詳細查明分晰另造妥冊
賚報俟至日另詳呈賚外該布政使阿思哈查
得寧郡建修城門外吊橋并進水出水石閘及
刨挖護城壕等項前將應需工料銀兩確估造
冊詳奉部覆准其建造閘挖其所需工料銀兩
在部撥寧夏城工餘剩銀內動用工竣將用過
工料銀兩照例備造細冊并委員查勘取具並

無浮冒捏飾印結題銷等因今移准寧夏道行
據該府縣等建修工竣將用過工料銀兩照例
備造細數清冊出具印結委員水利廳羅緒查
勘過並無捏飾印結寧夏府加結轉移前來本
司覆查冊造原估建修吊橋三座進水出水石
閘二座刨挖護城壕一道共需物料工價銀壹
萬陸百捌拾伍兩陸錢玖分柒釐玖毫今照原
估修建吊橋三座進水出水石閘二座并刨挖
護城壕一道通共實用過各項工料銀捌千玖
百捌拾陸兩捌錢叁分伍釐叁毫應在前請明
原動寧夏道庫城工下剩銀內作正開銷較原
估尚該節省銀壹千陸百玖拾捌兩捌錢陸分

貳釐陸毫亦應令解繳道庫轉解司庫報部撥
用所有賫到册結并委勘官印結相應詳賫合
候核
題再此案以乾隆拾壹年拾月拾伍日奉准部咨
之日起肆個月之限除去封印日期該扣至本
年叁月拾伍日限滿今於限内呈賫並未遲逾
合并聲明等情呈詳到臣該臣看得寧郡建修
城門外吊橋并進水出水石閘及刨挖城壕等
項工程前經造具估册經臣
題准部覆令照估修理其所需工料銀兩即在部
撥寧夏城工餘剩銀内動用工竣照例造册取
結題銷等因當即轉行遵照去後兹據布政使
阿思哈詳准寧夏道馬靈阿移據寧夏府知府
楊灝詳據寧夏縣知縣靳夢麟寧朔縣知縣董
淑英等建修工竣將用過工料銀兩備造細數
清册出具實用印結并委員查勘無浮印結逐
一聲登到案查册造原估建修吊橋三座進水
出水石閘二座刨挖護城壕一道共需物料工
價銀壹萬陸百捌拾伍兩陸錢零今照原估將
前項各工修竣逐一合計共實用過銀捌千玖
百捌拾陸兩捌錢零應請在於寧夏道庫城工
下剩銀内作正開銷較原估尚該節省銀壹千
陸百玖拾捌兩捌錢零應令解繳司庫聽候撥
用等情取具各册結一并呈賫前來臣覆核無

異除原冊結分送部科外相應會同督臣慶復
合詞具
題伏祈
皇上睿鑒勅部核覆施行謹
題請
旨乾隆拾貳年叁月拾肆日題肆月拾肆日奉
旨該部察核具奏欽此欽遵於本月拾柒日抄出到
部
該臣等查得甘肅巡撫黄廷桂等
疏稱寧郡建修城門外吊橋并進水出水石閘及
刨挖城壕等項工程前經造具估冊經臣
題准部覆令照估修理其所需工料銀兩即在部
撥寧夏城工餘剩銀內動用工竣造冊取結
題銷等因當即轉行遵照去後兹據布政使阿思
哈詳稱據寧夏縣知縣靳夢麟寧朔縣知縣董
淑英等將用過工料銀兩備造細數清冊出具
實用印結并委員查勘無浮印結申送查冊造
原估建修吊橋三座進水出水石閘二座刨挖
護城壕一道共需物料工價銀壹萬陸百捌拾
伍兩陸錢零今工竣實用過銀捌千玖百捌拾
陸兩捌錢零應請在於寧夏道庫城工下剩銀
內作正開銷其節省銀壹千陸百玖拾捌兩捌
錢零應令解繳司庫聽候撥用等情臣覆核無

異除冊結送部外相應會同督臣慶復合詞具
題等因前來　查甘省寧郡修理城門吊橋并
進水出水二閘及刨挖城壕等工先據該撫黃
廷桂等估需工料銀兩
題請於部撥寧夏城工餘剩銀內動給興修經臣
部覆准在案今據該撫修理完竣將用過銀兩
造冊
題銷臣部查造送冊內修理橋梁閘座所需石料
並不將各處應用塊數并每塊長短尺寸逐一
開明成造欄杆又不將每邊計長若干之處登
註至修砌券洞每伏每券各圍長丈尺亦未分
晰開載墊砌券背餘膘均不將兩邊各高尺寸
聲明地脚灰土并碇用地釘處所長寬丈尺較
之成砌磚石分位俱屬多閒搭蓋券架上鋪板
片苫背又與券洞圍長丈尺不符其挑挖城壕
雖經地震之後不能寬深如故但究係照舊挑
濬自有原舊壕形與平地新開城壕不同今冊
內並未扣除應行該撫轉飭承辦之員遵照分
晰據實核減另造確冊具
題到日再行查核并將節省銀壹千陸百玖拾捌
兩捌錢零催繳貯庫報明戶部臣部可也臣等
未敢擅便謹
題請
旨

乾隆拾貳年陸月　　日

日講起居注官工部尚書兼議政大臣鑲黃旗滿洲都統信勇公加貳級紀錄陸次臣哈達哈

尚書兼管正紅旗漢軍都統臣趙弘恩

經筵講官侍郎仍兼內閣學士禮部侍郎食[illegible]俸加叁級紀錄玖次臣索柱

左侍郎紀錄貳次臣涂逢震

右侍郎總管內務府大臣管理奉宸苑加肆級紀錄肆次臣三和

都水清吏司郎中臣伊靖阿

郎中臣巴都善

員外郎臣永明

員外郎臣德魁

員外郎臣兆清

員外郎臣范時紀

主事臣覺羅官保住

主事臣馬爾吉

主事臣薄岱

額外主事臣李栻

129. 礼部尚书三泰奏请宁夏地动被压身故之文武官员加赠品级给与祭葬银两事

乾隆四年四月二十九日（1739 年 6 月 5 日）
（奏折档）

129. Memorial to the throne, presented by San Tai (Minister of the Ministry of Rites), reporting the matter of promoting the ranks of civil and military officials and granting silver currency for their memorial and burial ceremonies of those who was crushed to death in Ningxia Earthquake.

Apr. 29, the 4th year of Emperor Qianlong of Qing Dynasty (June 5, 1739)
(Memorial to the throne kept in the file)

經筵講官議政大臣協辦內閣大學士事務禮部尚書兼管太常寺鴻臚寺事加二級臣三泰等謹
題為
賜䘏事准兵部咨稱內閣抄出本部侍郎班第等奏
稱乾隆三年十二月十三日辦理軍機大臣奉
上諭前據寧夏將軍阿魯奏報寧夏地方於十一月
二十四日戌時地動朕心軫念已降旨令將軍督
撫等加意撫綏安插無使兵民失所今據阿魯續
奏是日地動甚重官署民房傾圮兵民被傷身斃
者甚多文武官弁亦有傷損者朕心甚為憐切惟
有敬凜
天變身自修省著兵部侍郎班第馳驛前去即於明日
起程動撥蘭州藩庫銀二十萬兩會同將軍阿魯

並地方文武大員查明被災人等逐戶賑濟急為
安頓無使流離困苦其被壓身故之官弁著照巡
洋被風身故之例加恩賜賞卹典其動用銀兩該
部另行撥補再寧夏附近之州縣被災者著班第
會同地方文武大員一體查賑無得遺漏欽此欽
遵臣班第隨於十二月十四日自京起程於二
十八日抵寧臣查郎阿臣元展成俱已到寧除
現在會同臣阿魯商辦一切賑恤事宜另摺奏
聞其餘應行事件次第奏辦外遵查被壓身故之官
弁滿城內有鑲黃旗滿洲佐領佛爾乇正白旗
蒙古佐領僧保正紅旗蒙古佐領常霔三員鑲
白旗滿洲驍騎校三海一員漢城內有寧夏府
知府顧爾昌一員寧夏鎮標右營千總沈印一
員右營把總哈義德一員俱應欽遵
恩旨照內洋內河被風身故之例減半給與祭葬銀
兩佐領三員每員給銀二百二十五兩驍騎校
一員給銀一百二十五兩知府與佐領品級相
同亦給銀二百二十五兩千總給銀一百二十
五兩把總一員給銀五十兩以上共銀一千二
百兩俱照數賞給訖其
兵丁亦有
賞給卹典應聽部臣議覆遵行再查巡洋被風身故
恩賞銀兩今亦應照內洋內河被風身故之例減半
賞給以為養贍家口之資則伊等父母妻子均

不致流離失所頂沐
高厚於無既矣查滿城有被壓身故之領催十名先
鋒九名每名應減半給銀一百兩被壓身故之
馬甲九十名又續報受傷身故之馬甲二名每
名應減半給銀七十五兩被壓身故之步軍頭
目步軍匠甲共四十一名家下人披步甲十一
名又續報受傷身故之鐵匠一名家下人披甲
一名每名應減半給銀二十五兩漢城內寧夏
鎮標并平羅新寶洪廣威鎮鎮朔鎮北平羌等
各營堡被壓身故之馬兵一百四十一名又續
報受傷身故之馬兵十六名每名應減半給銀
三十五兩被壓身故之步兵六十名又續報受
傷身故之步兵十名每名應減半給銀二十五
兩被壓身故之守兵五十三名又續報受傷身
故之守兵三十一名亦照步兵之例每名應減
半給銀二十五兩以上共銀一萬九千四百九
十五兩亦俱照數賞給訖除賞過滿漢兵丁花
名清冊俟各該營造賫至日送部外謹會摺恭
奏伏祈
皇上聖鑒
勅部施行等因乾隆四年正月初九日奉
硃批該部議奏欽此抄出到部查
賞給䘏典事隸禮部相應移送禮部辦理等因前來
查凡官員議

卹俱由吏部兵部加贈後臣部始行請
卹今寧夏被壓身故之佐領佛爾屯等有無加贈之
處行查吏部兵部去後除鑲黃旗滿洲佐領佛
爾屯等應俟兵部咨覆到日臣部再行另議外
今准吏部咨稱查寧夏府知府顧爾昌地動被
壓身故已准戶部會議到部本部照殉難例減
一等加贈太僕寺少卿廕一子入監讀書定議
咨覆戶部在案相應咨覆禮部等因前來查定
例內開內洋內河飄沒身故者官照陣亡例各
減一等分別廕贈減半給與祭葬銀兩
遣官讀文致祭祭文內閣撰擬等語

該臣等議得准吏部咨稱寧夏地動被壓身故
之文武官七員內寧夏府知府顧爾昌照殉難
例減一等加贈太僕寺少卿等語　應照內
洋內河飄沒身故照陣亡減半例將寧夏府知
府顧爾昌一員按其加贈品級減半給與祭葬
銀兩
遣官讀文致祭祭文內閣撰擬其佐領佛爾屯等
六員應俟兵部咨覆到日臣部再行具題可也
臣等未敢擅便謹
題請
旨

乾隆肆年肆月貳拾柒日經筵講官議政大臣協辦內閣大學士事管禮部尚書事加十五級臣三泰

經筵講官禮部尚書加一級臣任蘭枝

左侍郎加十級紀録二次臣木和林

左侍郎臣張廷璐

右侍郎兼太常寺行走加三級臣滿色

右侍郎加二級臣吴家騏

祠祭清吏司郎中臣佟琦

郎中臣周廷爕

主事臣永常

主事臣福祿

主事臣鄒士隨

額外主事上學習行走臣李玉鳴

額外主事上學習行走臣王雲焕

協辦司事行人司行人臣王開銓

七品京官臣汪源

130. 议政大臣兵部尚书班第题为补给杜呈泗诰轴事

乾隆七年三月初二日（1742 年 4 月 6 日）
（奏折档）

130. Memorial to the throne, presented by Ban Di (Minister of the Parliament and Minister of the Ministry of Works), reporting the matter of entitling as giving the supplementary scroll of Emperor's order to Du Chengsi.

Mar. 2, the 7th year of Emperor Qianlong of Qing Dynasty (Apr. 6, 1742)
(Memorial to the throne kept in the file)

議政大臣兵部尚書固山額駙加貳級紀錄拾叁次臣班第等謹
題為補給
誥命事該臣等議得甘肅巡撫黃廷桂咨稱四川叙
永管糧同知杜樞係寧夏府寧朔縣人伊故父
杜呈泗歷任江南提督於直隸天津總兵官任
內康熙伍拾貳年叁月拾捌日恭遇
萬壽覃恩所頒
誥軸於乾隆叁年拾壹月內寧夏地震房屋盡行坍
倒旋又火焚一切留貽盡成灰燼呈請咨部補
給等，情相應取具印甘各結咨部補給等因臣
部查杜呈泗業已病故應否補給例內並未聲
明未便遽議補給行文吏部有無文職遇有前

項事故補給
誥勅之案查明過部去後准吏部咨稱各官請過
誥勅應補給者本部俱照例辦理至病故後
誥勅被焚應否補給並無成例查從前原任勇略將
軍趙良棟
誥勅故後被焚曾經本部具題補給相應抄錄原題
咨覆等因前來　查原任江南提督杜呈泗
誥軸被焚咨請補給一案臣部以杜呈泗係病故之
員應否補給移查吏部覆稱各官請過
誥勅應補給者俱照例辦理至病故後
誥勅被焚應否補給並無成例從前原任勇略將軍
趙良棟直隸總督趙弘燮所領
誥軸於乾隆叁年拾壹月內因寧夏地震火起燒燬
曾經具題補給等語今原任江南提督杜呈泗
於直隸天津總兵官任內所領
誥軸亦係寧夏地震被焚與趙良棟等之案相同但
並非成例可否一體准其補給之處恭候
欽定臣等未敢擅便謹
題請
旨

乾隆叁拾貳月　貳拾陸

議政大臣兵部尚書固山額駙加貳級紀錄拾叁次臣班第

經筵講官尚書加肆級紀錄叁次革職留任臣任蘭枝

署理右侍郎臣馬爾泰

右侍郎紀錄壹次臣王承堯

武選清吏司掌印郎中臣索泰

郎中臣託恩多

員外郎臣來成德

員外郎臣關桂

員外郎臣王繼紳

主事臣巴爾布

額外主事臣永泰

額外主事臣閻士儐

131. 户部尚书刘於义等奏遵旨审核乾隆三年宁夏地震办理震务用过银两数目造册结销折

乾隆十二年六月初四日（1747 年 7 月 11 日）
（奏折档）

131. Memorial to the throne, presented by Liu Yuyi (Minister of the Ministry Of Revenue), reporting the matter of obeying the imperial decree to verify the tabulation, settlement and write-off of the amount of silver currency spent for handling earthquake issues of Ningxia Earthquake in the 3rd year of Emperor Qianlong.

June 4, the 12th year of Emperor Qianlong of Qing Dynasty (July 11, 1747)

(Memorial to the throne kept in the file)

議
題
經筵講官太子少保協辦大學士兼管戶部尚書事加一級臣劉於義等謹
題為欽奉
上諭事戶科抄出甘肅巡撫黃廷桂將乾隆叁年寧
夏地震辦理賑卹用過銀糧等項造具冊結題
銷乾隆拾壹年拾貳月初肆日題乾隆拾貳年
貳月初叁日奉
旨該部察核具奏欽此欽遵於本月初捌日抄出到
部戶部隨將冊開製造運糧船隻工料銀兩移
查工部去後今於本年叁月拾陸日准工部查
明咨覆過部
該臣等會查得甘肅巡撫黃廷桂將乾隆叁年

寧夏地震辦理賑務用過銀糧等項造具冊結
會同前任督臣慶復具
題請銷前來查乾隆叁年拾貳月初玖日奉
上
諭據寧夏將軍阿魯等奏稱寧夏地方於拾壹月
貳拾肆日戌時地動滿城官兵房屋盡皆塌塌等
語朕心深爲軫念所有城內官兵人等作何加恩
賑恤之處著該將軍作速查明一面奏聞一面辦
理其各處被災兵民人等著該地方官即行查明
一體賑恤邊地寒冬務令安妥毋致一人失所欽
此又乾隆叁年拾貳月拾叁日奉
上
諭前據寧夏將軍阿魯奏報寧夏地方於拾壹月
貳拾肆日戌時地動朕心軫念已降旨令將軍督

欽差兵部侍郎班第會同督撫將軍阿魯等酌議寧
夏現辦賑務事宜繕摺具奏奉
硃批所奏俱屬妥協此非尋常賑恤可比須亟力爲
之務期稍救災黎以補我君臣之過耳欽此欽遵
在案今據該撫黃廷桂將乾隆叁年寧夏地震
辦理賑務用過銀糧等項造具冊結題銷查冊
開舊管無新收銀壹百貳萬伍千柒百柒拾肆
兩捌錢零倉斗糧壹拾壹萬陸千壹百玖拾陸
石零料貳百貳拾柒石捌斗柒斤重草壹萬壹
千貳百柒束皮衣棉衣夾單衣貳千玖百捌件
羊壹百伍拾隻口袋壹拾玖萬叁千玖拾伍條
內除相符准銷銀叁拾柒萬伍千貳百捌拾陸

兩肆錢伍分零糧柒萬叁千玖百肆拾柒石玖斗柒升壹合零料貳百貳拾柒石捌斗草壹萬壹千貳百柒束皮衣棉衣夾單衣貳千玖百捌件單壹百伍拾隻口袋壹拾伍萬伍千叁拾伍條駁查銀叁拾伍萬肆千叁百陸拾叁兩伍錢柒分零糧壹拾壹石壹斗口袋叁萬陸千條另柒歸結銀柒千玖百貳拾肆兩貳錢實在銀貳拾捌萬捌千貳百兩伍錢玖分零糧肆萬貳千貳百叁拾陸石玖斗玖升玖合零口袋貳千陸拾條所有動用存剩款項數目開列於後

一寧夏寧朔平羅三縣散賑乏食災民肆千壹百捌拾柒名無論大小每名先給口糧壹倉斗共需倉斗糧肆百壹拾捌石柒斗查原奏夏朔平新寶五縣生存人口地震之後乏食不及待賑無論大小每口先給壹倉斗口糧今止據夏朔平三縣將實賑過口糧造冊請銷其新渠寶豐二縣並未散賑業經題叅審明在案毋庸造冊請銷又寧夏寧朔新渠三縣煮粥供食災民貳萬玖千捌百捌口自乾隆叁年拾貳月初陸日起至肆年正月初伍日止共需倉斗粟米陸拾玖石玖斗捌升伍合查原奏夏朔平新寶五縣生存人口地震鍋竈燬壞急切不能炊爨設厰煮粥賑濟今止據夏朔新三縣將實用過糧石造冊請銷其平羅寶豐二縣並未煮粥業經

題為審明在案毋庸造冊請銷又夏朔平新寶
靈中七州縣初賑被災戶民并兵丁家屬以及
府城客民新寶二縣閑賑歸來災民共貳拾柒
萬肆千貳百肆拾陸口無論大小每口給糧叁
倉斗銀糧兼賑每糧壹石照部價折銀壹兩共
需本色倉斗糧貳萬玖千捌百叁拾柒石肆斗
銀伍萬貳千肆百叁拾陸兩肆錢又夏朔平寶
等縣賑恤被災各營兵丁叁千捌百叁拾捌名
每名口給糧叁倉斗銀糧兼散共需本色糧陸
百柒石貳斗銀伍百肆拾肆兩貳錢等語
查乾隆肆年叁月內
欽差兵部侍郎班第等奏報夏朔平新寶五縣地震

之後生存大小人口貳拾壹萬捌百捌拾壹口
乏食不及待賑無論大小每口先給口糧壹倉
斗共糧貳萬壹千捌拾捌石壹斗又鍋竈毀壞
急切不能炊爨設廠煮粥賑濟用過米貳千伍
百壹拾壹石壹斗伍升又夏朔平新寶靈中七
州縣酌議初賑不論大小人口共貳拾柒萬伍
拾叁口每口給糧叁倉斗共需糧肆萬伍百柒
石玖斗伍升需銀肆萬伍百柒兩玖錢伍分等
因在案嗣據原任甘撫元展成咨報新寶二縣
因震災而兼被水災急不待賑逃往他方勢難
阻留是以不在原奏應賑口數之內今既歸來
自應一例賑恤經戶部議令將補賑銀糧統入

賑恤案內一併題銷等因亦在案今前項賑過災民銀糧并煮粥糧石既據該撫造具實賑戶口冊結請銷戶部按冊核算數目相符所有賑過本色糧叁萬叁百貳拾陸石捌升伍合零糧折銀伍萬貳千肆百叁拾陸兩肆錢零均應准其開銷至被災兵丁欽遵

上諭兵民一體賑恤其賑過本色糧陸百柒石貳斗糧折銀伍百肆拾肆兩貳錢亦應准其開銷再據該撫於冊內聲明前項被災賑過戶口銀糧與原奏數目不符之處係前任寧夏縣知縣武梓等因地震殿座倒塌糧石露出災民乘機取食耗失不免是以虛開抵補業經在於題參事案內審明災民取食情實已准作該員等耗失并抵補已故知府顧爾昌虧空等語查乾隆拾壹年叁月內刑部題覆前任寧夏縣知縣武梓等於賑恤案內虛開糧壹萬陸千捌百玖拾伍石貳斗零審明災民取食情實准作該員等耗失知照戶部在案至虛開抵補虧空糧陸千貳百壹拾伍石零題參事案內並無此項糧數應令該撫黃廷桂查明報部

一夏朔平新寶靈中七州縣加賑生存災民大口日給京升糧捌合叁勺小口肆合壹勺伍抄倘有願領折色者每糧壹京石折給銀柒錢實加賑災民伍個月口糧大口壹拾捌萬肆千柒

百貳拾陸口小口柒萬叁千壹百肆拾捌口又加賑叁個月口糧大口貳百叁拾肆口小口壹百陸口又加賑兩個月口糧大口貳百伍拾玖口小口玖拾肆口又加賑壹個月口糧大口貳拾壹口小口伍口又加賑閏賑歸來災民伍個月口糧大口肆千玖拾口小口壹千玖百陸拾捌口加賑叁個月口糧大口壹千貳百柒拾捌口小口柒百肆拾肆口以上共計大口壹拾玖萬陸百捌口小口柒萬陸千陸拾伍口除小建不賑外共賑過京斗合倉斗本色糧肆萬貳千玖百貳拾玖石肆斗捌升陸合粟糧折銀壹拾伍萬叁千肆拾貳兩捌錢壹分貳釐柒毫零叁

前項災民係奏明加賑伍個月內有領過兩月叁月壹月加賑口糧後夾散賑不到并病故死亡以及搬移他往者照數扣除是以與原奏不符又閏賑歸來災民因地震之後俱各他往並未請賑未得入奏嗣聞賑興陸續歸來業經咨部允准照例一體賑恤等語

查原奏內開被災生存人口加賑伍個月大口日給京升糧捌合叁勺小口肆合壹勺伍抄除靈中二州縣被災較輕并外府客民及兵丁家屬均毋庸加賑外其夏朔平新寶五縣共計大口壹拾玖萬壹千壹百伍拾陸口小口陸萬玖千柒百玖拾柒口共該糧貳拾捌萬壹千肆百叁拾柒石捌

斗伍升貳合伍勺如有情願領銀者每京石折
銀柒錢又新寶二縣從前俱係招集雲州中衛
等處民户分田開墾今地震水溢伊等勢難存
住其有願回原籍并已經自行回籍者亦令原
籍地方官查明一體賑恤等因在案嗣據原任
甘撫元展成咨報寧屬地震災民逃住他方勢
難阻留今既歸來自應一例賑恤經户部議令
將賑過銀糧統入賑恤案内一併題銷等因亦
在案今前項加賑災民銀糧既據該撫分别大
小户口以及接賑月分造具册結請銷臣部按
册核算數目相符所有賑過本色糧肆萬貳千
玖百貳拾玖石肆斗捌升陸合零糧折銀壹拾
伍萬叁千肆拾貳兩捌錢壹分貳釐柒毫零均
應准其開銷至册造户口銀糧并加賑月分與
原奏數目不符之處又據該撫分晰聲明應毋
庸議

一夏朔平新寶雲中七州縣被災兵民大小人
口共貳拾柒萬捌百肆拾壹口每二口給房壹
間三口給房貳間五口給房叁間多者按口遞
增共給房壹拾肆萬捌千肆拾肆間每間給銀
貳兩共銀貳拾玖萬陸千捌拾捌兩又雲中二
州縣被災稍輕之處倒房貳千貳百伍拾捌間
每間給銀壹兩共銀貳千貳百伍拾捌兩又夏
朔二縣賑給被災並無家口隻身兵丁壹千伍

百肆拾名每名給房壹間共房壹千伍百肆拾
間每間給銀貳兩共銀叁千捌拾兩查隻身兵
丁房價銀兩自應一體賑給又固原鹽茶廳固
原州鎮原縣损塌民房共叁百叁拾貳間土窑
伍間每間給銀壹兩共銀叁百叁拾柒兩等語
查原奏內開被災現在人口無論大小有
兩口者給房壹間三口給房貳間五口給房叁
間多者照此遞增每間給價銀貳兩令其自行
搭蓋查夏朔平新寶五縣計被災兵民共大小
人口貳拾陸萬伍千叁百肆拾柒口共該房壹
拾肆萬柒千肆百捌拾貳間每間給銀貳兩該
房價銀貳拾玖萬肆千玖百陸拾肆兩共寧州
中衛共倒房貳千貳百伍拾捌間因被災稍輕
每間給銀壹兩共給銀貳千貳百伍拾捌兩又
固原廳州鎮原縣亦間有损倒房屋土窑照依
寧州中衛之例一體撫綏等因在案今寧州中
衛并固原廳州鎮原縣倒塌民房土窑賑給銀
兩與原奏均屬相符既據該撫造具冊結請銷
所有用過銀貳千伍百玖拾伍兩應准開銷又
隻身兵丁每名給房壹間之處該撫既稱前項
兵丁並無家屬房價銀兩自應一體賑給戶部
查與被災兵民一體賑恤之
諭旨亦屬相符所有用過銀叁千捌拾兩亦應准其
開銷至夏朔等州縣賑給被災兵民大小人口

房屋銀兩與原奏數目均屬不符共不符總由疏冊並未聲明無憑查核所有用過銀貳拾玖萬陸千捌拾捌兩未便違准開銷應令該撫黄廷桂詳細確查逐一分晰聲明具題到日再議

一寧夏府散給看守倉庫城池官兵內協領肆員每員賞銀伍拾兩佐領陸員每員賞銀肆拾兩章京拾壹員每員賞銀叁拾兩驍騎校陸員每員賞銀貳拾兩領催前鋒披甲壹千壹百捌拾壹名每名賞銀拾兩共銀壹萬貳千柒百兩又夏朔平新寶靈中七州縣並無器具災民肆萬玖千伍百肆拾肆戶每戶賑給器具銀壹兩共銀肆萬玖千伍百肆拾肆兩又寧朔寶豐二縣並無器具被災兵丁肆百壹拾壹名每名賑給器具銀壹兩共銀肆百壹拾壹兩又駐寧滿兵並無器具貳千壹百陸拾叁戶每戶賑給器具銀壹兩共銀貳千壹百陸拾叁兩等語

查原奏內開八旗看守倉庫城池官兵壹千貳百捌員名共應賞銀壹萬貳千柒百兩又被災滿漢兵民伍萬餘戶日用器具損燬俱盡無力置買每戶賞銀壹兩俾其另製等因在案今前項賞給八旗看守倉庫城池官兵并滿漢兵民器具銀兩既據該撫造具冊結請銷臣部按冊核算數目均屬相符所有用過銀陸萬肆千捌百壹拾捌兩應准開銷

一夏朔平新實靈中七州縣賑給壓斃有主埋葬大口貳萬肆千壹百壹拾玖口小口壹萬貳千玖百口每大口給銀貳兩小口柒錢伍分共銀伍萬柒千玖百壹拾叁兩又夏朔平新實五縣掩埋壓斃無主大口壹千貳百肆拾口小口玖拾肆口照有主之例每大口給銀貳兩小口柒錢伍分共銀貳千伍百伍拾兩伍錢又寧夏府賑給壓斃駐寧滿洲官兵内佐領叁員每員恤賞銀貳百貳拾伍兩驍騎校壹員恤賞銀壹百貳拾伍兩領催拾名前鋒玖名每名賞恤銀壹百兩馬甲玖拾貳名每名賞恤銀柒拾伍兩步甲伍拾肆名每名賞恤銀貳拾伍兩共銀壹萬玖百伍拾兩又壓斃如府壹員恤賞銀貳百貳拾伍兩千總壹員恤賞銀壹百貳拾伍兩把總壹員恤賞銀伍拾兩馬兵壹百伍拾陸名每名賞恤銀叁拾伍兩步守兵壹百伍拾叁名每名賞恤銀貳拾伍兩共銀玖千陸百捌拾伍兩又鹽茶廳壓死民人大口拾貳口固原州壓死大口伍口小口叁口鎮原縣壓死大口貳口小口壹口每大口給銀貳兩小口柒錢伍分共銀肆拾壹兩又固原廳州鎮原縣生存男婦大小共貳百捌拾肆口每口給糧叁倉斗共糧捌拾伍石貳斗再查有主壓斃災民較原奏少大口貳拾肆口係寧朔縣重開之數今照數刪除下

剩銀肆拾捌兩觧還府庫並恤賞綠旗官兵內
馬兵壹名步守兵陸名並無親屬請領已將存
剩銀壹百捌拾伍兩繳還原項等語　查原
奏內開被壓身故有主大口貳萬肆千壹百肆
拾叁口小口壹萬貳千玖百口無主大口壹千
貳百肆拾口小口玖拾肆口每大口給埋葬銀
貳兩小口柒錢伍分共銀陸萬伍百壹拾壹兩
伍錢又八旗壓斃官兵壹百陸拾玖員名共恤
賞銀壹萬玖百伍拾兩壓斃知府并千把總及
綠旗馬步兵共叁百壹拾玖員名共恤賞銀玖
千捌百柒拾兩又鹽茶廳固原州鎮原縣壓死
男婦人口并生存家口照例一體撫綏等因在

案今前項壓斃有主無主埋葬并滿漢官兵恤
賞銀兩以及生存家口糧石俱係奏明賞給之
項既據該撫造具冊結請銷臣部按冊核算數
目相符所有用過銀捌萬壹千壹百叁拾玖兩
伍錢糧捌拾伍石貳斗均應准其開銷至有主
壓斃災民口數與原奏數目不符之處該撫既
稱係豐開之數已照數刪除下剩銀兩觧還府
庫應毋庸議其恤賞綠旗官兵內馬兵壹名步
守兵陸名又據該撫查明各兵並無親屬請領
存剩銀兩既經繳還原項亦毋庸議
一夏朔二縣雇夫刨空城門街道衙署等項自
乾隆叁年拾貳月初貳日起至貳拾玖日止共

壹萬肆千工每工給銀捌分又乾隆肆年正月
初壹日起至叁月拾壹日止共叁萬叁千叁百
玖拾工每工給銀陸分共用銀叁千壹百貳拾
叁兩肆錢又建蓋
欽
差大人六部并道府公館九處共計肆拾座共蓋
板房壹百貳拾間蓆棚拾叁座貳拾陸間又製
造監獄木籠肆座計捌間置買蓆片鐵釘并匠
夫工價共用銀伍百柒拾陸兩伍錢又西路廳
採買苫蓋糧堆大蓆貳百塊每塊價銀叁錢肆
分苫蓋糧船小蓆柒百伍拾塊每塊價銀壹錢
柒分共用銀壹百玖拾伍兩伍錢又靈州寧夏
縣修造臨河堡大太平船貳隻哨船貳隻共用
銀肆百柒拾叁兩陸錢壹分又夏朔平三縣倉
厫倒塌製辦裝糧蓆囤等項共用銀肆千肆百
肆拾兩貳錢玖分零內背盤篩颺米石人夫壹
萬肆千柒百伍拾貳工每工給銀陸分共銀捌
百捌拾伍兩壹錢零製辦蓆囤等項銀叁千伍
百伍拾伍兩壹錢玖分零等語　查原奏內
開夏朔二縣雇覓夫役刨挖街道屍骸年內每
名日給工價銀捌分正月以後每名日給工價
銀陸分等因在案嗣據原任甘撫元展成咨報
寧屬地震倉厫傾倒糧石四散耗失甚多不便
露天堆積請製備蓆囤上用蘆蓆苫蓋經戶部
議令將置買蘆蓆麻斤完日造報工部核銷并

如照工部亦在案今前項雇覓背盤舖鴨米石人夫工價銀兩既據該撫造具冊結請銷戶部按冊核算數目相符所有用過銀捌百捌拾伍兩壹錢零應准開銷至刨空城門街道衙署用過銀兩工部查冊開刨空城門清理街道衙署並未將刨空清理各處所之高寬厚丈尺逐款開明應令該撫將刨空清理各處所高寬厚丈尺轉飭逐款查明另造清冊并取具所用夫工並無浮冒捏飾確實印結題銷其建蓋公館監獄木籠等項從前曾否奏明建蓋之處疏內又未聲明且查冊開樓木桁條方木椽子門窗欞框並未將各長徑寬厚丈尺逐一開載所用一

切板片又未將各應用處所高寬丈尺開造成砌圍墻用磚亦不開明寬厚丈尺且工俱係籠統造報難以查核工部不便遽准應令該撫查明如係從前奏明之案即照依駁款另造妥冊取具所用物料價值並無浮冒捏飾勘結題銷并將原奏抄録送部如從前並未奏明迄今始行造冊報銷事隔年久無憑查考所有用過前項銀兩不便准其開銷應令該撫毋庸造冊報銷其苫蓋糧堆糧船修造船隻共用過銀陸百陸拾玖兩壹錢壹分與例無浮應准開銷至夏朔平三縣製備裝糧席囤所用蘆席麻斤夫工等項現據該撫將用過銀兩另行造冊咨銷經

工部會同户部查辦應於彼素内辦理歸結
一夏朔二縣接運武古二縣運寧京石糧叁萬
陸百貳拾伍石捌斗柒升壹合捌勺又寶豐縣
運貯平羅縣京石糧玖千貳百貳拾柒石壹斗
肆升貳合捌勺零各計程途遠近不等照依河
西運送軍糧之例每京石每百里給脚價銀貳
錢又靈州中衛固原隴州撥運寧郡倉石糧貳
萬肆千陸百玖拾陸石各計程途遠近不等照
依運送賑糧之例每倉石每百里給脚價銀壹
錢以上共用脚價銀壹萬貳千捌百叁拾壹兩
肆錢陸分陸釐貳毫零又平羅縣縫補裝糧口
袋貳千壹百叁拾伍條用過白布貳拾叁尺每
尺價銀陸錢麻線叁斤每斤價銀壹錢肆分裁
縫捌拾叁工每工給銀陸分繫口繩壹千捌百
條每條價銀捌毫細截大麻繩肆拾伍斤每斤
價銀捌分又修理駝隻鞍架用過柳根壹百貳
拾肆根每根價銀肆分木匠伍拾貳工每工給
銀陸分以上修補口袋并駝隻鞍架共銀叁拾
貳兩叁錢貳分又供支八旗并寧夏鎮運糧駝
伍百柒拾叁隻正月初柒日起自寶豐運貯平
羅京石糧陸千叁百伍拾柒石壹斗肆升貳合
捌勺零至貳拾伍日回營止每隻日支倉升料
貳升叁升柒斤草壹束貳束不等共支倉石料
貳百貳拾柒石捌斗零採買柒斤草壹萬壹千

貳百柒束每束時價銀自壹分伍釐至壹分捌釐不等共用銀壹百柒拾捌兩捌錢伍分壹釐查前項駝隻自正月初柒日運糧起每駝日支料貳倉升草壹束又自正月拾伍日起因駝隻日逐馱運糧石不無疲乏每隻加料壹升日支料叁倉升草壹束共回營駝隻每日止支空草貳束又押駝兵丁壹拾貳名每名日支鹽費銀壹錢自正月初捌日起至貳拾柒日止又押運糧石把總肆員每員日給鹽費銀貳錢貳分跟役捌名每名日給鹽費銀肆分計壹拾伍日以上官役兵丁鹽費共銀肆拾貳兩又寧夏府散給委辦賑務原任西和縣李壽彬等拾壹員每

員日給鹽費銀貳錢貳分各支日期不等共銀肆百貳拾伍兩肆錢捌分等語　查乾隆肆年貳月內據陝督查郎阿等奏稱寧夏地震需糧甚急撥運涼州府屬之武威古浪二縣糧石來寧協濟查涼州上年收成歉薄現在東作將興應照河西軍需運糧之例每京石每百里給腳價銀貳錢等因又寶豐現有倉糧俱運至平羅以資賑恤但民間牲畜損斃大半雇覓維艱查有滿城并鎮標官駝約計陸百隻前往馱運料草按日支給等因又據原任甘撫元展成題撥靈州中衛并固原廳州倉貯糧石運寧散給共腳價銀兩照例每倉石每百里給銀壹錢等

國各在案今前項運糧脚價既據該撫開明程途里數造具册結請銷戶部按册核算數目相符所有用過銀壹萬貳千捌百叁拾壹兩肆錢陸分陸釐貳毫零應准開銷又每駝壹隻日支倉升料貳升叁升柒斤重草壹束貳束不等與在槽餧養之例無浮其支過料貳百貳拾柒石捌斗草壹萬壹千貳百柒束亦應准其開銷至平羅縣修補口袋需用白布並未開明丈尺并麻線麻繩修理駝隻鞍架柳條以及採買草束價值均屬浮多又散賑官員盤費從前並未報部押糧把總肆員盤費銀兩雖據該撫援照辦差千把之例支給但辦差千把等官日給盤費

銀貳錢貳分並未另給跟役今册造跟役捌名每名日給盤費銀肆分押駝兵丁拾貳名每名日給盤費銀壹錢係照何例辦理且駝隻既於正月貳拾伍日回營兵丁盤費因何支至貳拾柒日疏册均未聲明戶部無憑核議所有用過銀陸百柒拾捌兩陸錢伍分壹釐未便遽准開銷應令該撫逐一查明據實核減報部到日再

議

一西路應打造船壹百隻每隻物料工價銀壹拾肆兩肆錢柒分玖釐伍毫零共銀壹千肆百肆拾柒兩玖錢伍分貳釐叁毫零已經工部允銷在案又僱覓民船并官船接運涼州府屬運

寧京石糧肆萬捌百捌拾伍石每船壹隻裝糧
肆伍拾石各計程遠近不等共官船雇覓船
工水手每糧壹石給工食銀自捌釐貳毫至陸
分貳釐不等民船每糧壹石給水腳銀自陸分
至柒分伍釐不等共用銀貳千貳拾玖兩伍錢
肆分壹釐零又前項糧內截留中衛縣京石糧
壹萬伍石伍斗折倉石糧柒千叁石伍斗中衛
縣雇車接運至倉計程八里照每倉石每百里
給腳價壹錢之例核算共給腳價銀伍拾陸兩
貳分捌釐再前項船隻運糧事竣變價銀壹百
壹兩叁錢伍分亦經工部允准在案變價銀兩
批解藩庫等語　查原奏內開撥運涼州府

屬之武古二縣倉糧運寧協濟雇覓民船并添
造官船以資裝載較之雇覓車騾從陸路馱運
者猶可節運費而省民力等因在案今前項船
隻運糧腳價既據該撫開明程途里數造具冊
結請銷戶部按冊核算官船運糧壹京石給工
食銀自捌釐貳毫至陸分貳釐民船運糧壹京
石給水腳銀自陸分至柒分伍釐不等較之陸
路運糧腳價有減無浮又中衛縣雇車運糧每
倉石每百里給腳價銀壹錢與甘省運糧准銷
腳價之例相符所有用過銀貳千捌拾伍兩伍
錢陸分玖釐零均應准其開銷至運糧船隻戶
部移查工部回稱製造船壹百隻用過工料銀

兩業經核銷在案所有用過銀壹千肆百肆拾柒兩玖錢伍分貳釐叁毫零亦應准其開銷其船隻變價銀壹百壹兩叁錢伍分前經工部准其變價歸還原動賑恤項下知照戶部在案今此項銀兩曾否歸還原項未據聲明應令該撫查明報部

一中衛縣武生俞汝亮捐助衣服貳千玖百捌件內皮衣伍百貳拾貳件棉衣壹千壹百陸拾貳件夾衣柒百叁拾叁件单衣肆百玖拾壹件散給夏朔平新寶五縣無衣窮民貳千玖百捌名每名酌給衣壹件又捐賑羊壹百伍拾隻犒賞寧夏鎮各路協防兵丁壹千叁百名均匀分給等語　查乾隆肆年拾月內據原任甘撫元展成咨報原任湖廣提督俞益謨之子俞汝亮捐助羊壹百伍拾隻每隻估銀玖錢皮棉夾单衣貳千玖百捌件每件估銀柒錢制錢貳千串估銀貳千兩又捐助銀壹千兩共該銀伍千壹百柒拾兩陸錢等因在案今前項散給窮民衣服并犒賞協防兵丁羊隻既據該撫造具災民兵丁花名冊結請銷臣部按冊核算數目相符所有捐助衣貳千玖百捌件羊壹百伍拾隻均應准其開銷至捐助銀錢已據該撫在於新收項下造報在案應毋庸議

一直隸薊州修補夾布口袋叁萬條每條用線

工價銀捌釐共用銀貳百肆拾兩又肅州并高臺縣過運凉州夾布口袋叁萬條又平凉府屬鹽茶等廳州縣運寧夾布口袋壹萬柒拾捌條共計重叁萬玖百伍拾捌斤零每壹百叁拾斤合米壹京石計算每百里給脚價銀壹錢伍分各計程遠近不等共用銀壹百叁拾捌兩陸錢伍分伍釐貳毫零又平凉府屬綑袋麻繩貳百根每根價銀玖釐共銀壹兩捌錢等語

查乾隆肆年叁月內據原任甘撫元展成咨報凉屬運寧糧石將甘肅運寧口袋截留凉州裝運其運送口袋脚價均請照依軍需運送軍裝之例每壹百叁拾斤合米壹京石計算每百里給脚價銀壹錢伍分至修補口袋工價亦應照軍需案內修補之例酌量支給等因在案今肅州并高臺縣過運凉州夾布口袋并固原等廳州縣運寧口袋脚價及修補口袋線工既據該撫造具册結請銷臣部按册核算數目相符所有用過銀叁百捌拾兩肆錢伍分伍釐應准開銷

一環縣賑給壓斃災民埋葬銀壹拾貳兩房價銀叁兩口糧壹拾壹石壹斗又夏朔二縣解運凉州完好夾布口袋叁萬陸千條又狄道州運寧口袋脚價銀肆兩陸錢甘州府屬修補口袋線工銀伍拾肆兩貳錢壹分陸釐零運寧截留

涼州裝糧口袋細繩並脚價銀貳拾伍兩捌錢
貳分零張掖縣接運肅州口袋雇覓民車脚價
銀伍拾捌兩陸錢玖分叁毫零山丹縣雇覓民
車脚價銀叁拾陸兩貳錢貳分肆釐玖毫零寧
州運至寧夏糧石並修補口袋脚價共銀壹萬
貳千柒百貳拾貳兩肆錢玖分壹釐叁毫零涼
州府屬運寧修補口袋並脚價共銀捌百肆拾
捌兩玖錢陸分玖釐陸毫零永鎮二縣協濟車
輛遞運武古二縣運寧糧石脚價銀叁萬壹千
玖百玖拾兩柒錢肆分貳釐肆毫零平古二縣
遞運協濟寧夏賑糧脚價銀壹萬壹千捌百肆
拾兩壹錢陸分柒釐貳毫零等語　　查原奏

內開慶陽府屬環縣之虎家灣等處亦間有掘
側房屋土窑并間有壓死男婦人口者照靈中
之例一體撫綏等因在案今環縣賑給壓斃灾
民埋葬銀兩並未分別大小口數房價口糧銀
數亦未造具花名戶口其狄道等州縣運送糧
石口袋脚價及修補口袋線工細繩麻斤價銀
均未造具細冊送部戶部無憑查核所有用過
銀伍萬柒千伍百玖拾陸兩玖錢貳分零未便
遽准開銷應令該撫逐一確查分晰聲明據實
造冊具題到日再議
一實在共銀貳拾捌萬捌千貳百兩伍錢玖分
柒釐壹毫零內寧夏府庫下剩銀貳拾柒萬玖

千肆百陸拾壹兩壹錢肆分捌釐零內一於查
驗軍裝器械等事案內寧夏鎮標製辦軍裝奉
部准銷銀壹萬伍千兩一於查明渠道覆覈等
事案內修理三渠老堤奉部准銷銀伍萬柒千
叁百肆拾肆兩捌分叁釐捌毫一於酌修新寶
渠道等事案內修理惠農渠口奉部准銷銀柒
萬玖百柒拾柒兩玖錢捌分捌釐叁毫一於借
領兵餉銀兩事案內寧夏鎮標并協路各營搭
蓋窩棚奉
旨豁免銀壹萬玖百壹拾壹兩一於無籍之災黎等
事案內夏朔平三縣借給窮民牛具奉
旨豁免銀壹萬貳千伍百壹拾叁兩陸錢叁分肆釐

一於題參事案內寧夏病故知縣沈瑱年虧空
賑恤下剩及三渠老堤物料共銀陸百貳拾壹
兩伍錢柒分貳釐陸毫零應於伊子沈光宇名
下著追完報一於題參事案內平羅縣調任伏
羌縣參革病故知縣馬瓔虧空賑恤下剩及鄉
建倉廒共銀壹千叁百柒拾兩伍分捌釐柒毫
零應於伊妻翁氏名下著追完報一於揭報虧
空倉庫錢糧事案內中衛縣
計參知縣姚廷桂虧空賑恤下剩銀陸百伍拾肆兩
伍錢捌分捌釐零完交接任休致錢應榮墊辦
城工動用應俟城工造冊請咨部覆到日另案
歸結一於各案內墊發平羅縣被水被旱災民

口糧折價夏平二縣新招戶民牛具平羅縣借
給窮民口糧折價夏平二縣建蓋倉廒以及墊
支糜口車價等項共銀肆萬捌千柒百肆拾肆
兩捌錢伍分肆釐肆毫零應俟各彼案措撥有
欵及民借帶徵完解至日再爲解繳歸結外止
該下剩銀陸萬壹千叁百貳拾叁兩叁錢陸分
捌釐零內已解司銀壹萬陸千陸百捌拾伍兩
陸分玖釐捌毫零存貯府庫未解銀肆萬肆千
陸百叁拾捌兩貳錢玖分捌釐壹毫零現在催
解又凉州府屬下剩銀捌千柒百叁拾伍兩玖
錢叁釐貳毫照數解還司庫訖又靜寧州下剩
銀叁兩伍錢肆分伍釐玖毫零現在催解等語

查乾隆玖年叁月內欽奉
諭旨乾隆叁年寧夏地震被災鎮標及外路協防兵
丁在於寧夏府庫共借支銀壹萬叁千伍百伍拾
玖兩除扣完司庫銀貳千陸百肆拾捌兩外著將
未完銀壹萬玖百壹拾壹兩悉行豁免欽此又乾
隆拾年柒月內欽奉
諭旨甘省寧夏寧朔平羅三縣於乾隆叁年地震之
後借給牛價銀兩尚有未完萬餘著該部查明加
恩豁免欽此戶部行文陝督甘撫去後嗣據該撫
黃廷桂查明未完銀壹萬貳千伍百壹拾叁兩
陸錢叁分肆釐欽奉
上諭加恩豁免具摺奏

聞奏
硃批知道了欽此欽遵報部在案今寧夏鎮標并協
防兵丁以及夏朔平三縣民借未完共銀貳萬
叁千肆百貳拾肆兩陸錢叁分肆釐臣部查與
欽奉
恩旨豁免銀數相符又製辦軍裝并修理三渠老埂
惠農渠口共用銀壹拾肆萬叁千叁百貳拾貳
兩柒分貳釐壹毫零與工部題銷陸續知照戶
部銀數亦屬相符均毋庸議至沈項年虧空銀
陸百貳拾壹兩伍錢柒分貳釐陸毫零馬瓔虧
空銀壹千叁百柒拾兩伍分捌釐柒毫零速飭
在於各該員虧空案內催追完報又姚廷柱虧
空銀陸百伍拾肆兩伍錢捌分捌釐零該撫既
稱完交接任錢應榮墊辦城工動用應俟城工
銀兩准銷之日歸還原項報部其各案墊發墊
支并新招戶民牛具口糧折價等項共銀肆萬
捌千柒百肆拾肆兩捌錢伍分肆釐肆毫零應
令該撫俟各彼案請撥有款及民借帶徵完日
解繳歸結仍開明年月案次分晰銀兩細數報
部查核至解司銀貳萬伍千肆百貳拾兩玖錢
柒分叁釐零造入何年何季撥冊之處未據聲
明其未解銀肆萬肆千陸百肆拾壹兩捌錢肆
分肆釐零作速催解司庫一併報部查核
一實在口袋共壹拾伍萬柒千玖拾伍條內寧

夏寧朔中衛三縣變價夾布口袋壹拾壹萬玖千捌百叁拾叁條單布口袋叁萬伍千肆拾叁條麻布口袋壹百伍拾玖條三共口袋壹拾伍萬伍千叁拾伍條每條變銀壹分伍釐以至肆分不等共變銀肆千叁百玖拾陸兩陸錢肆分内解過司庫銀肆千叁百肆拾肆兩捌分寧夏縣未解銀伍拾貳兩伍錢陸分係前令沈項年捋夾布口袋報變單布口袋不敷銀數現在著落伊子沈光宇名下追解還項中衛縣存貯夾布口袋貳千陸拾條查中衛縣存貯口袋現在收貯聽候備用又夏朔中三縣存貯倉石糧肆萬貳千貳百叁拾陸石玖斗玖升玖合叁勺零

查夏朔中三縣存貯糧石據寧夏周登稱俱已另案動用各隨本案内造報等語　查前項口袋變價先據該撫陸續咨報共解司銀肆千叁百肆拾肆兩捌分内除造入乾隆玖拾兩年春撥冊内銀貳千陸百肆拾伍兩肆錢捌分伍釐零外其餘銀壹千陸百玖拾捌兩伍錢玖分伍釐造入何年何季撥冊又夏朔中三縣存貯倉斗糧肆萬貳千貳百叁拾陸石玖斗玖升玖合叁勺零係何案内動用之處均未聲明應令該撫逐一查明報部并將中衛縣存貯夾布口袋貳千陸拾條轉飭加謹收貯其寧夏縣未解銀伍拾貳兩伍錢陸分速飭追解還項報部查

核

一該撫總冊開造賑恤寧夏地震災民共收銀壹百肆拾柒萬叁千兩內除支發採買糧石並建築城工等項共銀肆拾肆萬柒千貳百貳拾伍兩壹錢柒分叁釐零各歸本案造銷外止收銀壹百貳萬伍千柒百柒拾肆兩捌錢貳分陸釐零等語　查前項收支存剩銀壹百貳萬伍千柒百柒拾肆兩捌錢貳分陸釐零已於前款分別查核外仍令該撫將採買糧石并建築城工用過銀肆拾肆萬柒千貳百貳拾伍兩壹錢柒分叁釐零各歸本案造具冊結題銷至此案造銷遲延之處據該撫疏稱前經請明俟原任寧夏縣武梓等虧空審擬明確再行造銷今已審題應將賑恤用過銀糧等項造冊題銷等語應毋庸議此本係戶部主稿合併聲明臣等未敢擅便謹

題請

旨

乾隆拾[illegible]年[illegible]月[illegible]日

[illegible]臣劉於義

[illegible]臣傅恒

經筵講官尚書加一級紀錄一次臣梁詩正

工部侍郎署理正白旗漢軍都統事務兼佐領加二級紀錄六次臣李元亮
右侍郎辦理步軍統領事務加二級紀錄五十三次臣舒赫德
左侍郎兼理藩院侍郎事務兼管錢法堂事務加一級紀錄二次臣蔣溥
陝西司郎中臣蕭誠
陝西司郎中臣時鈞徹
陝西司員外郎臣德文
陝西〃主事臣鄭廷建
陝西司額外主事臣苗國琨
陝西司額外主事上學習行走臣羅人大
議政大臣工部尚書革職留任信勇公臣哈達哈
尚書臣趙弘恩
經筵講官左侍郎食一品俸臣索柱

左侍郎臣涂逢震
營繕司郎中臣伊凌阿
營繕司主事臣胡泰

132. 户部尚书陈惠华等奏乾隆三年宁夏地震亡故满汉官兵赈恤所用银两数目议覆折

乾隆四年三月十六日（1739 年 4 月 23 日）
（奏折档）

132. Memorial to the throne, presented by Chen Huihua (Minister of the Ministry Of Revenue) et al., reporting the matter of discussion of the amount of relief aid of silver currency used for the officials and soldiers of Manchu and Han nationality killed in Ningxia Earthquake in the 3rd year of Emperor Qianlong.

Mar. 16, the 4th year of Emperor Qianlong of Qing Dynasty (Apr. 23, 1739)
(Memorial to the throne kept in the file)

戶部等部經筵講官戶部尚書臣陳惠華等謹
題爲欽奉
上諭事內閣抄出兵部右侍郎班第等奏前事內開
乾隆叁年拾貳月拾叁日辦理軍機大臣奉
上諭前據寧夏將軍阿魯奏報寧夏地方於拾壹月
貳拾肆日戌時地動朕心軫念已降旨令將軍督
撫等加意撫綏安插無使兵民失所今據阿魯續
奏是日地動甚重官署民房傾圮兵民被傷身斃
者甚多文武官弁亦有傷損者朕心甚爲憯切惟
有敬凜
天變深自修省著兵部侍郎班第馳驛前去即於明日
起程動撥蘭州藩庫銀貳拾萬兩會同將軍阿魯

並地方文武大員查明被災人等逐戶賑濟急為
安頓無使流離困苦其被壓身故之官弁著照廻
洋被風身故之例加恩賜賞卹典其動用銀兩該
部另行撥補再寧夏附近之州縣被災者著班第
會同地方文武大員一體查賑無得遺漏欽此欽
遵臣班第隨於拾貳月拾肆日自京起程於貳
拾捌日抵寧臣查郎阿臣元展成俱已到寧除
現在會同臣阿魯商辦一切賑恤事宜另摺奏
聞其餘應行事件次第
奏辦外遵查被壓身故之官弁滿城內有鑲黃旗
滿洲佐領佛爾屯正白旗蒙古佐領僧保正紅
旗蒙古佐領常靈三員鑲白旗滿洲驍騎校三

海一員漢城內有寧夏府知府顧爾昌一員寧
夏鎮標右營千總沈印一員右營把總哈義德
一員俱應欽遵
恩旨照內洋內河被風身故之例減半給與祭葬銀
兩佐領三員每員給銀貳百貳拾伍兩驍騎校
一員給銀壹百貳拾伍兩知府與佐領品級相
同亦給銀貳百貳拾伍兩千總一員給銀壹百
貳拾伍兩把總一員給銀伍拾兩以上共銀壹
千貳百兩俱照數賞給訖其
賞給卹典應聽部臣議覆遵行再查廻洋被風身
故兵丁亦有
恩賞銀兩今亦應照內洋內河被風身故之例減半

賞給以爲養贍家口之資則伊等父母妻子均
不致流離失所頂沐
高厚於無既矣查滿城內被壓身故之領催十名先
鋒九名每名應減半給銀壹百兩被壓身故之
馬甲九十名又續報受傷身故之馬甲二名每
名應減半給銀柒拾伍兩被壓身故之步軍頭
目步軍匠甲共四十一名家下人披步甲十一
名又續報受傷身故鐵匠一名家下人披步甲
一名每名應減半給銀貳拾伍兩漢城內寧夏
鎮標并平羅新寶洪廣威鎮鎮朔鎮北平羌等
各營堡被壓身故之馬兵一百四十一名又續
報受傷身故之馬兵十六名每名應減半給銀
叁拾伍兩被壓身故之步兵六十名又續報受
傷身故之步兵十名每名應減半給銀貳拾伍
兩被壓身故之守兵五十三名又續報受傷身
故之守兵三十一名亦照步兵之例每名應減
半給銀貳拾伍兩以上共銀壹萬玖千肆百玖
拾伍兩亦俱照數賞給訖除賞過滿漢兵丁花
名清冊俟各該營造齊至日送部外謹會摺恭
奏伏祈
皇上聖鑒
勅部施行謹
奏乾隆肆年正月初玖日奉
硃批該部議奏欽此欽遵於本月初拾日抄出到部

户部隨移咨兵部抄錄卹賞内洋内河被風身
故官兵定例并移送吏兵二部會議去後今於
本年叁月初拾日准吏部等部會議前來
該臣等會查得兵部右侍郎班第等奏稱乾隆
叁年拾貳月拾叁日辦理軍機大臣奉
上諭前據寧夏將軍阿魯奏報寧夏地方於拾壹月
貳拾肆日戌時地動朕心軫念已降旨令將軍督
撫等加意撫綏妥協無使兵民失所今據阿魯續
奏是日地動甚重官署民房傾圯兵民被傷身故
者甚多文武官弁亦有傷損者朕心甚爲憐切惟
有敬凛

天變深自修省著兵部侍郎班第馳驛前去即於明日
起程動撥蘭州藩庫銀貳拾萬兩會同將軍阿魯
並地方文武大員查明被災人等逐戶賑濟急爲
安頓無使流離困苦其被壓身故之官弁著照廵
洋被風身故之例加恩賜賞卹典其動用銀兩議
部另行撥補再寧夏附近之州縣被災者著班第
會同地方文武大員一體查賑無得遺漏欽此欽
遵臣班第隨於拾貳月拾肆日自京起程於貳
拾捌日抵寧臣查郎阿臣元展成俱已到寧除
現在會同臣阿魯商辦一切賑恤事宜外遵查
被壓身故之官弁滿城内有鑲黃旗滿洲佐領
佛爾乜正白旗蒙古佐領僧保正紅旗蒙古佐

領常靈三員鑲白旗滿洲驍騎校三海一員漢
城內寧夏府知府顏蘭昌一員寧夏鎮標右營
千總沈印一員右營把總哈義德一員俱應欽
遵
恩旨照內洋內河被風身故之例減半給與祭葬銀
兩佐領三員每員給銀貳百貳拾伍兩驍騎校
一員給銀壹百貳拾伍兩知府與佐領品級相
同亦給銀貳百貳拾伍兩千總一員給銀壹百
貳拾伍兩把總一員給銀伍拾兩以上共銀壹
千貳百兩俱照數賞給訖其
賞給卹典應聽部臣議覆遵行再查越洋被風身
故兵丁亦有

恩賞銀兩今亦應照內洋內河被風身故之例減半
賞給以爲養贍家口之資查滿城內有被壓身
故之領催十名先鋒九名每名應減半給銀壹
百兩被壓身故之馬甲九十名又續報受傷身
故之馬甲二名每名應減半給銀柒拾伍兩被
壓身故之步軍頭目步軍匠甲共四十一名家
下人披步甲十一名又續報受傷身故之鐵匠
一名家下人披步甲一名每名應減半給銀貳
拾伍兩漢城內寧夏鎮標并平羅新寶洪廣威
鎮鎮朔鎮北平羌等各營堡被壓身故之馬兵
一百四十一名又續報受傷身故之馬兵十六
名每名應減半給銀叁拾伍兩被壓身故之步

兵六十名又續報受傷身故之步兵十名每名
應減半給銀貳拾伍兩被壓身故之守兵五十
三名又續報受傷身故之守兵三十一名亦照
步兵之例每名應減半給銀貳拾伍兩以上共
銀壹萬玖千肆百玖拾伍兩亦俱照數賞給訖
除賞過滿漢兵丁花名清冊俟各該營造賫至
日送部外相應會奏等因前來　查乾隆叁
年拾壹月貳拾肆日寧夏地動共被壓身故官
弁前奉
上諭著照廻洋被風身故之例加恩賞賜卹典應需
銀兩業經戶部奏明動撥河南省地丁銀肆拾
萬兩解赴甘省以備應用在案今據該侍郎班

第等查明滿城內有鑲黃旗佐領佛爾屯正白
旗佐領僧保正紅旗佐領常靈鑲白旗驍騎校
三海并漢城內寧夏府知府顧爾昌寧夏鎮標
右營千總沈印右營把總哈義德等俱經被壓
身故應照內洋內河被風身故之例減半給與
祭葬銀兩佐領三員每員給銀貳百貳拾伍兩
驍騎校一員給銀壹百貳拾伍兩知府與佐領
品級相同亦給銀貳百貳拾伍兩千總一員給
銀壹百貳拾伍兩把總一員給銀伍拾兩以上
共銀壹千貳百兩俱照數賞給等語　查內
洋內河被風定例內開身故官弁應照陣亡之
例減半給與祭葬銀兩叅將給銀貳百伍拾兩

守備給銀壹百伍拾兩守禦所千總給銀壹百
貳拾伍兩把總給銀伍拾兩等語共駐防滿洲
并文職官員從前原未定有卹賞之例今該侍
郎既將佐領及驍騎校照依參將及守禦所千
總例并知府與佐領品級相同亦照參將之例
各按應賞銀數支給所有前項用過銀壹千貳
百兩相應准其開銷再查颶洋被颶身故兵丁
例內原定有
恩賞銀兩今寧夏滿漢兵丁既有被壓身故自應照
例賞給使各兵家口養贍有資庶無失所之虞
今該侍郎等將滿城內被壓身故之領催先鋒
十九名照衛千總例各給銀壹百兩馬甲九十

二名照營千總例各給銀柒拾伍兩步軍人等
共五十四名照步軍例各給銀貳拾伍兩漢城
內各營堡被壓身故之馬兵一百五十七名每
名照例給銀叁拾伍兩步守兵共一百五十四
名每名照例給銀貳拾伍兩以上共動用過銀
壹萬玖千肆百玖拾伍兩亦應准其在於題撥
銀內作正開銷仍令將賞過滿漢兵丁花名細
數轉飭各營造冊送部查核又該侍郎等奏稱
身故之佐領佛爾屯僧保常靈等三員驍騎校
三海一員寧夏府知府顧爾昌一員寧夏鎮標
右營千總沈印一員右營把總哈義德一員其
應賞銀兩業經照數支給所有

賞給卹典該部議覆等語查內洋內河被溺定例內開飄沒身故者官照陣亡例各減一等分別廕贈等語查陣亡都守等官廕子弟一人以衛千總推用陣亡千總廕子弟一人以把總用陣亡把總廕子弟一人以外委千把拔補佐領與都司均係四品千總與驍騎校均係六品今身故之鑲黃旗滿洲佐領佛爾屯正白旗蒙古佐領僧保正紅旗蒙古佐領常靈鑲白旗滿洲驍騎校三海均係旗員並無推用千總及外委千把拔補之例應將佐領佛爾屯僧保常靈等各照陣亡例減一等應廕子弟一人准作七品監生驍騎校三海一員應廕子弟一人准作八品監生寧夏鎮標右營千總沈印准廕子弟一人以外委千把拔補右營把總哈義德准廕一子作監生再查殉難定例官員議卹俱照本官應陞品級酌量加贈知府贈太僕寺卿准廕一子入監讀書今因地動被壓身故之寧夏府知府顧爾昌應照殉難例減一等加贈太僕寺少卿廕一子入監讀書此本係戶部主稿合併聲明

臣等未敢擅便謹

題請

旨

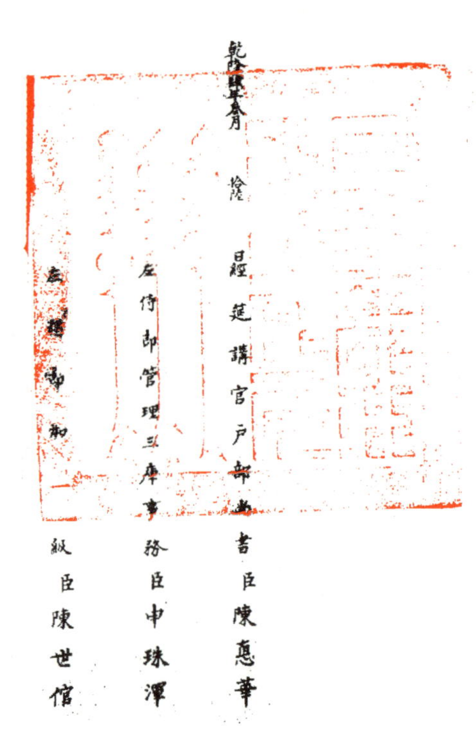

乾隆叁年叁月拾陸日

經筵講官戶部尚書臣陳惪華

左侍郎管理三庫事務臣申珠渾

左侍郎加一級臣陳世倌

右侍郎加五級臣留保

右侍郎加三級紀錄八次臣王鈞

陝西司郎中臣曹瓖

陝西司員外郎臣伊福訥

陝西司主事臣圖興

陝西司主事臣佟鏞

陝西司額外主事臣張之浚

陝西司額外主事上學習行走臣華棫

陝西司額外主事上學習行走臣黃登賢

經筵講官太保保和殿大學士三等伯兼管吏部戶部事臣張廷玉

左侍郎兼管兵部侍郎事協辦步軍統領事務加級紀錄臣喀爾吉善

左侍郎臣程元章

經筵講官右侍郎臣阿山

驗封司員外郎臣錫珠

驗封司主事臣齊格

經筵講官太保保和殿大學士兼理兵部事務世襲三等伯臣鄂爾泰

議政大臣兵部尚書兼都統提督九門步軍巡捕三營統領臣鄂善

議政大臣左侍郎臣宗室普泰

左侍郎臣吳應棻

武選司員外郎臣齊布坦

武選司額外主事臣溫必聯

職方司郎中臣袁碩色

職方司主事臣魏峰

133. 兵部右侍郎班第等谨奏为恭报查赈汇析奏

乾隆四年二月二十二日（1739年3月31日）
（奏折档）

朱批：该部知道

133. Memorial to the throne, presented by Ban Di (Right Assistant Minister of the Ministry of War) et al., reporting the matter of checking earthquake relief.

Feb. 22, the 4th year of Emperor Qianlong of Qing Dynasty (Mar. 31, 1739)
(Memorial to the throne kept in the file)
Emperor's comment in red on the memorial: The Department has known.

兵部右侍郎臣班第等謹
奏爲恭報查賑事件彙摺奏
聞事竊臣班第奉
命前往寧夏查勘賑恤隨會同臣查郎阿臣阿魯臣
元展成欽遵
聖訓商辦一切賑恤事宜節次會
奏在案今查賑事竣所有賑過銀糧款項逐條分
晰恭呈
御覽
一被壓被焚身故人口前經臣等酌議無論男
婦大口每軀給埋葬銀二兩小口每軀給埋
葬銀七錢五分無主屍軀官爲就近擡埋俱
已
奏明在案今查各州縣并滿城兵民人役身故者

實計有主大口二萬四千一百四十三口每口給銀二兩共給過銀四萬八千二百八十六兩小口一萬二千九百口每口給銀七錢五分共給過銀九千六百七十五兩又各縣無主大口一千二百四十口無主小口九十四口官爲擡埋其衣服棺木及擡埋夫工亦照議大口二兩小口七錢五分之數置辦給發共用銀二千五百五十兩五錢以上通共用銀六萬五百一十一兩五錢

一生存人口地震之後乏食不及待賑於十一月二十七日起無論大小口每口先給口糧一倉斗亦經臣等

奏明在案彼時倉猝之際在城内者尚易查核是以大口小口一體按名散給其在四鄉各堡

大口二萬四千一百五十口每口給銀二兩共給過銀四萬八千三百兩小口一萬二千九百口每口給銀七錢五分共給過銀九千六百七十五兩又無主大口一千二百四十口無主小口九十四口官為擡埋其衣服棺木及擡埋夫工亦照議大口二兩小口七錢五分之數置辦給發共用銀二千五百五十兩五錢以上通共用銀六萬五百二十五兩五錢

一生存人口地震之後乏食不及待賑於十一月二十七日起無論大小口每口先給口糧一倉斗亦經臣等

奏明在案彼時倉猝之際在城内者尚易查核是以大口小口一體按名散給其在四鄉各堡

者小口不能親到又難逐戶稽查是以祗就到倉之大口按名散給今查寧夏寧朔平羅新渠寶豐五縣在城大口六萬一千二百五十四口小口二萬六百三十三口四鄉各堡大口一十二萬八千九百九十四口共給過倉斗糧二萬一千八十八石一斗

一生存人口地震之後鍋灶毀壞急切不能炊爨是以分設粥廠煑粥賑濟亦經 臣元展成

奏明在案今查寧夏寧朔平羅新渠寶豐五縣共設廠十七處自十二月初六日起至十二月二十九日止共煑粥用過倉斗米二千五百一十一石一斗五升又每廠每日僱夫十名每名給銀八分共用夫四千八十名共給銀三百二十六兩四錢每米一石用柴一百斤每斤價銀五釐共用柴二十五萬一千一百一十五斤共用銀一千二百五十五兩五錢七分五釐

一生存人口前經 臣等酌議不論大小口每口先給糧三倉斗倘有情願領銀者照部價折給今查寧夏寧朔平羅新渠寶豐五縣生存人口共大小口二十六萬五千五十一口又靈州中衛被災戶民四千三十四口又滿城內被災外府客民六百七十二口又被災旂佃并滿城內住居貿易本地民人大小口共二百九十六口通共二十七萬五十三口銀糧各半支給共給過倉斗糧四萬五百七石九斗五升給過銀四萬五百七兩九錢五分

一生存人口前經 臣等酌議自正月二十四日

起至六月二十四日止加賑五箇月大口每日給京斗糧八合三勺小口每日給京斗糧四合一勺五抄倘有願領折色者聽從民便今查除中衛靈州四千三十四口被災較輕又滿城內被災外府客民六百七十二口及兵丁家屬四千三百九十四口均無庸加賑外其寧夏寧朔平羅新渠寶豐五縣共計生存大口一十九萬一千一百五十六口每月該賑糧四萬七千五百九十七石八斗四升四合生存小口六萬九千七百九十七口每月該賑糧八千六百八十九石七斗二升六合五勺五箇月共該糧二十八萬一千四百三十七石八斗五升二合五勺如有情願領銀者每京石照例折給銀七錢現在按月撒

給

一現在人口前經臣等酌議無論大小口有兩口者給房一間三口者給房二間五口者給房三間多者照此遞增每間給房價銀二兩令其自行搭蓋今查寧夏寧朔平羅新渠寶豐五縣共倒塌房三十四萬六百二十間計被災民戶并兵丁家屬共大小人口二十六萬五千三百四十七口以每二口給房一間三口給房二間五口給房三間合算共該房一十四萬七千四百八十二間每間給銀二兩該房價銀二十九萬四千九百六十四兩其靈州中衛共倒房二千二百五十八間因被災稍輕每間給銀一兩共給銀二千二百五十八兩

一農家牛隻有被壓傷斃者前經臣等酌議無
力小民每戶借給牛價銀八兩分作四年帶
徵還項現在確查陸續借給其應需耔種亦
照例借給
一夏朔二縣僱覓夫役五百名刨挖街道屍軀
年內每日每名給工價銀八分正月以後每
日每名給工價銀六分經臣元展成咨部在
案今查十二月初二日起至二十九日止共
二十八日每日僱夫五百名每名給銀八分
共用銀一千一百二十兩又自正月初一日
起至今二月二十日止共五十日每日僱夫
五百名每名給銀六分共用銀一千五百兩
現在尚須清理街道各項
一八旂壓斃官兵一百六十九員名欽奉

恩旨照巡洋被風例共賞卹銀一萬九百五十兩前
已具
奏在案
一壓斃知府并千把總及綠旂馬步兵共三百
一十九員名欽奉
恩旨照巡洋被風例共賞卹銀九千八百七十兩亦
經具
奏在案但查內有具
奏之後續報受傷身故之步兵五名照例給賞未
入前
奏之內是以與前
奏數目不符合併聲明
一八旂看守倉庫城池官兵一千二百八員名
欽奉

恩旨查明從優賞賚今查協領四員每員賞銀五十兩佐領六員每員賞銀四十兩防禦十一員每員賞銀三十兩驍騎校六員每員賞銀二十兩領催前鋒馬甲一千一百八十一名每名賞銀十兩共賞銀一萬二千七百兩

一被災客民無力回籍者前經臣等酌議量其道路遠近賞給盤費今查賞過客民每名四兩以至一兩不等現在共賞過銀一千七百六十五兩

以上各條俱係臣等在寧會同查勘賑恤事件理合彙摺奏

聞至於修濬渠道築打沿河老埂建築城垣蓋造衙署兵房倉庫等項統俟各該員等確估興修除臣等起程日期另行

奏報外謹先繕摺恭

奏伏祈

皇上聖鑒爲此謹

奏

該部知道

乾隆四年二月二十二日兵部右侍郎臣班第

大學士仍管川陝總督臣查郎阿

寧夏將軍臣阿魯

蘭州巡撫臣元展成

134. 兵部右侍郎班第等谨奏为查明渠道震裂情形酌议重修以利民生事

乾隆四年正月十一日（1739 年 1 月 12 日）
（奏折档）

朱批：如此甚妥知道了

134. Memorial to the throne, presented by Ban Di (Right Assistant Minister of the Ministry of War) et al., reporting the matter of finding out the condition of irrigation ditches shattered by the earthquake and considering & discussing to repair them for the benefit of people's livelihood.

Jan. 11, the 4th year of Emperor Qianlong of Qing Dynasty (Jan. 12, 1739)
(Memorial to the throne kept in the file)
Emperor's comment in red on the memorial: It is very good to do so. Known.

兵部右侍郎臣班第等謹
奏爲查明渠道震裂情形酌議重修以利民生事
竊查寧夏
大清唐漢三渠引黃河之水灌溉三縣田地誠爲寧
民命脉貽數千載樂利於無窮也乃於上年十
一月二十四日地震之時三道大渠及各支渠
渠洴多被搖塌或長數丈以至八九十丈不等
甚有倒缺成口者百十處順洴坼裂直縫不一
而足亦有渠底裂成横縫者若不亟爲重新修
築則渠水不能流通灌溉無資秋成無藉寧民
遭此殘毀之餘急宜滋培元氣若更歲非大有
窮黎其何以堪向時舊例每年歲修自清明春
融之日起至立夏放水之日止分段修葺渠身
淤塞者疏濬以利之洴岸坍頹者幫築以固之

所需人夫柴料俱按田分派官爲督率務於一月之中諸工俱竣無悮放水之期民命所繫是以踴躍趨赴而不以爲苦但今因地震殘毁之處甚多若照往年歲修人夫柴料之數必不敷用且寧民遭此慘變民力艱難即歲修夫料亦不能措辦臣等仰體我

皇上軫念災黎之至意公同酌議應請動支

帑金預爲採買柴料俟層冰稍化之時將一切大渠支渠查勘裂縫之深淺扎驗渠土之堅鬆核算夫工之多寡給價僱覓但工程浩大不便拘泥往例總俟天氣稍暖可以興作之時即行動工務期人衆而工速於立夏放水之日告竣則灌溉之期不致遲悮而被災窮黎既沐

皇恩之賑恤又得修渠之工價日用自然充裕此即寓賑於工之一法也至於興工之時往年俱令寧鎮千把分段督率水利同知總爲查催今工繁任重誠恐千把不敷派委應將工大處所於現任州縣中選派賢能分司其事其次等工程仍派幹練千把管理催辦但水利同知一員亦難分顧查現署寧夏知府臧珊熟悉水利應專任總理而令水利同知費揩協幫查察庶幾不致怠惰草率俟事竣之日將所用夫料銀兩核實造銷至於明年歲修仍照往例按田出辦人夫柴料分段修理所有查議重修渠道緣由謹會摺恭

奏伏祈

皇上聖鑒

訓示遵行爲此謹

奏請

旨

如此甚妥知道了

乾隆四年正月十一日兵部右侍郎臣班第

大學士仍管川陝總督臣查郎阿

蘭州巡撫臣元展成

135. 兵部右侍郎班第等谨奏为查明伤毙马驼数目酌议买补事

乾隆四年正月二十六日（1739年1月27日）
（奏折档）

朱批：该部议奏

135. Memorial to the throne, presented by Ban Di (Right Assistant Minister of the Ministry of War) et al., reporting the matter of finding out the amount of injured and dead horses & camels and considering & discussing to buy some new ones as supplement.

Jan. 26, the 4th year of Emperor Qianlong of Qing Dynasty (Jan. 27, 1739)
(Memorial to the throne kept in the file)
Emperor's comment in red on the memorial: The Department discusses and reports.

兵部右侍郎臣班第等謹
奏為查明傷斃馬駝數目酌議買補事竊查寧夏
地方滿城及鎮標各營并各驛遞額設馬匹駝
隻自地震之後有當被焚壓倒斃若有傷重不
能調治致斃者茲經查核明確其滿城內開報
壓斃之駝共五十一隻馬三百六十七匹又寧
夏鎮標各營及平羅寶豐洪廣平羌花馬興武
玉泉等營開報壓斃焚燒及被傷陸續倒斃之
大駝三十隻駝羔一隻馬七百六十九匹查向
例駐防滿兵倒斃駝馬者不扣草豆限兩箇月
令本人買補今滿城被壓駝隻查有孳生之駝
堪以補額無庸買補外其被壓之馬若仍限兩
箇月買補值此震災之後需補馬匹既多價值
較前不無昂貴購買未免艱難仰體

聖主軫念弁兵之至意令其再展限一箇月將所領
三箇月之草豆并皮臟變價銀兩照數買補至
於鎮標各營被壓馬駝內除駝羔一隻無庸買
補并有現在駝羔一十八隻堪以補額外其餘
倒斃駝一十二隻馬七百六十九匹查寧郡兵
丁際此非常之變荷蒙
皇上恩施優渥得免困苦所有倒斃馬駝爲數過多
若欲按年扣算令其買補委係無力賠墊可否
仰邀
聖恩准其將所有倒斃馬匹免扣椿銀照例每匹給
銀八兩統在朋合銀內動支其所倒駝隻照例
每隻給銀三十兩令其買補則凡滿漢弁兵自
必益加感激共戴
皇仁於無旣矣又查驛遞馬匹亦有因地震壓斃傷

損者今據寧夏府并寧夏寧朔新渠平羅四縣
查報壓斃馬共八十七匹傷重倒斃馬一匹以
上倒斃馬匹亦係變出意外若令賠補未免苦
累可否仰懇
聖主天恩准其每匹照例給銀八兩令其買補至於
倒馬皮臟銀兩應令解交司庫至於滿漢各營
并驛遞倒鈌馬駝若俟
奏定之後領價購買恐需時日兹據各營驛呈報
現在陸續那借銀兩買補統俟
俞允之日再行給發價值合并聲明臣等謹會摺恭
奏是否有當伏祈
皇上聖鑒
訓示遵行爲此謹
奏請

旨

該部議奏

乾隆四年正月二十六日兵部右侍郎臣班第

大學士仍管川陝總督臣查郎阿

寧夏將軍臣阿魯

蘭州巡撫臣元展成

136. 议政大臣工部尚书兼内务府总管来保等谨奏为工程浩大督理必得专员恭折

乾隆四年正月二十日（1739 年 1 月 21 日）
（奏折档）

136. Memorial to the throne, presented by Lai Bao (Minister of the Parliament, Minister of the Ministry of Works and concurrent administrator of the Imperial House Department), reporting the matter of a commissioner must be appointed to inspect and manage the huge project.

Jan. 20, the 4th year of Emperor Qianlong of Qing Dynasty (Jan. 21, 1739)
(Memorial to the throne kept in the file)

議政大臣工部尚書兼內務府總管臣來保等謹
奏為工程浩大督理必得專員恭摺
奏明仰祈
聖鑒事內閣抄出大學士仍管川陝總督查郎阿等
奏前事內開竊查寧夏陡遭地震府城滿城及
平羅洪廣城垣衙署兵房全數倒塌至於靈州
中衛花馬池廣武興武玉泉各協路并各駐防
營堡城垣衙署亦多損塌處所俱係邊陲要隘
均須及早興修但工程浩繁必得才猷敏幹練
達工務之員令其總理專其責成庶幾告竣速
而工程固查有原任涼莊道阿炳安才長識練
立心不苟從前建造巴爾庫爾城工及涼州滿

城既能剋期而竣工程又復堅固且所用錢糧
亦多節省而分委人員恩威並用率皆踴躍奉
公歷有成效荷蒙
恩旨嘉獎前因丁憂離任回伊西安旗籍上年拾貳
月間臣查郎阿起身來寧之時因該道守制已
逾百日雖不便即行補官遇有緊要公務原可
出而辦理是以
奏明帶來寧夏今似此重大工程非該道不能督
理應請專委總司其事至於分辦之員需人甚
多應令該道於現任文武員弁內遴選明白勤
幹者分派各工及時趕辦總令該道統為調撥
稽其勤惰似此責成既專大工易集

國帑無多糜之慮邊城獲永固之安矣惟是工程
重大必先估計合式庶幾各有遵循外省精於
料估者實乏其人而工部現行做法則例未奉
頒發且工料名色各處方音不同憑空揣摩動
多舛錯料估不能明確報銷必致齟齬似此重
大工程所關匪細仰懇
聖恩
勅下工部挑選最為熟諳工程之人携帶做法則例
來寧於未開凍之先公同確估指示畫一則遵
守辦理更得妥協工更速而費更省矣臣等因
工繁事重不揣冒昧會摺恭
奏伏祈

皇上聖鑒爲此謹
奏請
旨乾隆肆年正月拾捌日奉
硃批該部速議具奏欽此欽遵抄出到部
該臣等議得大學士仍管川陝總督查郎阿等
奏稱查寧夏陡遭地震府城滿城及平羅洪廣城
垣衙署兵房全數倒塌至於靈州中衛花馬池
廣武興武玉泉各協路并各駐防營堡城垣衙
署亦多摇塌處所俱係邊陲要隘均須急早興
修但工程浩繁必得才猷敏幹練達工務之員
令其統理專其責成庶幾告竣速而工程固查

有原任凉莊道阿炳安才長識練立心不苟從
前建造巴爾庫爾城工及凉州滿城既能剋期
而竣工程又復堅固且所用錢糧亦多節省而
分委人員恩威並用幸皆踴躍奉公屢有成效
荷蒙
恩旨嘉獎前因丁憂離任回伊西安旗籍上年拾貳
月間臣查郎阿起身來寧之時因該道守制已
逾百日雖不便即行補官遇有緊要公務原可
出而辦理是以
奏明帶來寧夏今似此重大工程非該道不能督
理應請專委總司其事至於分辦之員需人甚
多應令該道於現任文武員弁内遴選明白勤

幹者分派各工及時趕辦總令該道統爲調撥
稽其勤惰似此責成既專大工易集
國帑無多糜之處邊城獲永固之安矣惟是工程
重大必先估計合式庶幾各有遵循外省精於
料估者實乏其人而工部現行做法則例未奉
頒發且工料名色各處方音不同憑空揣摩動
多舛錯料估不能明確報銷必致齟齬似此重
大工程所關匪細仰懇
聖恩
勅下工部挑選最爲熟諳工程之人携帶做法則例
來寧於未開凍之先公同確估等語　查建
造一切工程經畫在人而遵循有法法既一定

則内外各工自可奉行辦理向因未定成規各
處工程不免任意估計是以經臣部
奏請將各項工程做法纂輯則例一書并令各省
將該處物料價值造册送部會同九卿議定同
臣部做法則例一并頒發畫一遵行其廿省物
料價值册同臣部做法則例業於乾隆叁年捌
月内頒發在案今寧夏工程關係緊要該督等
既
奏請做法則例應再行頒發一部以便遵照辦理
至所稱原任涼莊道阿炳安才長識練歷有成
效應如該督等所請轉飭該道總司其事其所
需人員亦令該道於文武員弁内遴選分派即

將各處工程遵依則例據實確估及時趕修工
程務期堅固錢糧毋得糜費再該督等
奏請臣部另派人員會同估計臣等竊思督理既
有專司協辦復有各員且現在臣部則例可遵
若臣部再行派人會估恐各懷瞻見轉致不便
應行該督等飭令該道統爲調撥以專責成一
切遵照頒發則例辦理俟
命下之日臣部行文該督撫并知照吏部兵部可也
臣等未敢擅便謹
奏請
旨

乾隆肆年正月貳拾柒日議政大臣工部尚書兼內務府總管臣來保
經筵講官尚書臣趙殿最
右侍郎臣阿克敦
右侍郎臣韓光基

137. 甘肃巡抚元展成奏报甘省清理历年钱粮税务折

乾隆四年十月初二日（1739 年 11 月 2 日）
（奏折档）

朱批：知道了弥补之数何不详奏耶

137. Memorial to the throne, presented by Yuan Zhancheng (Governor of Gansu Province), reporting the matter of liquidation of taxes on farm lands over the years of Gansu Province.

Oct. 2, the 4th year of Emperor Qianlong of Qing Dynasty (Nov. 2, 1739)

Emperor's comment in red on the memorial: Known. Why the detailed remedy amount has not been reported?

甘肅巡撫臣元展成謹

奏爲據實密

奏仰祈

睿鑒事竊查甘省各州縣自承辦軍需以來倉庫錢

糧不無那墊虧缺經臣於上年以顯示稽查隱

緩發覺等情

奏請

訓示荷蒙

聖恩寬大准予寬限令臣緩緩料理仰見我

皇上體恤臣子之深仁有踰高厚臣敢不竭力督催

悉心妥辦每屬員進見必諄諄以錢糧絲粒上

關賦課下係身家真切訓飭而又不時稽察恐

其欲彌
國賦或累民閭務期仰體
皇仁不緩不急俾歷年未清之項逐漸清理現在十二年以前一切錢糧稅務業經奏銷在案十三年現在查核報銷而軍需未清款項亦俱陸續催結乾隆元年以後軍需既經停止如有虧空即難掩飾且兩年以來年歲尚屬有收米糧不至昂貴各屬亦俱畏法奉公竭力彌補　臣徧細確查密訪大約全數清完者十居其半其餘亦完至六七分四五分不等約計來年便可徹底清楚儻有必不能完者　臣自當嚴行參究斷不敢隱徇姑容自干罪戾所有清釐甘屬虧空現今彌補分數緣由謹先據實奏
聞伏祈
皇上睿鑒謹
奏

知道了彌補之數何不詳奏耶

乾隆四年十月初二

138. 甘肃巡抚元展成谨请将夏朔二县及平罗未被灾村庄银粮再行宽免一半折

乾隆五年九月二十四日（1740 年 11 月 13 日）
（奏折档）

朱批：知道了有旨谕部

138. Memorial to the throne, presented by Yuan Zhancheng (Governor of Gansu Province), reporting the matter of deducting 50% of the taxes on farm lands again for the villages which were not hit by the disaster in Xia County, Shuo County and Pingluo area.

Sep. 24, the 5th year of Emperor Qianlong of Qing Dynasty
(Memorial to the throne kept in the file)
Emperor's comment in red on the memorial: Known. My edict has been sent to the Department.

甘肅巡撫臣元展成謹
奏為密奏請
旨事竊查寧夏被災之後荷蒙
天恩再造有加無已將寧夏寧朔平羅新渠寶豐五
縣乾隆四年應徵地丁及糧米草束雜稅等項
悉行豁免所有舊欠亦予蠲除復將五年夏朔
平三縣額徵銀糧草束連邀
恩免
皇仁稠疊浩蕩難名固已家登衽席之安人慶生成
之
賜惟是瘡痍甫起戶鮮蓋藏其平羅本年被水被旱
之處業經

題報將來若照分數成例蠲免尚恐災民未免拮

据仰懇

皇上特恩將銀糧草束槩予全免至未被災之村莊

及夏朔二縣前被震災較重雖兩年以來均屬

有收而工役繁興人夫雲集米糧物價猝難平

減臣察看情形元氣未能全復尚須加意培養

如蒙

聖主格外恩慈將夏朔二縣及平羅未被災村莊辛

酉年額徵銀糧草束再行寬免一半則民力益

紓盈寧有慶永享樂利於無疆矣臣面商督臣

尹繼善意見相同理合密奏請

旨是否可行伏祈

皇上睿鑒謹

奏

知道了有旨諭部

乾隆五年九月二十四日

乾隆朝上谕档摘录

一、乾隆三年十二月九日内閣奉

上諭　據寧夏将軍阿魯等奏稱　寧夏地方十一月二十四日戌時地動　滿城官兵房屋盡皆塌坍等語　朕心深為軫念　所有城内官兵人等作何加恩賑恤之處　著該将軍作速查明一面奏聞一面辦理　其各處被災兵民人等著該地方官即行查明　一體賑恤　邊地寒冬　務令安妥毋致一夫失所　欽此

二、乾隆三年十二月十三日

辦理軍機大臣奉

上諭　前據寧夏将軍阿魯奏報　寧夏地方於十一月二十四日戌時地動朕心軫念　已降旨令将軍督撫等加意撫綏安挿　無使兵民失所今據阿魯續奏　是日地動甚重　官署民房傾圮兵民被傷身斃者甚多文武官弁亦有傷損者朕心甚為惨切惟有敬凛

天變深自修省著兵部侍郎班第馳驛前去即於明日起程動撥蘭州藩庫銀二十萬兩會同将軍阿魯并地方文武大員查明被灾人等逐户賑濟急為安頓無使流離困苦其被壓身故之官弁著照廵洋被風身故之例加恩賜賞恤典其動用銀両該部另行撥补再寧夏附近之州縣被灾者著班第會同地方文武大员一體查賑無得遺漏　欽此

三、乾隆三年十二月十三日

辦理軍機大臣奉

上諭寧夏地動揔兵楊大凱視為泛常怠忽殊甚已降旨交部嚴加議處其揔兵员缺著大學士查郎阿於通省揔兵内揀選賢能之员調补速令前往辦事其所遺员缺即著遥行題署阿魯親率官兵前往料理弹壓所辦甚属可嘉著交部議叙喀拉同山著交部議叙其派往之滿洲官兵著班第查明從优賞賚欽此

四、乾隆三年十二月二十五日

内閣奉

上諭寧夏地方十一月二十四日地動後揔兵官署火起聞印信被火銷化著該部速行鑄就頒发所有王命火牌勘合劄付等件該部一併查給欽此

五、乾隆四年正月

兵部右侍郎班第等奏寧夏陟遭地震滿漢各營軍器損壊仰懇聖恩准其動支正項錢粮照數補造以備營伍之用一摺奉

諭旨著照所請行該部知道俱別記檔

六、乾隆四年正月初七日

内閣奉

上諭據大學士查郎阿廵撫元展成奏稱寧夏為甘省要缺且現有賑濟要務经臣等將西寧府知府臧珊題明委署臧珊才識幹練辦事勇往若以之調補寧夏府於地方可有裨益等語臧珊著照查郎阿等所請調補寧夏府知府其西寧府员缺即將新用寧夏府知府之申夢璽补授欽此

乾隆四年正月初七日奉旨依議欽此

七、乾隆四年正月二十日

内閣奉

上諭上年十一月寧夏地動民人被灾甚重朕聞奏即遣大臣星馳前往会同督撫将軍等加意賑恤並籌畫撫綏安輯之計日来伊等陸續奏到正在多方經理以濟灾黎朕思民人等困苦播遷之後縱能勉力耕耘豈能復輸租稅著将寧夏寧朔平羅新渠寶豐五縣本年應徵地丁及糧米草束雜稅等項悉行豁免如有舊欠亦著蠲除倘附近州縣有被灾之處應加恩免賦者著欽差及督撫等查明奏聞請旨欽此

八、乾隆四年正月

大學士仍管川陝総督查郎阿等敬籌寧夏善後事宜請照依甘肅土方之例稍增捐欵等因

一摺奉

硃批大學士等密議具奏欽此

查寧夏被災兵民巳蒙

特遣大臣會同督撫将軍動帑发穀加意賑恤又奉恩旨将被災州縣本年應徵錢粮及一應舊欠等項悉行豁免為目前計巳备極周詳但城郭倉庫衙署兵民房屋渠道以及軍装器械皆須次第修舉劳費叢繁料理匪易今該督等會奏請照甘省土方之例稍增欵項开捐並称地方凋瘵巳極雖多費帑金不若財貨之自至者為有益

于寧民等語臣等查捐納一項雖巳于乾隆元年正月内欽奉

諭旨交九卿會議停止惟酌留捐監一欵以為各省一時岁歉賑濟之用續又奉

旨将贖罪一條仍照舊例辦理其餘各項事例俱一概停止然時有緩急事有經權寧夏地震實属非常之災如果开捐有益亦自不妨變通若徒冒捐納之名而終鮮利濟之實将复請增欵復請展限紛紛攘攘徒滋物議則甚無取也伏念我

皇上心殷保赤蠲免賦稅巳不可數計邊防重地又豈惜數百萬帑金以惠此兵若民即該督撫等以為開捐有益者亦原為商賈因此易扵招集財貨因此易扵流通並非欲僅藉捐項以充費用也今若祇令捐納人等前往寧夏交納銀两該省以所收銀两发為各項費用是與官发之

帑金何異所称商賈不招自至寧民不賙自足窃恐非開捐事例交銀在官即能驟致此效也况查从前甘肅土方捐例自雍正十年七月起至乾隆元年春季止秪收過銀十三萬二千餘两二色粮十五萬二千餘石今即照此例並增欵捐納縱加數倍收获其為益幾何應将该督等所請开捐之處毋庸議其本省各省紳衿冨户中如有情願携貲前赴寧夏賙邺災民招集人户捐辦工程凡有益地方等事此意急公尚義之舉並非捐纳可比應令呈明该督撫衙門即照所呈准其辦理仍飭地方官善為看視督撫等核實具題請

旨照楽善好施例交部从优議叙分别録用俾冨人樂于趋事寧郡亦淂以相資是或財貨自至之一法至若生聚教養以為培植通商恵工以来財貨凡有應行之良法该督撫自應随時随地加意料理可也伏候

聖訓

乾隆四年正月二十六日奉

旨依议 钦此

九、乾隆四年正月二十七日

旨據侍郎班第等奏称寧夏所有滋生本銀二萬两又利銀八千餘两俱巳借給官兵請分為五十个月扣完但現有應扣駝價及借支藩庫收拾軍器銀兩應請将此二項應扣之銀暫行停止等語此次寧夏地震甚重與尋常被灾者

不同朕心深為憫念前已降旨将寕夏賓豐新渠等處新徵舊欠俱行豁免其滿洲官兵所有應扣駝價及借支藩庫收拾軍器二項銀共一萬九千八百餘両悉着豁免至所借生息銀兩可分為五十個月扣清但生息銀兩係永遠裨益之項不可空缺今因一時急需借給官兵著班第等将動用何項銀両即行照數補足以資生息之處妥議辦理奏聞餘俱照班第等所請行　欽此

十、乾隆四年正月二十八日

内閣奉

上論據欽差侍郎班第大學士查郎阿等奏称原任提督俞益謨之子中衛縣武生俞汝亮因見寧夏地動民人困苦情願捐出制錢二千串銀一千兩羊一百五十隻當舖内所存皮棉夹衣二千九百八件以為灾黎療饑禦寒之用臣等已将銀錢衣服等件擇民人之極貧者按名散給理合奏聞等語俞汝亮誼敦桑梓念切灾傷好善樂施急行極濟俾窮民免於凍餒甚屬可嘉著従优授為守偹交與大學士查郎阿以相當之缺即行題補　欽此

十一、乾隆四年二月初九日

内閣奉

上論寧夏地方被灾已降旨多方賑邺此時正值春耕之際百姓當盡力於南畝以兾有秋但為被灾之後伊等牛種力量不足著該大臣等轉飭有司作何商量資助之處速行辦理一面奏聞侍郎班第奉差寧夏其一切賑濟及應辦事宜目前已定有規模俟新督鄂爾達到彼講論明白交伊陸續辦理大學士查郎阿起程入都時班第一同前来欽此

十二、乾隆四年三月初六日

內閣奉

上諭：前岳鍾琪派撥寧夏官兵一千名移駐涼州旋因駐涼兵丁巳足敷用将此兵撤回所有領賞銀一萬七千兩欽奉

皇考諭旨暫免追缴俟大軍凱旋之後再行奏聞請旨

今大學士查郎阿具奏請旨前来朕思兵丁等所領賞銀歷年已久此時料難缴還况寧夏地方去冬震被灾尤當加恩撫邺此所欠應缴銀一萬七千兩悉著豁免。該督等可即出示曉諭衆兵知之欽此

十三、乾隆四年三月初八日

内阁奉

上論攄大學士查郎阿等奏稱寧夏鎮標分發各當生息銀兩自上年地震後查被灾甚重之各當舖所領生息夲銀共計八千五十七兩零其雖經被灾貨物未致全失之各當舖所領生息夲銀共計四千五百四十兩零可否分别加恩寬恤謹此請旨等語朕念寧夏此次地震商民同時受灾深為憫惻著将被灾甚重各商所領八千五十七兩之夲銀併利銀俱著豁免其被灾之稍輕各商止令交還所領夲銀四千五百四十兩所有應交利銀悉著豁免至此項豁免銀兩有関兵丁緩急之需不便缺少著在蘭州藩庫内照数撥補足額以資生息俾兵民一體均霑恩澤欽此

大學士仍管川陕總督查郎阿等為查明寧鎮分厗各當舖生息銀兩請分别被災輕重酌與寬恤等因一摺奉

旨軍機大臣等議奏欽此

查寧夏鎮標生息銀兩據稱从前分厗寧夏等處各當舖營運生息所有乾隆三年冬季利銀尚未交納自地震後查

未被焚燒之寧夏各當舖共領本銀二千四百四十一兩零寧朔縣各當舖共領本銀二千九百十九兩零雖係被災貨物未致全失可否仰邀圣恩将伊等未交利銀免其交納止令将原領本銀照數交還至於房屋倒塌又被火燒水淹之寧夏寧朔平羅寶豐等縣各當舖共領銀八千五十七兩零伊等人口家資俱被焚溺可否仰邀圣恩将伊等未交利銀免其交納止令将原領本銀照数交還至於房屋倒塌又被火燒水淹之寧夏寧朔平羅寶豊等縣各當舖共領銀八千五十七兩零伊等人口家資俱被焚溺可否仰邀聖恩将伊等原領本銀及未交利銀一併豁免等語

臣等公同酌議寧夏地震被災本重今既據該督等查明領有生意息銀兩之各當舖人口家資俱被焚溺者一百七家所領生息本銀共八千五十七兩零已属無从著追之項應請加恩将所欠本利銀俱行豁免其雖經被災貨物未致全失之當舖六十一家所領生息本銀共四千五百四十両零自應令其照数交還至未交之利銀伊等于被災之後資本折耗原属實情應請

加恩一併豁免又據称該鎮標生息本銀請照数在於蘭州司庫添給足額等語查寧夏将軍衙門生息銀両已奉

諭旨生息銀両係永遠裨益之項不可空缺著班第将動用何項銀両即行照数补足以資生息之妥議辦理奏聞欽此

欽遵今寧夏鎮標所有生息本銀懇

恩豁免之項自不便令其空缺應如該督等所請照数在于蘭州藩庫内添給足額以資生息臣等

謹擬寫

上諭一併進

呈

御覽恭候

欽定頒发

十四、乾隆四年四月初七日

内閣奉

上諭朕御極以來仰體

皇考誠求保赤視民如傷之至意廣咨博訪庶幾民瘼得以上聞至於水旱災荒尤關百姓之身命更属朕心之所急欲聞知而速為經理補救者是以数年中頒發諭旨不可勝数務令督撫藩臬等飛章陳奏不許稽遲亦不許以重為轻絲毫紛餙倘或隐匿不陳或言之不盡朕从他處訪聞必将該督撫等加以嚴譴盖年歲豊歉本有不齊之数惟遇灾而懼盡人事以挽之自然感召

天和轉祸為福若稍存諱灾之心上下相蒙其害有不可勝言者是以孜孜不怠惟恐民隐不能上達即天下想亦洞悉朕心矣乃昨冬寧夏地動灾傷甚重朕聞奏即宣示於外特遣大臣馳驛前往會同該督撫将軍地方官等逐户賑濟安揷撫綏毋使一夫失所且不惜帑金数百萬両以為招集流移缮完室廬之費此皆明降諭旨者彼時都統弘昇奏稱寧夏地動情形發抄時宜從簡畧恐有好事小人借端捏造煽惑愚民等語此奏識見甚属褊小朕不以為然但其中有軍機要務恐似此传播於外之語是以朕令内閣識之盖謂國家政務原有應密之件如事関軍機查挐要犯皆不可不密以防泄漏别生事端至於旱潦飢饉灾祲之類則断断不應密者即数十年來亦從無删减情莭發抄者乃内閣誤将

弘昇此奏播传於外一似朕俞先彼言者近日朕始聞之因思此奏传播各省督撫等必致錯認以朕心諱言灾傷始而觀望继而欺隐則黎元将何以得受國家賑恤之恩即是朕力行而猶恐未逮者将轉而為改絃易轍之舉豈朕之初志弘夫民瘼所関乃國家第一要務用是特頒諭旨通行宣示嗣後督撫等若有匿灾不報或删减分数不據實在

情形者経朕訪聞或被科道糾叅必嚴加議處不少寬貸該部即遵論行 欽此

十五、乾隆四年六月初四日

内閣奉

上論據川陕揔督鄂彌達奏報甘省郡縣有雨澤不敷之處而寧夏亦在缺雨之内朕思寧夏當去年地動灾傷之餘又值今年旱乾之厄吾民何能堪此夙夜焦勞切加修省仰冀感召

天和該地方督撫有司更當恐懼警惕勤修人事以消灾沴而撫邺安全之策也當先事預籌方為有備無患至于一方之中灾荒叠見

天心仁愛斷未有無端降罰者九爾小民亦當思所以致此之由或平日人心邪僻風俗澆漓或于地動之後不知悔過省愆而轉有怨天尤人之意有一于此皆足以上干

天怒垂象示儆該督撫等當以至誠之心勤勤懇懇宣論勸導俾羣黎百姓各矢天良努力向善以為弭灾求福之本易曰作善降之百祥其理固有斷然不爽者思之勉之欽此

十六、乾隆四年七月初六日

内閣奉

上論據鄂彌達元展成奏稱甘省五月以來連得大雨間有山水衝壓及雨中帯雹之處如秦州屬之秦安縣涼州府屬之平番縣有被水淹浸之邨庄又西寧渭源河州三州縣有被雹災之邨庄又階州寧遠秦州隴西伏羌會寧臯蘭等處亦被雹傷約二三分不等又武威古浪永昌等處有水衝淤壓之田畝現在分别撫恤俟騐勘是否成灾再行題報等語朕念甘省灾傷之餘即使年穀順成尚恐地方未有起色今復有此被水被雹之事朕心實切惶悚著該督撫董率有司加意料理毋使一夫失所雖據該督撫奏稱此數州縣中被灾者不過邨庄幾處即一邨之内亦輕重不等但一州縣中既有被灾之所則通州縣内料必不能十分豊　米糧未必寬裕必須格外加恩閭閻始能樂業著将凡被水雹之州縣不論成灾不成灾所有乾隆四年應徵地丁錢糧悉行寬免以示优恤甘民至意 欽此

十七、 乾隆四年九月二十六日

内閣奉

上論據鄂彌達元展成奏稱西寧府屬之碾伯縣寧夏府屬之靈州中衛縣俱續有被水被雹之處又碾伯平畨西寧三縣乾隆三年分額徵並節年一切借項前經奏明緩至本年催徵今查各該縣夏收除被災處所其餘俱有七八分收成但上年已經被雹被虫收成僅在五分以上平畨現在採買供支駐莊滿兵糧草西碾二邑亦因倉儲缺少正需採買積貯今積年應完各項為數繁多若一時併徵民力不無竭蹷請将三縣今年所借籽種口糧於秋收後照數徵收其舊欠分年帶徵等語朕因秦安等十五州縣俱有水雹偏災業經降旨特加优恤将本年應徵銀糧草束分别蠲免今碾伯靈州中衛亦有被災之處而碾伯上年已屬歉收靈州中衛又當寧夏災傷之後著将此三州縣應徵銀糧草束與秦安等州縣一體加恩分别寬免其碾伯平畨西寧三縣所有三年分額徵並節年借項著於庚申年起分作三年帶徵以紓民力 欽此

十八、乾隆四年九月二十六日

川陕總督鄂爾達等奏為奉免秦安等州縣錢粮應否将本色一例蠲免並碾伯等縣借欠各項分年帶徵等因一摺奉

硃批大學士等密議具奏欽此　　據鄂爾達奏稱本年七月内欽奉
上諭將秦安等十五州縣乾隆四年應徵地丁錢粮悉行寬免自應照例止免地丁銀両但查甘省州縣多係衛所改設每年額徵本色多而折色少其河西各属除丁銀之外全徵本色且敬繹悉行寬免以示优恤之恩
旨深恐奉行錯誤謹將秦安等十五州縣民戶額徵銀粮草暫行停徵應否豁免請旨遵行至屯地應納粮草於乾隆元年欽奉
上諭嗣後蠲免之年將屯戶應徵之粮草蠲免三分之一永著為例等因欽遵在案今此十五州縣之屯地粮草似應照例遵行等語　查甘省秦安等十五州縣乃村庄水雹偏災仰蒙皇上軫念甘民以一州縣中既有被災之所則通州縣内料必不能十分豐收將本年應徵錢粮悉行寬免實係
加恩格外今該督等以甘省州縣額徵本色多而折色少其河西各属全徵本色應否將銀粮一概豁免等語臣等查甘省奉免錢粮各州縣内額徵多係本色如平番縣本色粮八千五百餘石地丁銀一百四十餘両武威縣本色粮四萬三千六百餘石地丁銀四百六十餘両古浪縣夲色粮六千五百九十餘石地丁銀六十餘両永昌縣夲色粮一萬一千二百四十餘石地丁銀一百三十餘両西寧縣祇有夲色並無地丁亦無折色此次欽奉恩旨若只免地丁銀両則應免之数甚微且祇有夲色並無地丁之州縣窮黎不能一體沾被
皇恩但額徵之夲色粮料草束又未便一概蠲免伏查乾隆元年五月内欽奉
上諭甘省从前多係衛所管轄屯戶其屯戶額徵悉係粮料草束為兵丁必需之物是以蠲免地丁此項不在蠲免之内惟雍正十年
皇考格外加恩將民戶屯戶應徵各色粮草一概豁免此从古未有之曠典也朕意民屯均為赤子所當一視同仁兵食或有不敷再當别為籌畫嗣後遇有蠲免地丁之年著將屯戶應納之粮草蠲免三分之一永著為例欽此欽遵在案臣等公同酌議應將秦安等十五州縣除地丁折色銀両全行豁免外其夲色粮草照屯戶例蠲免三分之一所有十五州縣内之屯地糧草亦照例蠲免三分之一則民戶屯戶與祇徵本色並無地丁之各州縣窮黎均得普沾
恩澤而遵奉前後
諭旨辦理俱属相符矣
又奏稱西寧府属之碾伯縣寧夏府属之靈州中衛俱有被水被雹之處而碾伯上年亦属歉收靈州中衛又當寧夏灾傷之後似應　此三州縣銀粮草束一體仰邀
恩免又平番西寧碾伯各州縣上年巳俱被雹被虫收成僅在五分以上况平番現在採買供支駐莊滿兵糧草而西碾二邑向来倉儲缺少正須設法採買以偹積貯今積年應完各項為數繁多若一時併徵民力不無竭蹷伏懇
皇上恩外加恩准將西碾平三縣今年所借籽種口糧於秋收後照数催徵其餘舊欠請自庚申年起分作三年帶徵等語——查碾伯一縣當連年歉之後靈州中衛又經寧夏灾傷今既據該督撫續行查明復有被水被雹各情形與秦安等十五州縣相同應將此三州縣額徵銀糧草束與秦安等州縣一體邀
恩令該督撫照例辦理至平番西寧照碾伯三縣乾隆三年分額徵並節年借欠各項經該撫奏明俱緩至夲年催徵在案今據該督撫等奏稱各該縣歉收之後又有採買供支倉儲積貯等事若將應完各項新舊並徵民力不無竭蹷臣等仰體
皇上优恤甘民之至意公同酌議亦應如所請除將本年所借籽種口糧照数徵收外其餘一切舊欠自庚申年起分作三年帶徵則民力寬舒益仰戴
皇仁於無既矣查蠲免本色出自
特恩緩徵帶徵之項係該督撫應行奏請之事臣等
謹分擬

上諭二道一併進
呈恭候
欽定頒發謹
奏
乾隆四年九月二十六日奉
旨知道了 欽此

十九、乾隆四年十一月二十九日

内閣奉
上諭上年寧夏地震之後朕日夕憂思多方籌畫一年以來陸續經理地方漸有起色朕心稍慰嗣後加意休養方能培復元氣著将寧夏寧朔平羅三縣額徵銀糧草束再寬免一年以滋生息以裕盖藏著該部即遵諭行 欽此

二十、乾隆四年十一月二十九日

内閣奉
上諭寧夏供支滿兵糧草向係每年採買散給共計白米一千五百餘石粟米七千餘石草一十三萬餘束其所定部價白米粟米每石價銀一兩草一束價銀一分今聞該地方自上年被灾之後新寳二縣田地被水淹浸不能耕種已少産米糧數十萬石目下糧草之價日覺昂貴所定官價不敷採辦勢必貽累小民著将乾隆五年應支滿兵糧草白米每石加銀一兩粟米每石加銀五錢每草一束加銀一分如此則價值增添官民易於辦理但係格外之恩後不為例該部可即行文該督撫知之 欽此

二十一、乾隆四年十二月二十一日

内閣奉
上諭據川陕揔督鄂彌達甘肅廵撫元展成奏稱上年寧夏等處陡遇震災旋被水溢摇壊三渠損塌老埂荷蒙天恩多方撫恤同於再造所有委辦各員皆能仰體皇仁實力急公其揔理賑務者則寧夏道今調肅州道鈕廷彩揔理賑務兼督渠工老埂者則寧夏府知府臧珊兼辦賑務渠工者則有裁缺新渠水利通判劉炇隴西縣縣丞髙對試用州同何世寵趙錫穀錢孟揚原任金縣知縣楊駉原任西和縣知縣李壽浵原任金縣知縣劉元藻原任西和縣知縣馬履忠等九人其專辦一事者則有寧夏水利同知費楷等二十一人可否邀恩議叙以示鼓勵等語朕思賑恤灾傷原係地方有司及試用人員職分應為之事但上年寧夏等處之灾非平時水旱可比應将揔理之鈕廷彩臧珊及兼辦賑務渠工之劉炇等九人交部分别議叙後不為例其專辦一事之費楷等二十一人不必議叙該部即遵諭行 欽此

二十二、乾隆五年六月十一日

内閣奉
上諭據川陝總督尹繼善奏稱寧夏地方於四月間屢次微動城垣房屋偶有裂縫歪斜幸未倒塌人口無恙等語前歳寧夏地動為灾民人被傷甚衆朕心軫念多方籌畫經理期登斯民於衽席迨今将及兩載元氣未復而動摇之象仍未止息人情未免驚惶朕心深為憂慮因思
上天仁愛下民降灾示儆自非無因該地方人民果能敬凛
天戒痛自修省斷未有不感格

天心俾其安居樂業者今動象久而未寧或係彼地之人因被灾之後愁困怨懟不知戴
上天垂象示儆之恩而但以流移播遷為苦咨嗟憤歎乖氣致異難以感召
天和亦未可定著該督撫将朕此旨即行傳諭俾各自猛省誠心悛改以為轉禍為福之本思之勉之 欽此

二十三、乾隆五年六月十一日

大學士鄂 張 徐 尚書公訥 字寄
川陝総督 尹
甘肅廵撫 元
奉上諭
據川陝総督尹繼善奏稱四五月間寧夏地復微動房舍俱無坍損已築城垣堅整如故各項工程現在修理等語上年八月間據鄂彌達奏報寧夏新築滿城土牛已经工竣其漢城以及平羅洪廣等處各城堡土牛俱現在次第修築當此地氣尚未大舒間有微動之際若即令包磚誠恐土厚一時難乾磚土不能交合萬一震動難保無虞請将滿漢各城垛墻以及包磚之處暫緩目前待至地氣寧静後次第包砌朕先其所奏近復據将軍都賚奏稱滿城工程将次告竣朕思寧夏滿漢城垣等磚工若已经完竣則已如尚有未竣工程著暫緩修理俟地氣寧静再為興修則工程可以永固爾等可寄信與尹繼善元展成相度情形酌量辦理欽此遵
旨寄信前来

二十四、乾隆五年閏六月初二日

大學士鄂 張 徐 尚書公訥 字寄
甘肅廵撫 元
奉上諭
甘肅廵撫元展成自到任以来從未将屬員賢否逐一陳奏元展成原係貴州廵撫因辦事錯悞革職之員朕因其才尚可用復授為臬司随遷擢廵撫乃伊受朕舉廢之特恩並不刻自奮勉于一切事務殊未見實心實力為國報効之處是何意見爾等可傳旨詢問之欽此遵
旨寄信前来

二十五、乾隆六年正月初二日

内閣奉
上諭陝甘兩省自軍興以来出征兵丁等俱有賞賚而平時製備軍裝噐械等項陸續借支司庫銀五十七萬兩有奇例應在本兵名下按季扣還者除年来已经扣除外西安司庫未扣銀約二萬六千四百餘兩甘肅司庫未扣銀約一十九萬六千餘兩前任總督鄂彌達以現今兵力不敷請緩至五年之後營伍漸充公費稍裕再為扣除部議以五年之内不免再有借支作何辦理行令總督尹继善另行妥議今尹继善議稱此項銀兩應均作五年帶扣如有營伍需用之處亦未便竟不借給應請酌定数目不許過多指定限期不准過久以便随同帶扣等語朕思兵丁等現領之餉僅足供養贍家口之資若将新舊借支之項一併帯扣則所存無幾食用艱難且此項借欠歷年已久若本人更换势必至貽累妻孥及該管之将弁朕心深為憫惻况西陲軍興以来陝甘兵丁備極勤勞而甘省兵丁尤為出力著将借欠未完帑銀二十二萬二千四百餘兩悉行豁免以示朕優恤邊兵之至意 欽此

二十六、乾隆六年正月二十三日

上諭陝西寧夏総兵官員缺朕已将吕瀚補授但寧夏鎮缺甚屬緊要著詢問総督尹継善若吕瀚不勝此任即扵所屬総兵官内揀选一員調補其所遺员缺将吕瀚補授 欽此

二十七、乾隆朝七年六月二十四日

内閣奉

上諭朕臨御天下期扵政簡刑清近来内外各衙門俱無久而未結之案惟有甘肅一省从前屢次軍需前後約四十餘年凡供億经費大端俱已核算奏銷完結惟其中部駁清查核减各欵尚有未楚者即如寧夏則有康熙三十年至三十八年供應進勦大兵及駐劄滿漢官兵喇嘛等案肅州一路則有康熙五十四年至雍正四年辦過大軍需各案又有康熙五十四年至雍正十三年供支出口人員馬駝鍋帳食物等案西寧一路則有康熙五十四年至雍正六年辦過軍需各案又有康熙五十四年至雍正十三年供支出口人員馬駝鍋帳食物等案又有雍正元年勦撫西海用過錢糧等案陝甘二提凉寧肅三鎮則有康熙五十四年至雍正元年拴養馬駝各案以上諸件事歴多年官数數易往返駁詰不但案牘紛繁地方滋擾且使已故之員累及子孫現任之員代人受罰朕心有所不忍用是大沛恩膏将康熙三十年至雍正六年以前未清之項悉予豁除免其究問著追至雍正六年以後之案為時未遠尚易清查著总督尹继善巡撫黄廷桂遴委賢員扵一年限内秉公确查將其中應免不應免者一一分別造具清册該督撫具夲保題到日朕再降諭旨該部可即行文該督撫知之 欽此

二十八、乾隆朝八年閏四月初三日

上諭陝西寧夏滿兵乾隆六七兩年應需粮草前因寧郡地震新渠寶豐等縣倉貯空虚不敷估撥在于平羅縣估撥粮一千七百二十五石草一萬八千三百餘束中衞縣估撥粮一萬六千六百餘石所需脚價因從前無給予之例是以部議未准但寧夏當震灾之後物價昂貴不能概估折色使兵自買故于改支折價之外于附近之中平二縣搭估供支以濟兵食其運價一項势不能免况彼時已經照数運交滿兵支用今若不准找給小民力難賠補用是特頒諭旨将乾隆六七兩年輓運粮草脚價准其找給其乾隆八年滿餉已經循照舊例辦理亦不至遂為成例該部即遵諭行 欽此

议覆

一、乾隆四年三月壬子

○吏部等部議覆⊙ 乾隆四年三月壬子 欽差兵部右侍郎班第疏稱⊙寧夏地震○ 所屬新渠⊙寶豐⊙率成氷海○ 不能建城築堡○ 仍復舊規○ 請將二縣裁汰○ 所有户口⊙ 從前原係招集寧夏寧朔等鄉民人○ 令其仍回原籍○ 有願留傭工者○ 以工代賑⊙ 俟春融凍解○ 勘明可耕之地⊙ 設法安插⊙ 通渠溉種⊙ 其渠道歸寧夏水利同知管理○ 應如所請○ 從之○

二、乾隆六年六月乙亥

○工部議覆⊙乾隆六年六月乙亥 甘肅巡撫元展成疏言○寧夏府城垣衙署倉廒監寧夏道⊙寧夏府⊙理事同知⊙水利同知⊙夏⊙朔⊙二縣⊙寧夏府教授⊙訓導⊙夏⊙朔⊙二縣教諭⊙寧夏府經歷⊙夏⊙朔⊙二縣典史⊙衙署各一所○ 寧夏鎮⊙前營遊擊⊙左營遊擊⊙右營遊擊⊙城守營都司⊙守備⊙衙署各一所○八名移駐○ 應如所請○ 從之○

三、乾隆八年四月癸丑

⊙甘肅巡撫黄廷桂疏稱○ 寧夏府城舊制⊙ 門外原建南北關廂⊙ 自乾隆三年地震倒塌後⊙修築郡城⊙未經一併估建⊙ 又護城濠一道⊙ 亦因地震摇平○ 未估疏濬○ 請復舊制修理○從之⊙

附图

◎ **舆地全图（摘自《平罗记略》，清·道光年）**

编者注：乾隆三年宁夏地震前，宁夏（平罗）山川、河流、城镇分布全图。

◎ **清代宁夏镇、城分布图（摘自《宁夏府志》卷一，清·乾隆年）**

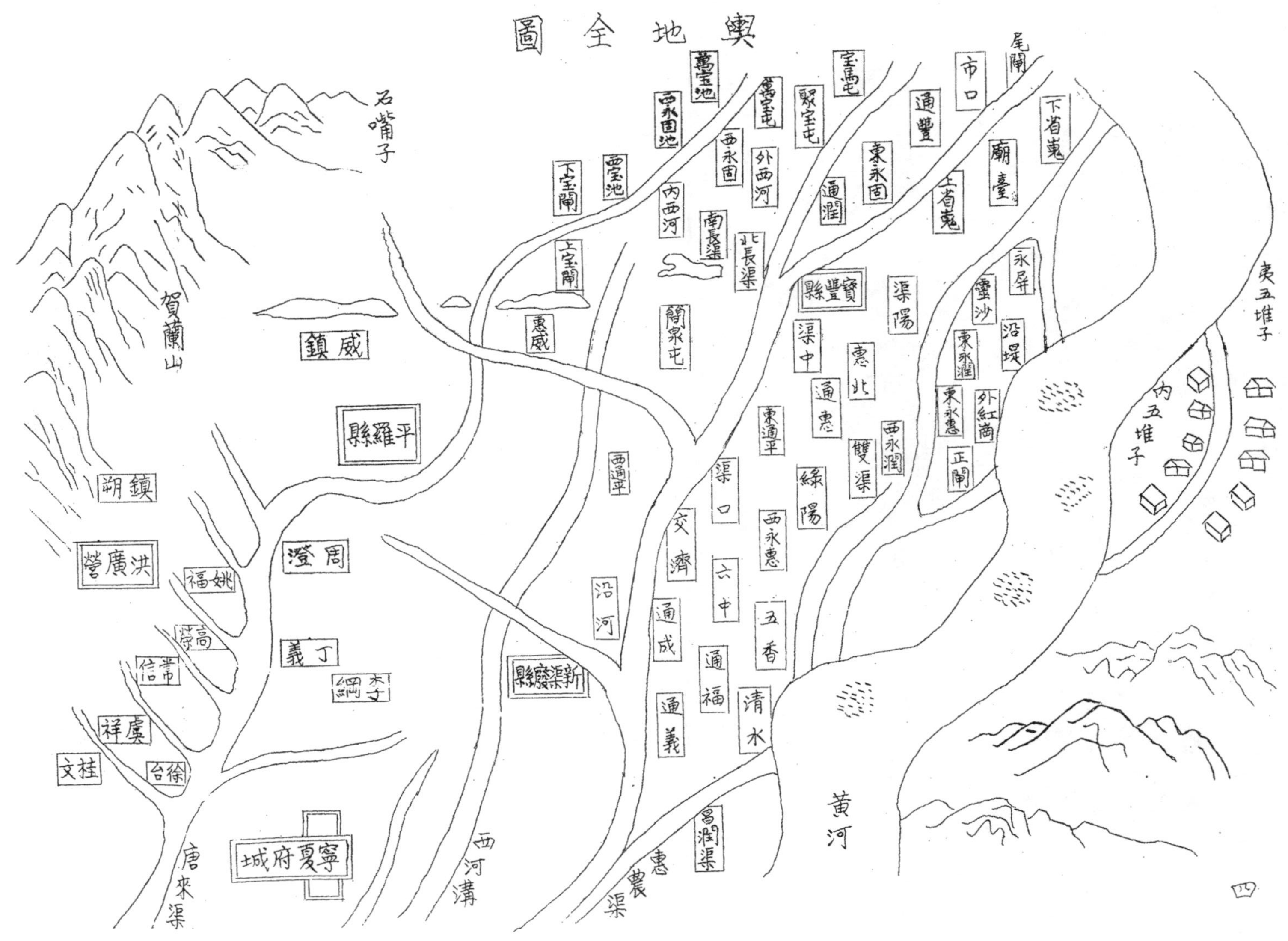
輿地全圖
賀蘭山
石嘴子
威鎮
平羅縣
鎮朔
洪廣營
周澄
姚福
丁義
李綱
常信
虞祥
徐台
桂文
寧夏府城
唐来渠
西河溝
新渠縣
沿河
西通平
寶豐縣
惠威
內西河
外西河
南長渠
北長渠
西永固
東永固
通潤
通豐
市口
尾閘
下省嵬
上省嵬
廟臺
渠中
惠北
通惠
渠陽
永屏
沙
沿堤
東通平
渠口
緑陽
雙渠
西永潤
西永惠
交濟
六中
五香
通成
通福
清水
通義
正閘
黃河
惠農渠
昌潤渠
內五堆子
東五堆子
四

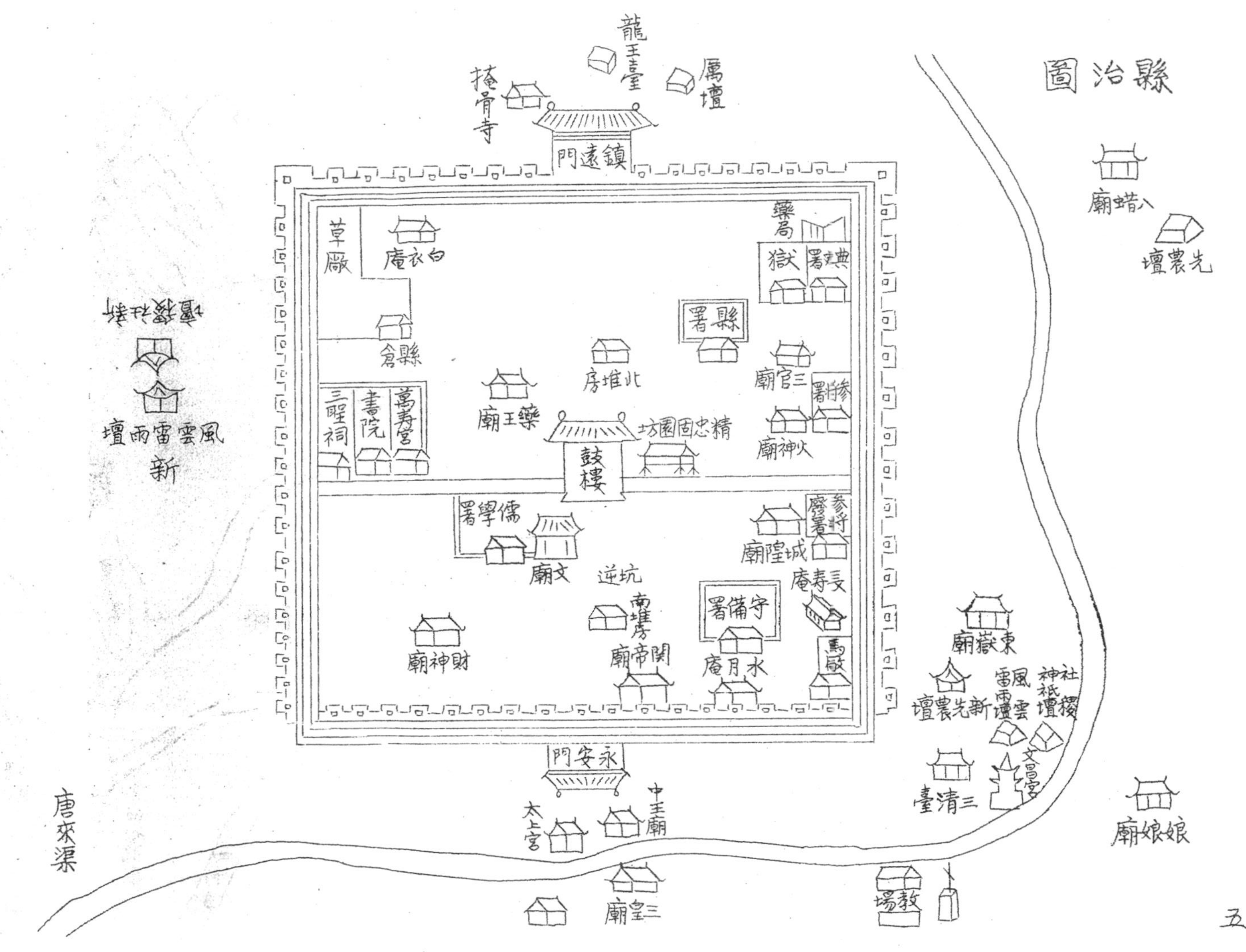

縣治圖
八蜡廟
先農壇
龍王臺
厲壇
掩骨寺
鎮遠門
草廠
白衣庵
藥局
獄
典史署
縣署
縣倉
北堆房
三官廟
參將署
藥王廟
精忠固圉坊
三聖祠
書院
萬壽宮
鼓樓
火神廟
儒學署
文廟
參將署
城隍廟
逆坑
南堆房
守備署
天寿庵
財神廟
關帝廟
水月庵
馬廠
東嶽廟
新先農壇
風雲雷雨壇
社稷神祇壇
文昌宮
三清臺
娘娘廟
永安門
太上宮
中主廟
三皇廟
教場
唐來渠
新風雲雷雨壇
社稷壇
五

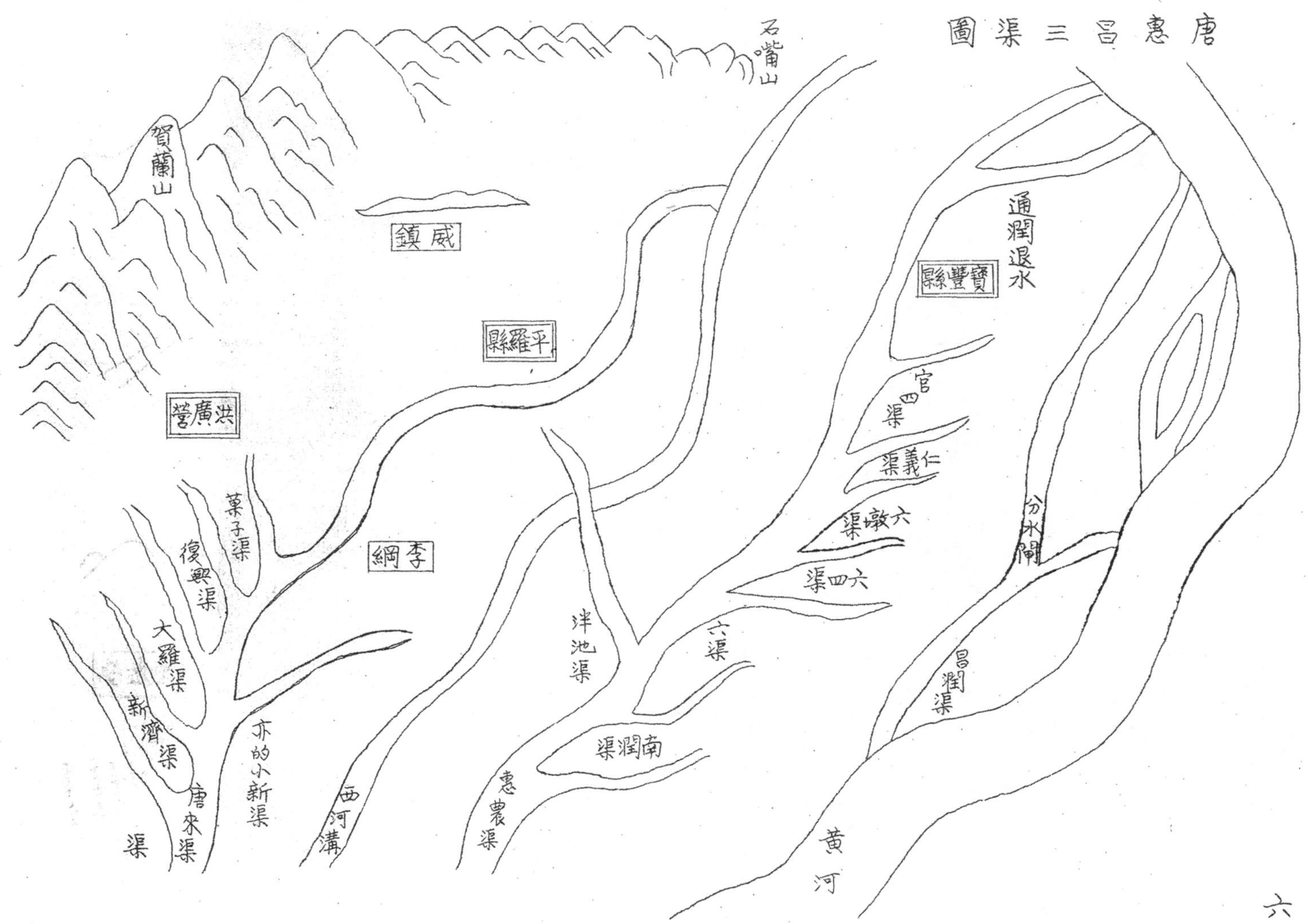
唐惠昌三渠圖
賀蘭山
石嘴山
威鎮
平羅縣
洪廣營
李綱
寶豐縣
通潤退水
官四渠
仁義渠
六墩渠
六四渠
分水閘
昌潤渠
黃河
六渠
洋池渠
南潤渠
惠農渠
西河溝
亦的小新渠
菓子渠
復興渠
大羅渠
新濟渠
唐來渠
渠
六

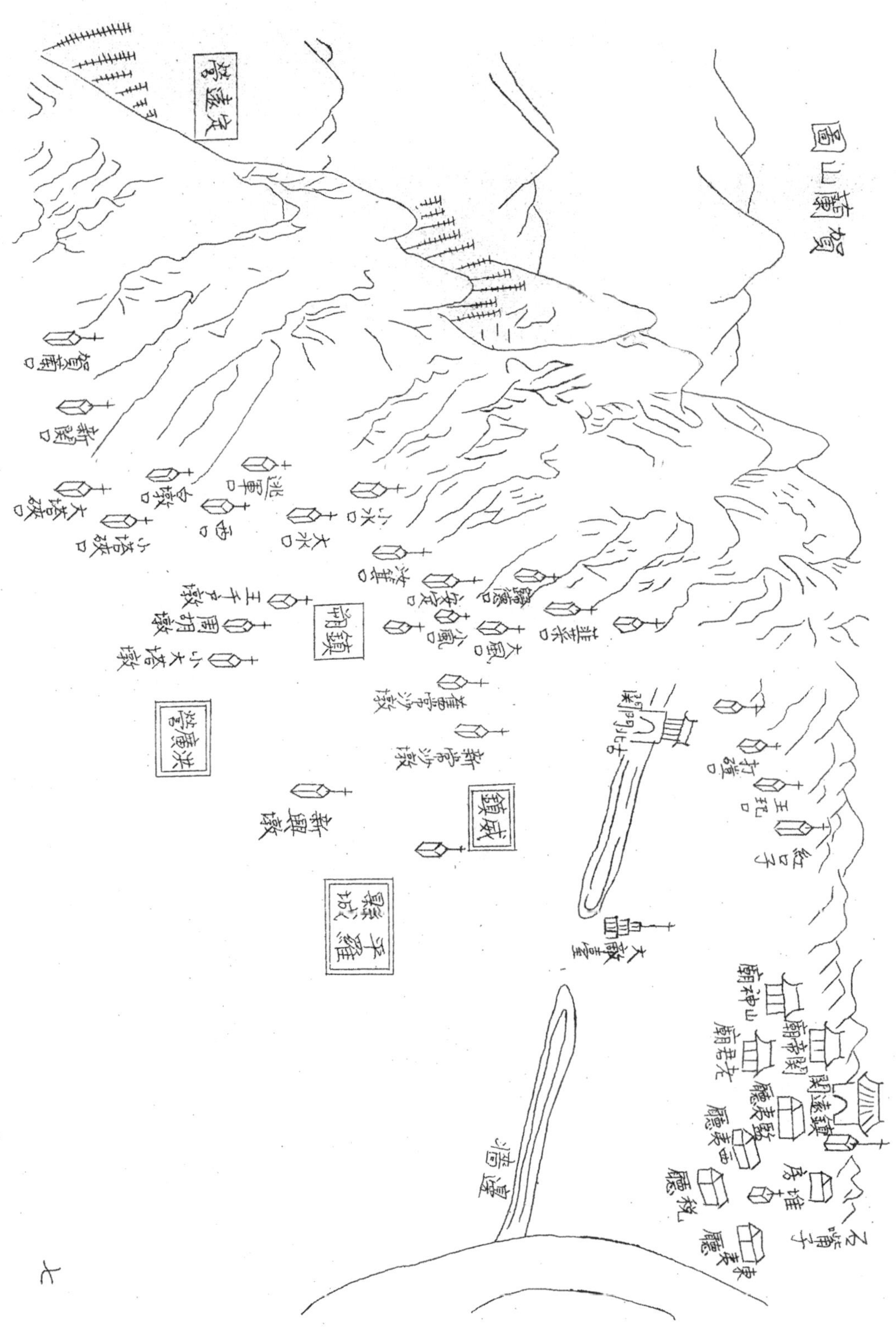

七

清代宁夏镇、城分布图（1）
Distribution map of cities and towns of Ningxia of Qing Dynasty.

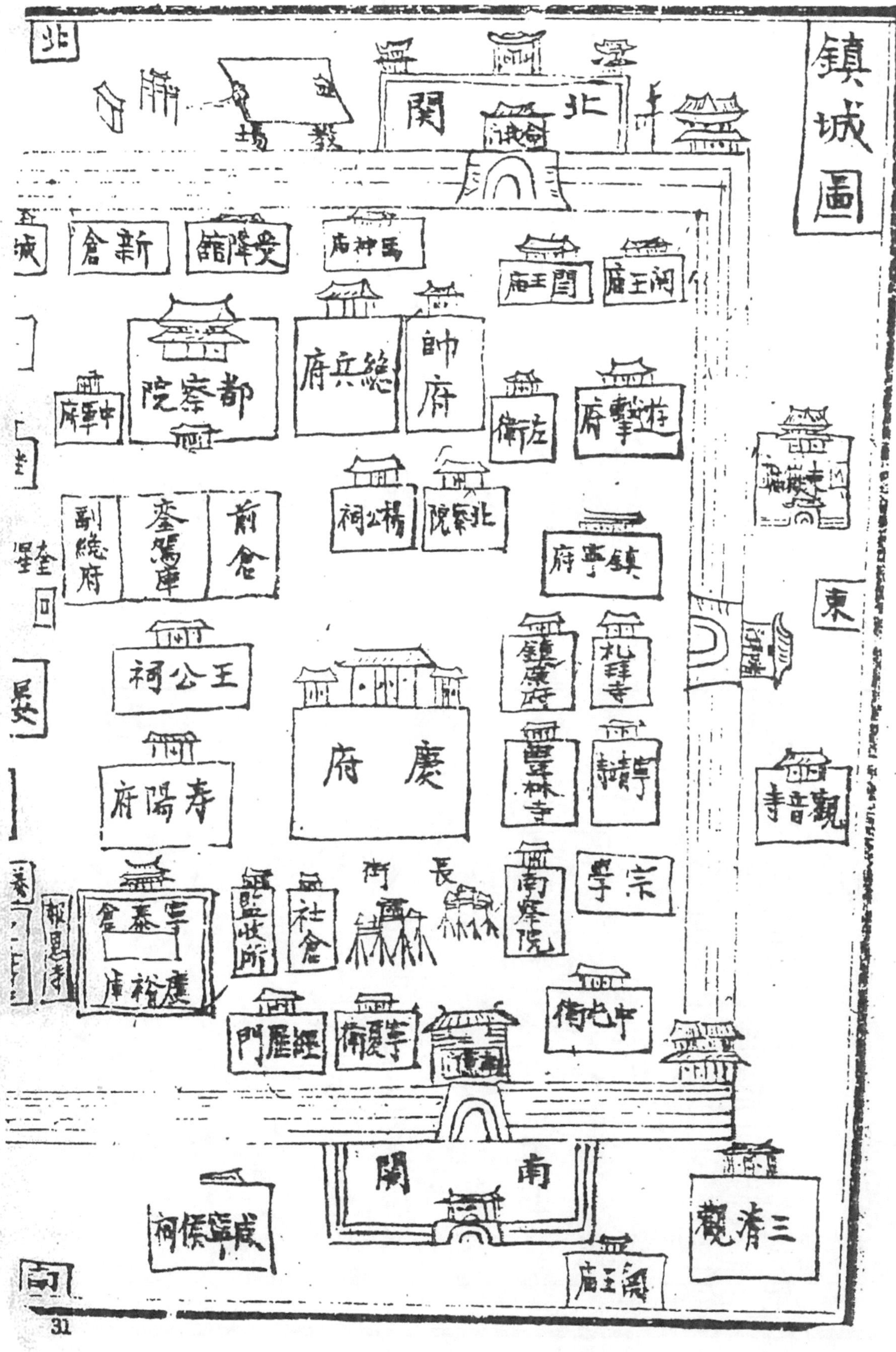

清代宁夏镇、城分布图（2）

Distribution map of cities and towns of Ningxia of Qing Dynasty.

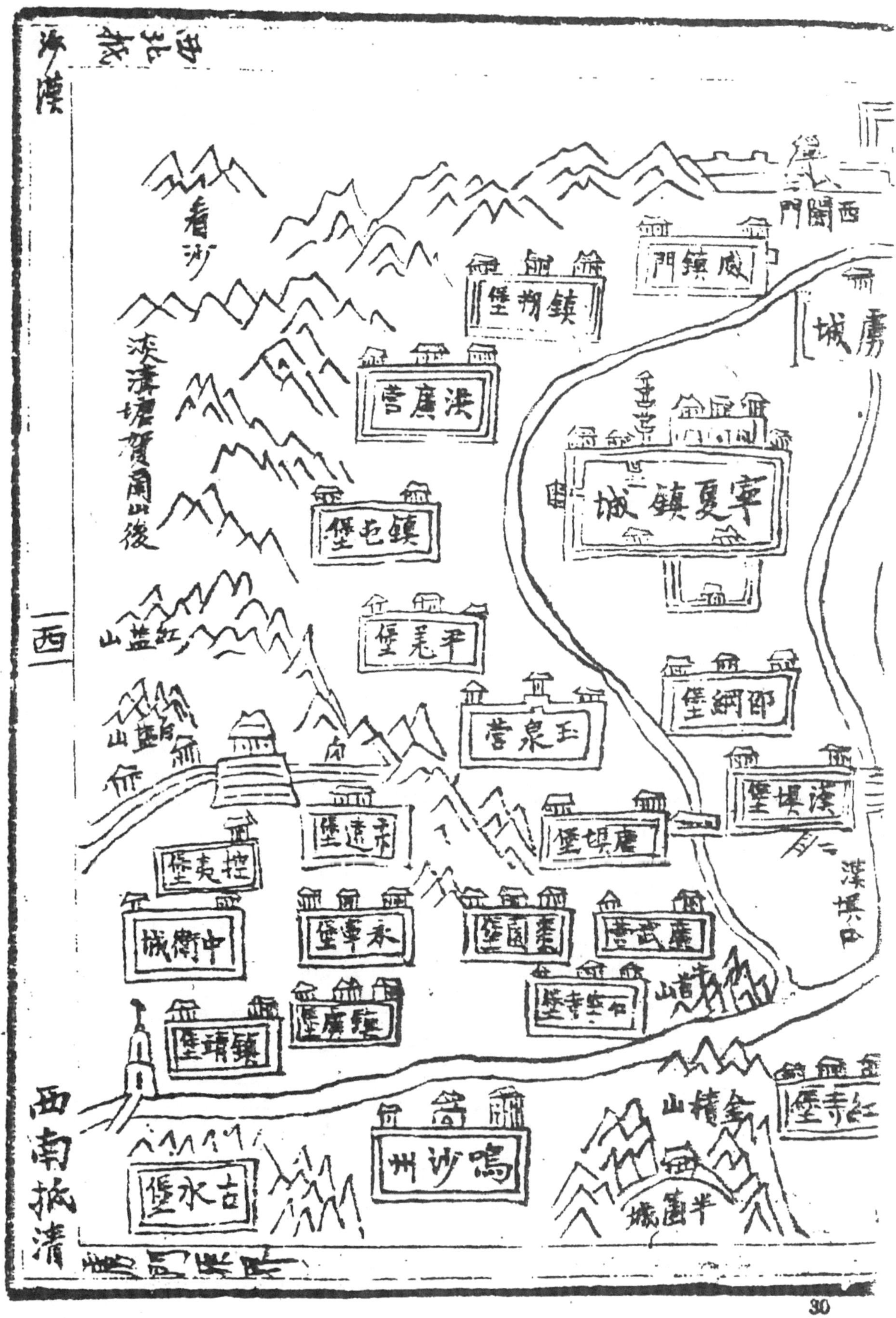

30

清代宁夏镇、城分布图（3）

Distribution map of cities and towns of Ningxia of Qing Dynasty.

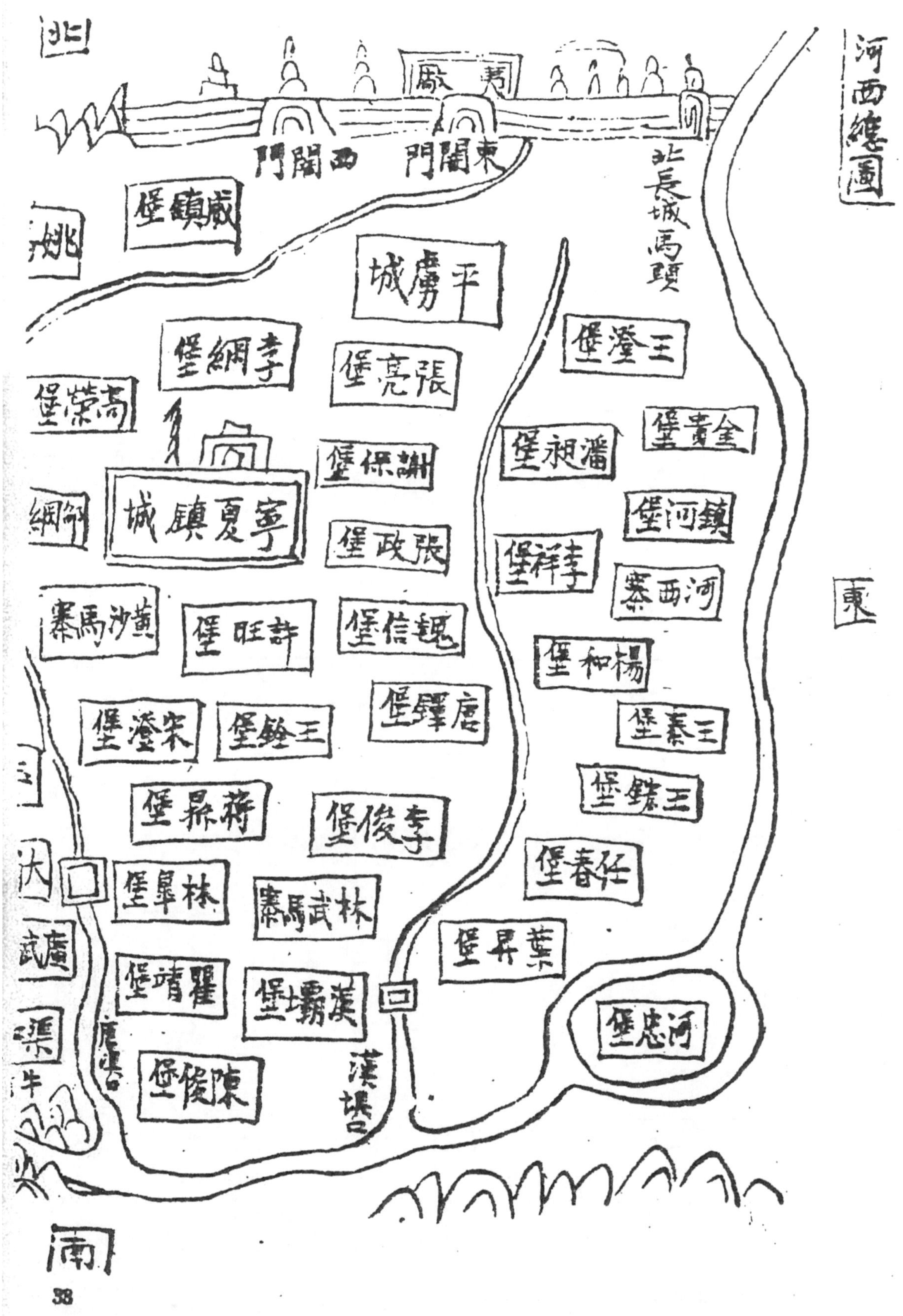

清代宁夏镇、城分布图（4）

Distribution map of cities and towns of Ningxia of Qing Dynasty.

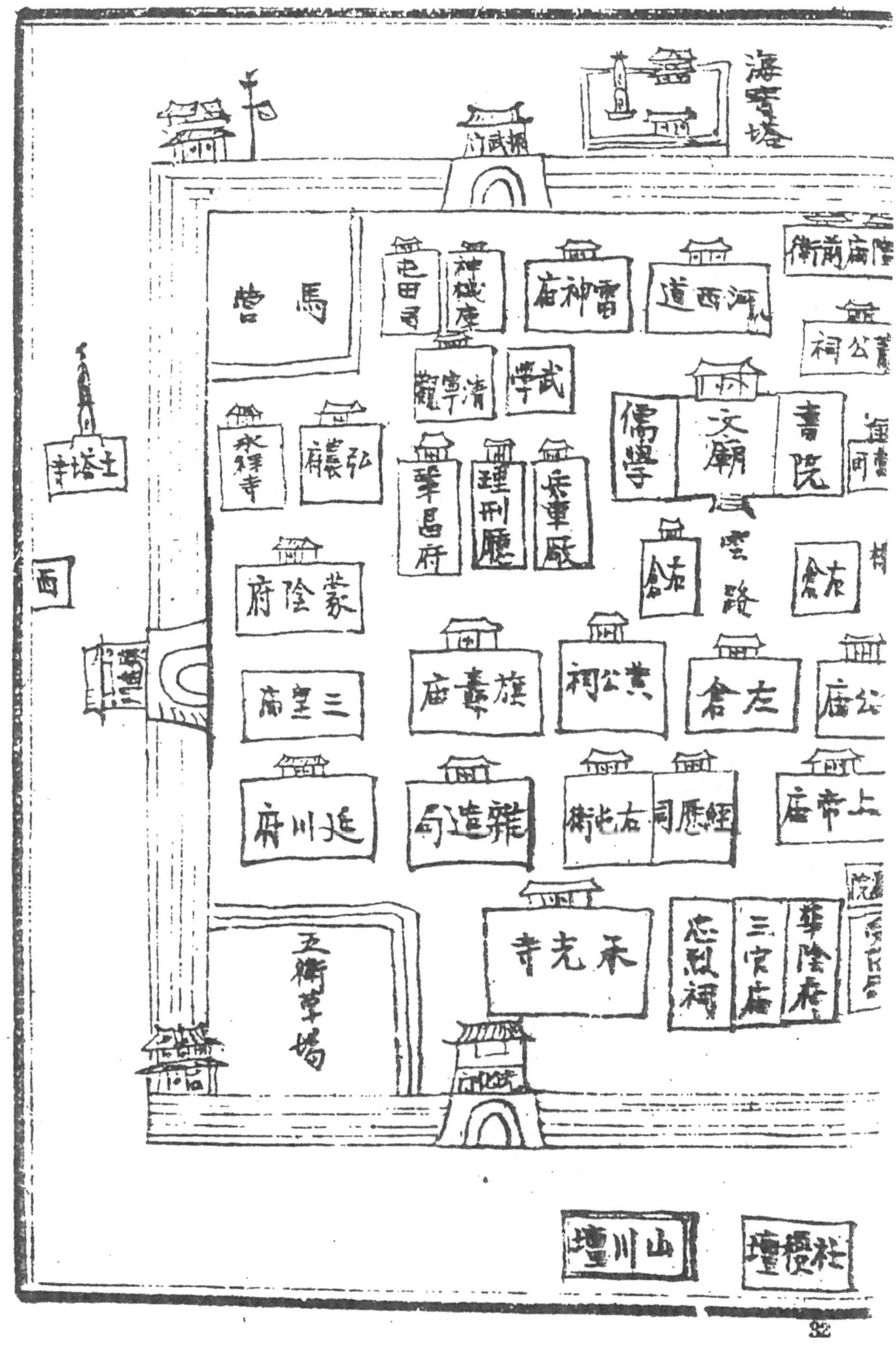

清代宁夏镇、城分布图（5）
Distribution map of cities and towns of Ningxia of Qing Dynasty.

清代宁夏镇、城分布图（6）
Distribution map of cities and towns of Ningxia of Qing Dynasty.

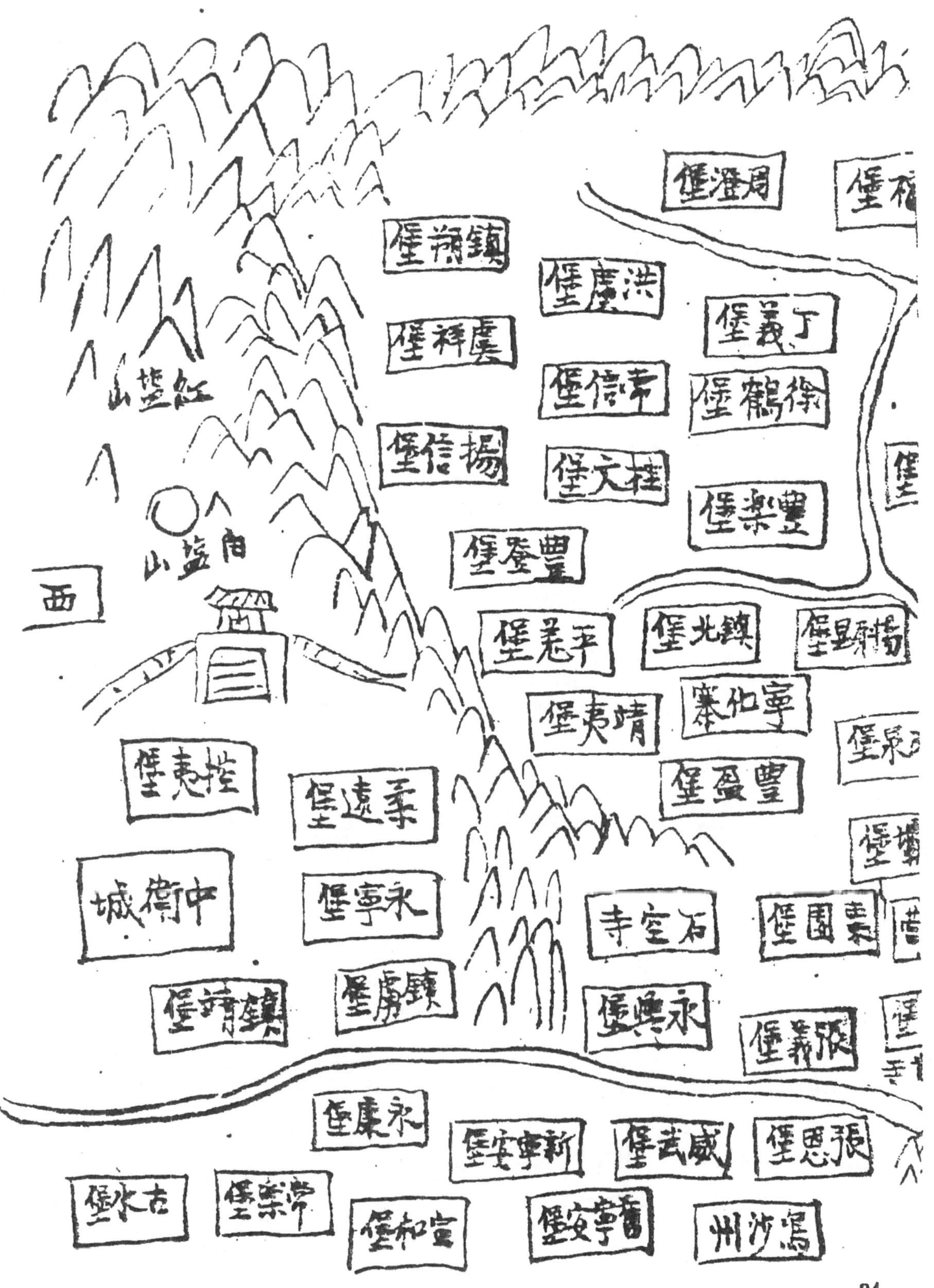

清代宁夏镇、城分布图（7）

Distribution map of cities and towns of Ningxia of Qing Dynasty.

清代宁夏镇、城分布图（8）

Distribution map of cities and towns of Ningxia of Qing Dynasty.

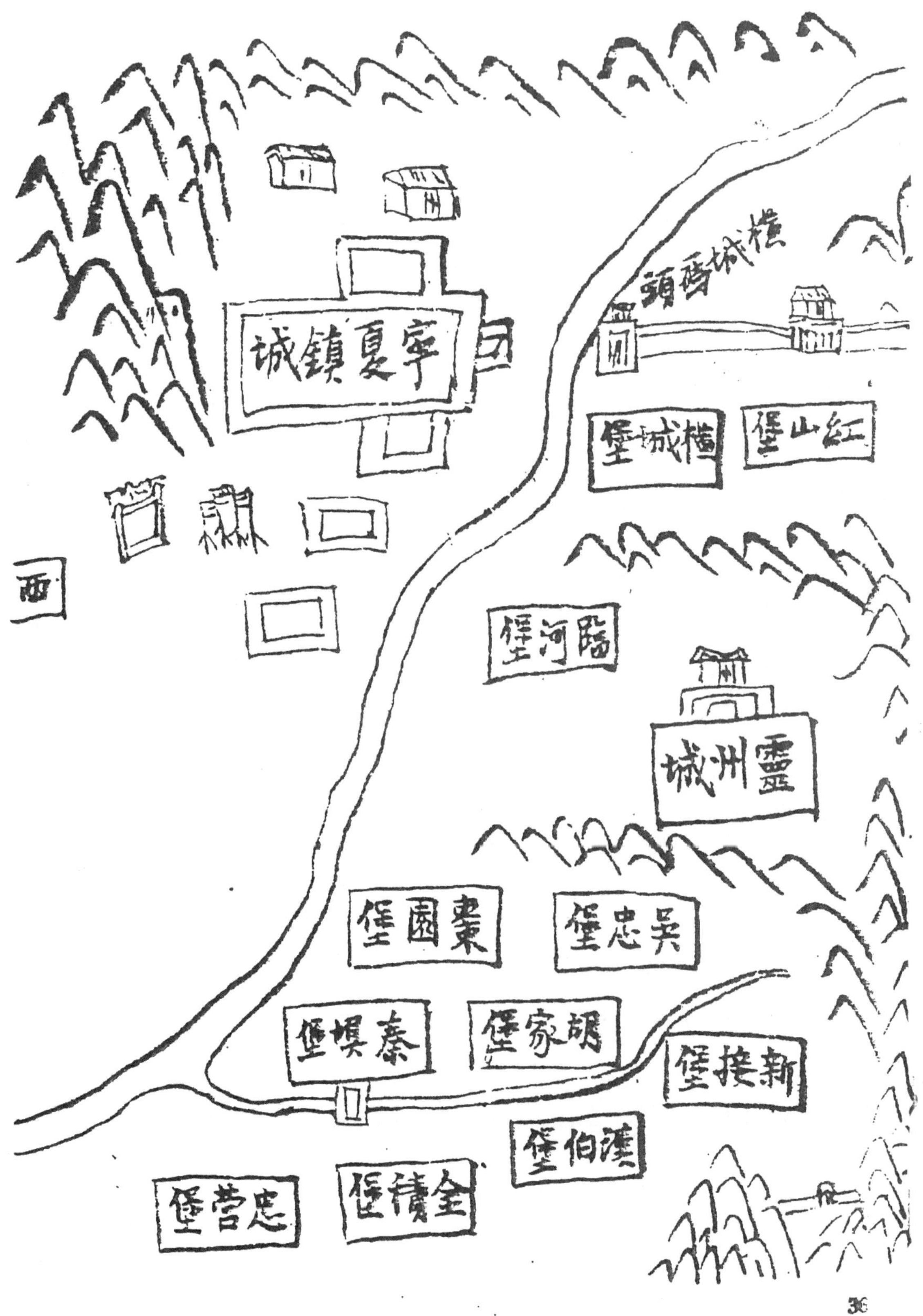

清代宁夏镇、城分布图（9）

Distribution map of cities and towns of Ningxia of Qing Dynasty.

清代宁夏镇、城分布图（10）
Distribution map of cities and towns of Ningxia of Qing Dynasty.

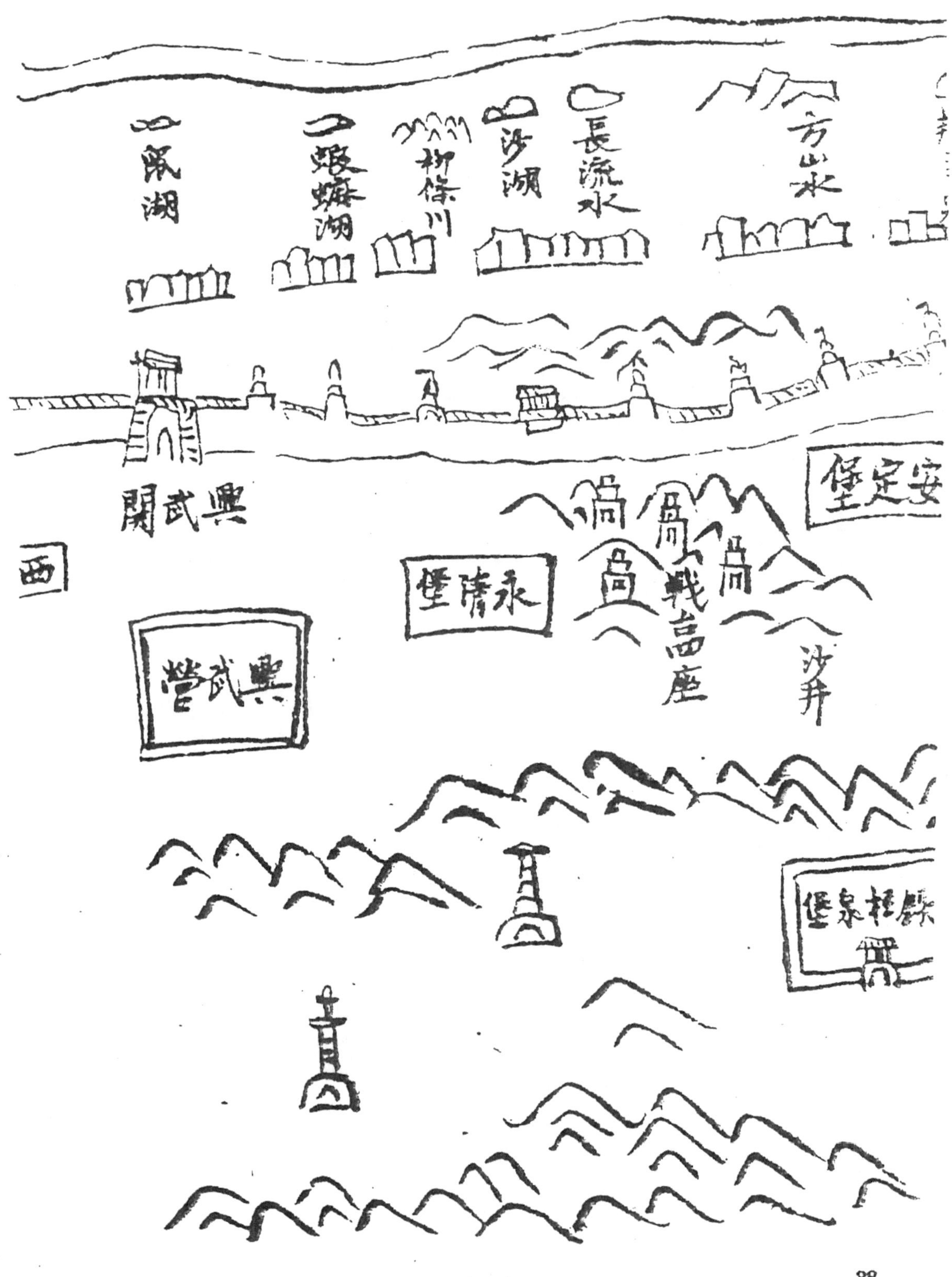

清代宁夏镇、城分布图（11）

Distribution map of cities and towns of Ningxia of Qing Dynasty.

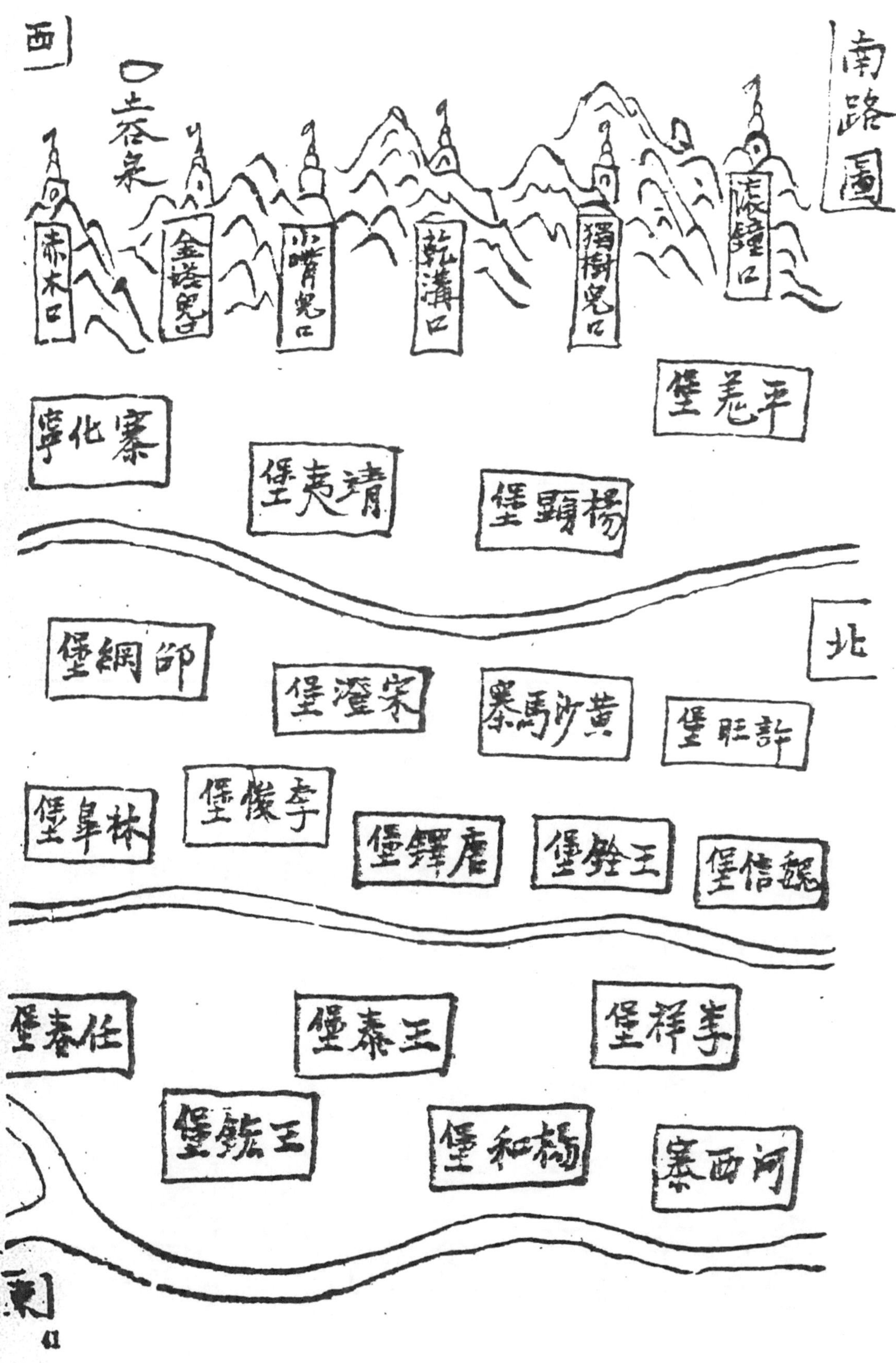

清代宁夏镇、城分布图（12）

Distribution map of cities and towns of Ningxia of Qing Dynasty.

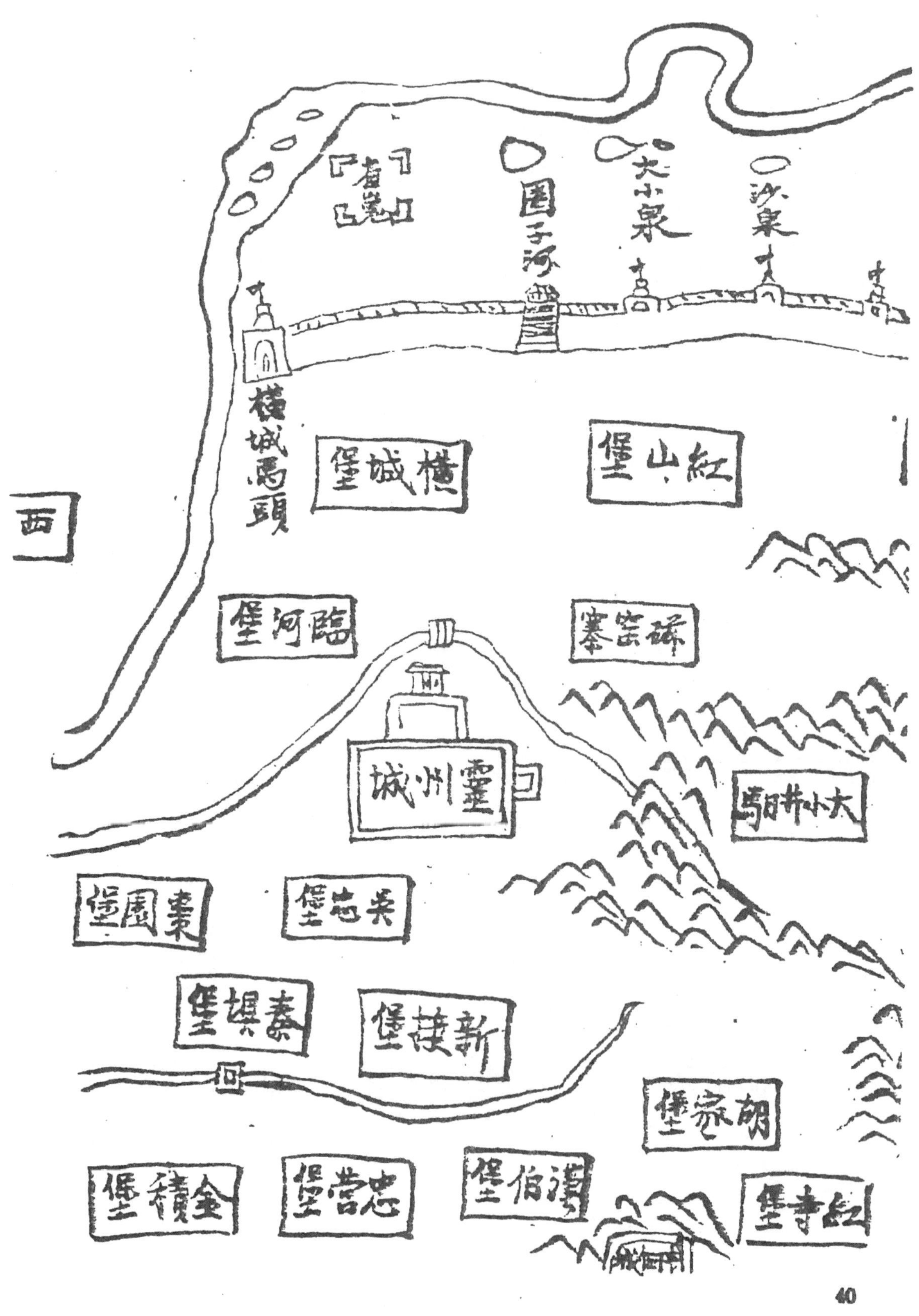

清代宁夏镇、城分布图（13）
Distribution map of cities and towns of Ningxia of Qing Dynasty.

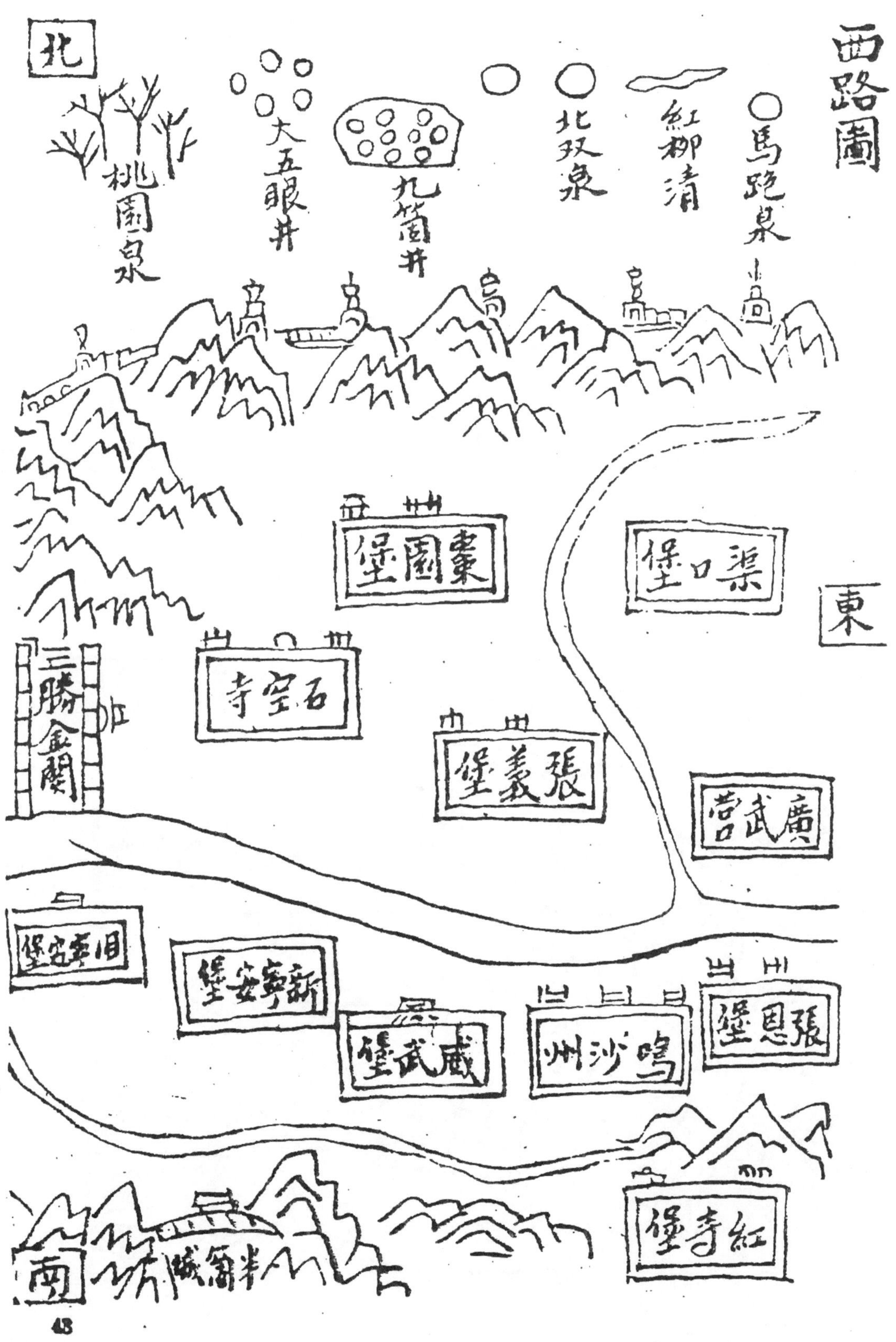

清代宁夏镇、城分布图（14）
Distribution map of cities and towns of Ningxia of Qing Dynasty.

清代宁夏镇、城分布图（15）

Distribution map of cities and towns of Ningxia of Qing Dynasty.

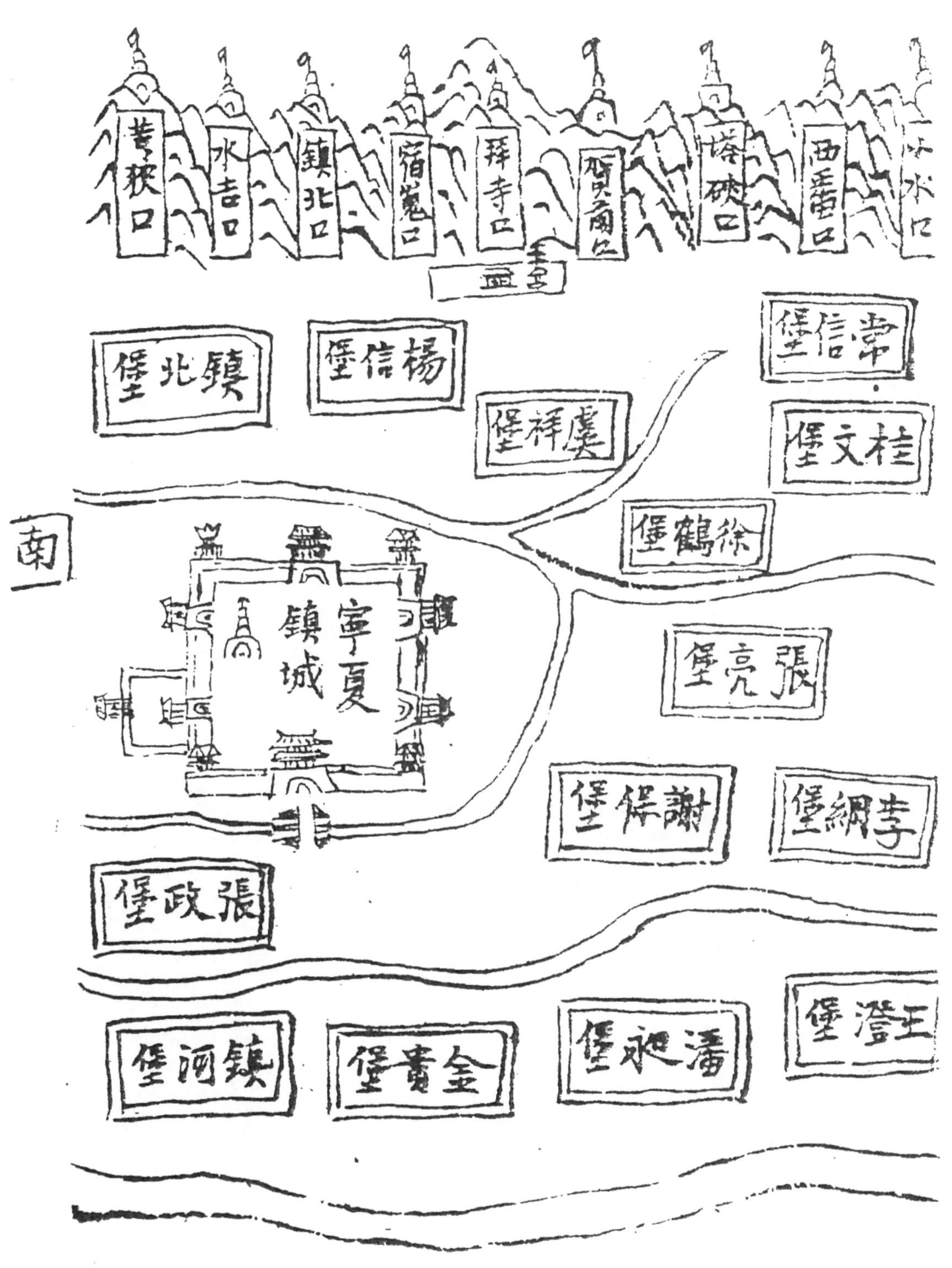

46

后记

《乾隆三年宁夏地震》一书终于可以面世了。本书收录了关于乾隆三年宁夏地震的珍贵历史文献，其中记载了地震发生的时间、灾情、救援措施等方面的内容。这些历史文献资料是研究清代地震活动和相关历史事件的重要史料，同时也为现代地震学研究提供了参考。

感谢中国地震局专家、地球物理研究所副所长高孟潭先生和中国第一历史档案馆研究馆员吴元丰、郭美兰及刘源等学者的指导与合作。

为完整的反映宁夏地震事件的全过程，我们曾两次赴台北故宫查阅档案，从杜正胜院长到继任的冯明珠院长及台北故宫的工作人员都给予支持和协助。地震是自然灾害，是人类目前还无法预测的科学难题，台北故宫的协助让我们感受到面对自然灾害两岸学者尊重科学携手相助的积极态度，在此深表感谢。

感谢台湾辅仁大学历史学家、教授戴晋新先生为我们提供的帮助。

感谢宁夏回族自治区档案馆的支持与帮助，“中国历史地震档案考证研究和利用”项目组和地震专家们也曾多次赴宁夏回族自治区档案馆查找资料，找到了清代宁夏地区全图和各镇、城地图。图文对照便于了解地震的影响范围和恢复重建情况。

感谢宁夏地震局的地震工作者们带领我们顶着烈日在贺兰山脚下寻找当年地震留下的遗迹，在满是碎石沟壑的贺兰山上四处查找被地震挫断的明长城遗迹。野外考察充满危险，地震工作者们却全然没放在心上。在本书即将完成之际，十几年来的一幕幕都似昨日之事，令人难忘。

感谢地震出版社的领导和本书编辑刘素剑、李肖寅、王忠东，为本书的出版付出的大量心血和劳动。在此笔者代表“中国历史地震档案考证研究和利用”项目组对所有为本书的出版提供帮助的同志表示深深的感谢！

最后，期待这本书能够为地震学研究和历史文献研究的发展做出一定的贡献。

2022 年 12 月 18 日

银川海宝塔

1. 银川海宝塔

海宝塔，位于银川北郊。史传十六国时夏国赫连勃勃（公元 407—424 年）曾重修此塔。清康熙四十八年（公元 1709 年）秋地震时震塌四层，康熙五十一年（公元 1712 年）修复。清乾隆三年（公元 1739 年）冬地震时塔又被震毁。今塔为乾隆四十三年（公元 1778 年）重建。1961 年 3 月 4 日国务院公布为全国重点文物保护单位。

2. 银川古城墙

银川古城墙始建于唐仪凤三年（公元 678 年）由于改朝换代，战乱频仍，多次修复，乾隆三年在地震中坍塌。

3. 银川承天寺塔
银川古城墙始建于西夏毅宗天佑垂圣元年(公元1050年)，塔体在乾隆三年地震中严重损毁，清嘉庆二十五年（1820年）重建，其形制保留了西夏佛塔风格。现为全国重点文物保护单位。

4. 宁夏文昌阁
宁夏文昌阁于清顺治年间由民间捐款修建，乾隆三年毁于地震，1984年翻修。

5. 贺兰山上的明城墙在地震时发生错位，如今只剩墙基

6. 贺兰山下的明城墙

中国地震局办公室召开项目启动会议

文登会议（项目中期会议）

有关专家、领导多次听取项目进展情况汇报

项目组主要成员

国家第一历史档案馆专家吴元丰

左：中国地震局地球物理研究所副所长、研究员高孟潭。
右：国家第一历史档案馆研究馆员郭美兰

项目组赴宁夏考察

专家们在银川宝丰镇寻找乾隆三年地震遗迹

在野外寻找地震遗迹

根据寺庙文献记载寻找新渠城遗址

访问台北故宫博物院

于台北故宫博物院做学术交流

于台北故宫博物院查阅历史档案

赴台北参加地震史料学术交流的大陆学者（左蒋克训、中齐书勤、右徐爱信）